Planung und Genehmigung von Windenergieanlagen

von

Dr. Matthias Blessing
Rechtsanwalt, Berlin

Verlag W. Kohlhammer

1. Auflage 2016
Alle Rechte vorbehalten
© W. Kohlhammer GmbH, Stuttgart
Gesamtherstellung: W. Kohlhammer GmbH, Stuttgart

Print:
ISBN 978-3-17-023331-7

E-Book-Formate:
pdf: ISBN 978-3-17-031912-7
epub: ISBN 978-3-17-031913-4
mobi: ISBN 978-3-17-031914-1

Für den Inhalt abgedruckter oder verlinkter Websites ist ausschließlich der jeweilige Betreiber verantwortlich. Die W. Kohlhammer GmbH hat keinen Einfluss auf die verknüpften Seiten und übernimmt hierfür keinerlei Haftung.

Vorwort

Die Erzeugung von Strom durch Windenergieanlagen gewinnt weiter rasant an Bedeutung für die öffentliche Energieversorgung. Im Jahr 2014 existierten rund 24.800 Windenergieanlagen an Land und im Wasser. Im Jahr 2015 waren es schon beinahe 26.000 Anlagen mit einer Gesamtleistung von rund 41.600 MW. Die „durchschnittliche" Windenergieanlage, die im letzten Jahr errichtet wurde, erreichte eine Gesamthöhe von rund 180 Metern. Die Windenergieanlagen hatten im Jahr 2015 einen Anteil von 13,3 % am deutschen „Strommix" und trugen damit fast genauso viel zur Stromerzeugung bei wie die Kernenergie (14,1 %).[1] Dies zeigt die große und weiter wachsende Bedeutung der Windenergie und ihren Beitrag für eine klimaneutrale Stromerzeugung.

Die Planung und Genehmigung von Windenergieanlagen bereitet dabei mitunter große rechtliche Schwierigkeiten. Die Anforderungen der Rechtsprechung an die Aufstellung von Regionalplänen und Flächennutzungsplänen zur Steuerung von Windenergieanlagen steigen ständig. Zudem war die Rechtsprechung in der Vergangenheit immer wieder einigen gewichtigen Änderungen unterworfen. Auch bei der Genehmigung von Windenergieanlagen gilt es, zahlreiche rechtliche Hürden zu nehmen und ein umfangreiches Prüfprogramm abzuarbeiten. Aufgabe des vorliegenden Handbuchs ist es, diese Anforderungen an die Planung und die Genehmigung von Windenergieanlagen an Land (onshore-Anlagen) praxisnah darzustellen und Lösungswege aufzuzeigen.

Die zitierte Rspr. ist bei juris zu finden, auf eine zusätzliche Angabe der Veröffentlichung in Zeitschriften oder Entscheidungsbänden wurde verzichtet. Das Handbuch geht mit Blick auf die „Schnelllebigkeit" der Rechtsfortbildung in den letzten Jahren und den hier im Vordergrund stehenden Praxis-Bezug vor allem auf die neuere Literatur der letzten Jahre ein. Rspr. und Literatur sind bis Januar 2016 berücksichtigt.

Berlin, im Mai 2016   Matthias Blessing

---

1 BDEW-Prognose für 2015.

Inhaltsverzeichnis

Vorwort V
Abkürzungsverzeichnis XII
Literaturverzeichnis XIV

Einleitung 1

1. Teil: Planungsrecht 3

1. Kapitel   Einführung in das Planungsrecht für Windenergieanlagen 3
   I.   Das Zulassungsrecht nach § 35 Abs. 1 BauGB 3
   II.   Planerische Steuerung von Windenergieanlagen 4
   III.   Übersicht über die nachfolgenden Kapitel 5

2. Kapitel   Der Planvorbehalt 6
   I.   Der Planvorbehalt i. S. v. § 35 Abs. 3 Satz 3 BauGB 6
   II.   Schlüssiges gesamträumliches Planungskonzept 8
       1. Geltung für Regionalpläne und Flächennutzungspläne . 8
       2. Struktur der positiven und negativen Flächenausweisung 8
       3. Grundsätze der Konzentrationsflächenplanung 10
       4. „Subtraktionsmethode" 13
   III.   Harte Tabuzonen 17
       1. Nicht ausreichend windhöffige Flächen 18
       2. Gebiete mit Schutzstatus nach dem BNatSchG 19
       3. Siedlungsbereiche 24
       4. Infrastrukturanlagen und entsprechende Schutzabstände 27
       5. Militärische Schutzbereiche 27
       6. Sonstige Schutzbereiche 28
       7. Waldgebiete 29
       8. Gewässer und Wasserschutzgebiete 30

Inhaltsverzeichnis

	IV.	Weiche Tabuzonen	32
		1. Pufferzonen um Siedlungsbereiche	33
		2. Abstände zu Siedlungserweiterungsflächen	33
		3. Abstände zum Schutz des Orts- und Landschaftsbilds	34
		4. Waldgebiete	34
		5. Abstände zum Schutz des Fremdenverkehrs	35
	V.	Schwierigkeiten bei der Abgrenzung der Tabuzonen	36
		1. Alternatives („zweispuriges") Vorgehen	36
		2. Verzicht auf Festlegung weicher Tabuzonen	37
	VI.	Potenzialflächen-Abwägung	39
	VII.	Dokumentationspflicht des Plangebers	41
	VIII.	Substanzialität	41
		1. Ausreichende Substanzialität bei fehlerfreiem Abwägungsvorgang?	42
		2. Rechtliche Anforderungen an die Bewertung der Substanzialität	43
		3. Unterschiedliche Bewertungsansätze	43
3. Kapitel		Regionalplan	48
	I.	Raumbedeutsamkeit der Anlagen	49
		1. Erfordernis der Raumbedeutsamkeit	49
		2. Anforderungen an die Raumbedeutsamkeit	50
	II.	Ziele der Raumordnung	51
		1. Unterschied zwischen Zielen und Grundsätzen der Raumordnung	51
		2. Festlegung von Gebieten	53
	III.	Anforderungen an die planerische Abwägung	62
		1. Abwägung privater Belange	63
		2. Abwägung gemeindlicher Belange	64
	IV.	Sicherung der Planung	65
4. Kapitel		Verhältnis der Bauleitplanung zur Regionalplanung	65
	I.	Anpassungspflicht nach § 1 Abs. 4 BauGB	65
		1. Inhalt der Anpassungspflicht und Konkretisierung durch die Bauleitplanung	67
		2. Anpassungspflicht mit Blick auf die Windenergienutzung	68
	II.	Abweichen von der Regionalplanung	71
5. Kapitel		Flächennutzungsplan	71
	I.	Arten von Flächennutzungsplänen	72
	II.	Anforderungen an den Flächennutzungsplan	73
	III.	Darstellungen im Flächennutzungsplan	73

		1. Darstellung von Bauflächen und Baugebieten	73
		2. Sonstige Darstellungsmöglichkeiten	74
	IV.	Sicherung der Planung.	75
		1. Anwendbarkeit auf Genehmigungsverfahren nach dem Bundes-Immissionsschutzgesetz	76
		2. Materielle Anforderungen an die Zurückstellung.	77
		3. Verlängerung der Zurückstellung.	79

6. Kapitel Bebauungsplan 79
    I.   Abwägung. 80
    II. Festsetzungen 81
    III. Sicherung der Planung. 82

7. Kapitel Repowering. 82

	I.	Zusätzliche Flächen und zusätzliches Nutzungsmaß für die Windenergienutzung	82
		1. Zusätzliche Flächen im Flächennutzungsplan (§ 249 Abs. 1 Satz 1 BauGB).	83
		2. Änderung des Nutzungsmaßes im Flächennutzungsplan (§ 249 Abs. 1 Satz 2 BauGB)	84
		3. Zusätzliche Flächen oder Änderung des Nutzungsmaßes im Bebauungsplan (§ 249 Abs. 1 Satz 3 BauGB) . .	84
	II.	Bedingte Baurechte (§ 249 Abs. 2 BauGB).	85
		1. Bedingte Baurechte im Bebauungsplan (§ 249 Abs. 2 Satz 1 und 2 BauGB)	85
		2. Bedingte Baurechte im Flächennutzungsplan (§ 249 Abs. 2 Satz 3 BauGB).	86

8. Kapitel Planentschädigungsansprüche 86

	I.	Ansprüche nach § 39 BauGB	86
		1. Analoge Anwendung von § 39 BauGB bei Entzug eines durch eine Planung zuvor ausgewiesenen „Wind-Standorts".	87
		2. Analoge Anwendung von § 39 BauGB bei Entzug eines (schlicht) nach § 35 BauGB zuvor zulässigen „Wind-Standorts"	88
	II.	Ansprüche nach § 42 BauGB	89
		1. Analoge Anwendung des § 42 BauGB bei Entzug eines (schlicht) nach § 35 BauGB zuvor zulässigen „Wind-Standorts".	89
		2. Analoge Anwendung des § 42 BauGB bei Entzug eines durch eine Planung zuvor ausgewiesenen „Wind-Standorts".	90

Inhaltsverzeichnis

2. Teil: Materielles Genehmigungsrecht 93

1. Kapitel Bauplanungsrechtliche Zulässigkeit nach § 35 Abs. 1 Nr. 5 BauGB 93
- I. Keine entgegenstehenden öffentlichen Belange 94
  1. Prüfungsprogramm 94
  2. Belange des Flächennutzungsplans 97
  3. Belange der schädlichen Umwelteinwirkungen....... 98
  4. Belange des Naturschutzes und der Landschaftspflege . 107
  5. Belange des Denkmalschutzes und des Orts- und Landschaftsbilds 135
  6. Belange der Funktionsfähigkeit von Funkstellen und Radaranlagen 137
  7. Ungenannte öffentliche Belange................. 139
  8. Planvorbehalt gemäß § 35 Abs. 3 Satz 3 BauGB 145
- II. Gesetzliche Vorgaben 146
  1. Luftverkehrsrecht........................ 147
  2. Militärische Schutzbereiche.................... 147
  3. Straßenrecht 147
- III. Sicherung einer ausreichenden Erschließung........... 148
- IV. Rückbauverpflichtung......................... 149

2. Kapitel Bauplanungsrechtliche Zulässigkeit nach § 35 Abs. 2 BauGB 149

3. Kapitel Bauplanungsrechtliche Zulässigkeit nach § 30 BauGB 150
- I. Hauptanlagen................................ 150
  1. Sondergebiete 150
  2. Industriegebiete........................... 150
  3. Gewerbegebiete 152
- II. Nebenanlagen................................ 153
  1. Zulässigkeit nach § 14 Abs. 1 BauNVO 153
  2. Zulässigkeit nach § 14 Abs. 2 Satz 2 BauNVO 154

4. Kapitel Bauplanungsrechtliche Zulässigkeit nach § 34 BauGB 154
- I. Zulässigkeit nach § 34 Abs. 1 BauGB 154
- II. Zulässigkeit nach § 34 Abs. 2 BauGB 155

5. Kapitel Bauordnungsrechtliche Zulässigkeit 155
- I. Abstandsflächen 155
  1. Modelle für die Bestimmung der Tiefe der Abstandsfläche 156
  2. Abweichung vom Abstandsflächenrecht 157
- II. Standsicherheit 158

Inhaltsverzeichnis

3. Teil: Genehmigungsverfahrensrecht 161

1. Kapitel   Genehmigungspflicht 161
- I. Genehmigungspflicht nach dem Bundes-Immissionsschutzgesetz 161
  - 1. Antragsgegenstand 162
  - 2. BImSchG-Verfahrensarten 163
- II. Genehmigungspflicht nach Landesbauordnung. 168

2. Kapitel   Ablauf des BImSchG-Genehmigungsverfahrens 168
- I. Antragstellung und Vollständigkeit der Unterlagen 169
  - 1. Antrag 169
  - 2. Vollständigkeit. 169
- II. Behördenbeteiligung 170
  - 1. Vorgaben für das Verfahren 170
  - 2. Umgang mit den Ergebnissen der Behördenbeteiligung   170
- III. Öffentlichkeitsbeteiligung 172
- IV. Entscheidung der Behörde 172
  - 1. Zurückstellung 172
  - 2. Ablehnung 173
  - 3. Genehmigung 173
  - 4. Entscheidung bei konkurrierenden Anträgen 175

3. Kapitel   Ablauf der Umweltverträglichkeitsprüfung 179
- I. Umweltverträglichkeitsprüfung. 180
  - 1. Unterrichtung über die beizubringenden Unterlagen... 180
  - 2. Vorlage der Unterlagen 180
  - 3. Beteiligung anderer Behörden und der Öffentlichkeit.. 181
  - 4. Zusammenfassende Darstellung der Umweltauswirkungen 181
  - 5. Abschließende Bewertung 181
- II. Allgemeine Vorprüfung des Einzelfalls. 182
- III. Standortbezogene Vorprüfung des Einzelfalls 183

Stichwortverzeichnis 185

Abkürzungsverzeichnis

Abs.	Absatz
BauGB	Baugesetzbuch
BauNVO	Baunutzungsverordnung
BauR	Baurecht (Zeitschrift)
BayBO	Bayerische Bauordnung
BbgBO	Brandenburgische Bauordnung
BGBl.	Bundesgesetzblatt
BGH	Bundesgerichtshof
BImSchG	Bundes-Immissionsschutzgesetz
BImSchV	Bundes-Immissionsschutzverordnung
BNatSchG	Bundesnaturschutzgesetz
BVerwG	Bundesverwaltungsgericht
BT-Drs.	Bundestags-Drucksache
dB	Dezibel
DIN	Norm des Deutschen Instituts für Normung
DVBl.	Deutsches Verwaltungsblatt (Zeitschrift)
DWDG	Gesetz über den Deutschen Wetterdienst
EEG	Gesetz über den Ausbau erneuerbarer Energien
EuGH	Europäischer Gerichtshof
FFH	Fauna-Flora-Habitat
FFH-RL	Fauna-Flora-Habitat-Richtlinie
FNP	Flächennutzungsplan
FStrG	Bundesfernstraßengesetz
GewArch WiVerw	Gewerbearchiv Beilage Wirtschaft und Verwaltung (Zeitschrift)
GG	Grundgesetz
GVBl.	Gesetzes- und Verordnungsblatt
H	Wandhöhe H zur Berechnung der Abstandsfläche
i. S. d./v.	im Sinne des/von
jM	Juristische Mitteilung (Veröffentlichung)
Jura	Juristische Ausbildung (Zeitschrift)
KommJur	Kommunaljurist (Zeitschrift)

Abkürzungsverzeichnis

LuftVG	Luftverkehrsgesetz
LKV	Landes- und Kommunalverwaltung
Nr.	Nummer
NdsVBl.	Niedersächsische Verwaltungsblätter (Zeitschrift)
NVwZ	Neue Zeitschrift für Verwaltungsrecht (Zeitschrift)
NuR	Natur und Recht (Zeitschrift)
OVG	Oberverwaltungsgericht
ROG	Raumordnungsgesetz
Rspr.	Rechtsprechung
SchBerG	Gesetz über die Beschränkung von Grundeigentum für die militärische Verteidigung (Schutzbereichsgesetz)
TA	Technische Anleitung
TAK	Tierökologische Abstandskriterien
ThürWaldG	Thüringer Waldgesetz
UPR	Umwelt- und Planungsrecht (Zeitschrift)
UVPG	Gesetz über die Umweltverträglichkeitsprüfung
UVPVwV	Allgemeine Verwaltungsvorschrift zur Ausführung des Gesetzes über die Umweltverträglichkeitsprüfung
VGH	Verwaltungsgerichtshof
VG	Verwaltungsgericht
VS-RL	Vogelschutz-Richtlinie
VwGO	Verwaltungsgerichtsordnung
VwVfG	Verwaltungsverfahrensgesetz
WHG	Gesetz zur Ordnung des Wasserhaushalts (Wasserhaushaltsgesetz)
ZfBR	Zeitschrift für deutsches und internationales Bau- und Vergaberecht (Zeitschrift)
ZNER	Zeitschrift für Neues Energierecht (Zeitschrift)
ZUR	Zeitschrift für Umweltrecht (Zeitschrift)

Literaturverzeichnis

Albrecht/Zschiegner, Repowering als Zielfestsetzung in der Regionalplanung – ist das rechtlich zulässig, UPR 2015, 128.
Battis/Krautzberger/Löhr, BauGB, Kommentar, 14. Auflage 2014.
Battis/Krautzberger/Mitschang/Reidt, Gesetz zur Förderung des Klimaschutzes bei der Entwicklung in den Städten und Gemeinden in Kraft getreten, NVwZ 2011, 897.
Bielenberg/Runkel/Spannowsky/Reitzig/Schmitz, Raumordnungs- und Landesplanungsrecht des Bundes und der Länder, Kommentar.
Blessing/Scharmer, Der Artenschutz im Bebauungsplanverfahren, 2. Auflage 2013.
Bovet/Kindler, Wann und wie wird der Windenergie substanziell Raum verschafft? – Eine kritische Diskussion der aktuellen Rechtsprechung und praktische Lösungsansätze, DVBl. 2013, 488.
Bringewat, Besonderheiten bei der Anordnung von Nebenbestimmungen zu Genehmigungen für Errichtung und Betrieb von Windenergieanlagen, ZNER 2014, 441.
Brügelmann, Baugesetzbuch, Kommentar, Loseblatt.
Decker, Landschaftsschutz als entgegenstehender Belang gemäß § 35 Abs. 3 Satz 1 Nr. 5 BauGB bei der Genehmigung von Vorhaben nach § 35 Abs. 1 und 2 BauGB, UPR 2015, 207.
Dolde, Artenschutz in der Planung/Die „kleine" Novelle zum Bundesnaturschutzgesetz, NVwZ 2008, 121.
Driehaus/Paetow, Berliner Kommentar zum Baugesetzbuch, Loseblatt.
El Bureiasi, Unwirksame Regionalplanung für Windenergie, NVwZ 2015, 1509.
Ehlers/Böhme, Windenergie in der Landesplanung, NuR 2011, 323.
Erbguth, Bildung und Abwägung bei der Planung von Konzentrationszonen: zum Verständnis des § 35 Abs. 3 S. 3 BauGB, DVBl. 2015, 1346.
Erbguth, Eignungsgebiete als Ziele der Raumordnung, DVBl. 1998, 209.
Ernst/Zinkahn/Bielenberg/Krautzberger, Baugesetzbuch, Kommentar, Loseblatt.
Feldhaus, Bundesimmissionsschutzrecht, Kommentar, Loseblatt.
Fellenberg, Weiter frischer Wind aus Luxemburg – Zu den Klagemöglichkeiten im Umweltrecht, NVwZ 2015, 1721.
Fest, Die Windenergie im Recht der Energiewende, NVwZ 2012, 1129.

Literaturverzeichnis

Franco/Frey, Möglichkeiten zur Zulassung von Windenergieanlagen trotz entgegenstehender Darstellungen in der Flächennutzungsplanung, BauR 2014, 1088.

Frey, Möglichkeiten und Grenzen der Abschichtung umweltrechtlicher Prüfungen bei Windkraft-Flächennutzungsplanung und -anlagengenehmigung, BauR, 2014, 920.

Frey/Bruckert, Der angehaltene Windkraft-Flächennutzungsplan – Möglichkeiten und Grenzen der Plansicherungsinstrumente im Rahmen der Windkraftplanung, BauR 2015, 201.

Gatz, Windenergieanlagen in der Verwaltungs- und Gerichtspraxis, 1. Auflage 2009 und 2. Auflage 2013 *(zitiert: Gatz).*

Gatz, Bauplanerische Vorgaben für Windenergieanlagen statt Verspargelung der Landschaft, jM 2015, 465.

Gellermann, Windkraft und Artenschutz, NdsVBl. 2016, 13.

Gellermann/Schreiber, Schutz wildlebender Tiere und Pflanzen in staatlichen Planungs- und Zulassungsverfahren, 2007.

Guckelberger/Singer, Aktuelle Entwicklungen der naturschutzrechtlichen Eingriffsregelung unter besonderer Berücksichtigung von Anlagen für erneuerbare Energien, NuR 2016, 1.

Haselmann, Zur bauplanungsrechtlichen Ausschlusswirkung der raumordnerischen Gebietsarten, ZfBR 2014, 529.

Hendler, Windenergieanlagen und Flugsicherung – Rechtsschutzfragen im Zusammenhang mit der Entscheidungsbefugnis des Bundesaufsichtsamts für Flugsicherung nach § 18a Abs. 1 LuftVG, ZNER 2015, 501.

Hendler/Kerkmann, Harte und weiche Tabuzonen: Zur Misere der planerischen Steuerung der Windenergienutzung, DVBl. 2014, 1369.

Hinsch, Zurückstellung nach § 15 Abs. 3 BauGB – Mittel zur Sicherung einer Konzentrationsplanung, NVwZ 2007, 770.

Hinsch, Windenergienutzung und Artenschutz – Verbotsvorschriften des § 44 BNatSchG im immissionsschutzrechtlichen Genehmigungsverfahren, ZUR 2011, 191.

Jäde/Dirnberger/Weiß, Baugesetzbuch/Baunutzungsverordnung, Kommentar, 5. Auflage 2007.

Jarass, Bundes-Immissionsschutzgesetz, Kommentar, 11. Auflage 2015.

Köck, Planungsrechtliche Anforderungen an die räumliche Steuerung der Windenergienutzung, ZUR 2010, 507.

Krappel/von Süßkind-Schwendi, Die planerische Steuerung von Windenergieanlagen – neue Entwicklungen im Planungsrecht der Bundesländer, ZfBR-Beilage 2012, 65.

Landmann/Rohmer, Umweltrecht, Kommentar, Loseblatt.

Lietz, Windenergieanlagen im Wald, UPR 2010, 54.

Louis, Die Zugriffsverbote des § 42 Abs. 1 BNatSchG im Zulassungs- und Bauleitplanverfahren – unter Berücksichtigung der Entscheidung des BVerwG zur Ortsumgehung Bad Oeynhausen, NuR 2009, 91.

Maslaton, Windenergieanlagen – Ein Rechtshandbuch, 2015 *(zitiert: Maslaton).*

Literaturverzeichnis

Mitschang, Steuerung der Windenergie durch Regional- und Flächennutzungsplanung – eine praxisbezogene Betrachtung, BauR 2013, 29.
Mitschang, Standortkonzeption für Windenergieanlagen auf örtlicher Ebene, ZfBR 2003, 431.
Mitschang/Schwarz/Kluge, Ansätze zur Konfliktbewältigung bei der räumlichen Steuerung von Anlagen erneuerbarer Energien – dargestellt am Beispiel der Windenergie, UPR 2012, 401.
Müller-Mitschke, Artenschutzrechtliche Ausnahmen vom Tötungsverbot für windenergieempfindliche Vogelarten bei Windenergieanlagen, NuR 2015, 741.
Münkler, Flexible Steuerung durch Konzentrationsflächenplanung, NVwZ 2014, 1482.
Münkler, Vorwirkung in Aufstellung befindlicher Pläne, DVBl. 2016, 22.
Nagel/Schwarz/Köppel, Ausbau der Windenergie – Anforderungen aus der Rechtsprechung und fachliche Vorgaben für die planerische Steuerung, UPR 2014, 371.
Niedzwicki, Konzentrationszonen für die Nutzung von Windenergie, KommJur 2014, 92.
Otto, Rechtsprobleme des Repowering, UPR 2015, 244.
Pauli, Zulässigkeit von Windenergieanlagen während der Planaufstellung, BauR 2014, 799.
Raschke, Abstände zu Windenergieanlagen – pauschaler Schutz der Anwohner, ZfBR 2013, 632.
Raschke, Zurückstellung nach § 15 Abs. 3 BauGB im Genehmigungsverfahren für Windenergieanlagen, ZfBR 2015, 119.
Rieger, Zurückstellung und Flächennutzungsplanung, ZfBR 2012, 430.
Rieger, Die Änderung des § 15 Abs. 3 BauGB durch die BauGB-Novelle 2013 – ein Schlag ins Wasser?, ZfBR 2014, 535.
Rolshoven, Wer zuerst kommt, mahlt zuerst? – Zum Prioritätsprinzip bei konkurrierenden Genehmigungsanträgen – Dargestellt anhand aktueller Windkraftfälle, NVwZ 2006, 516.
Saurer, Rechtswirkungen der Windenergieerlasse der deutschen Bundesländer, NVwZ 2016, 201.
Scheidler, Gemeindliche Steuerung der Windenergie, KommJur 2012, 367.
Scheidler, Die Steuerung von Windkraftanlagen durch die Raumordnung, ZfBR 2009, 750.
Scheidler, Die Sicherung gemeindlicher Planungen für Windkraftanlagen durch die Zurückstellung von Baugesuchen nach § 15 Abs. 3 BauGB, ZfBR 2012, 123.
Scheidler, Die Sonderregelungen zur Windenergie in der Bauleitplanung im neuen § 249 BauGB, UPR 2012, 411.
Scheidler, Errichtung und Betrieb von Windkraftanlagen aus öffentlich-rechtlicher Sicht, Gewerbearchiv, Beilage Wirtschaft und Verwaltung Nr. 03/2011, 117.
Scheidler, Verunstaltung des Landschaftsbildes durch Windkraftanlagen, NuR 2010, 525.

Literaturverzeichnis

Scheidler, Errichtung von Windkraftanlagen in naturschutzrechtlich festgesetzten Schutzgebieten, NuR 2011, 848.

Schmehl, Rechtsfragen von Windenergieanlagen, Jura 2010, 832.

Schmidt-Eichstaedt, Repowering in der Regionalplanung – Welche Festlegungen sind in Regionalplänen zugunsten des Repowerings zulässig oder sogar geboten?, ZfBR 2013, 639.

Schmidt-Eichstaedt, Zur Methodik und Wirkung der Festlegung von Eignungsgebieten für die Windkraftnutzung durch die Regionalplanung, LKV 2012, 481.

Schmidt-Eichstaedt, Ist in der Regionalplanung Parzellenschärfe erforderlich?, LKV 2012, 49.

Schmidt-Eichstaedt, Plankonkurrenzen bei der Zulassung von Windkraftanlagen, NordÖR 2016, 233.

Schmitz/Haselmann, Das raumordnerische Wegplanen von Konzentrationszonen für Windenergieanlagen und seine entschädigungsrechtlichen Folgen, NVwZ 2015, 846.

Schrader/Frank, Wetterradar im „Windkanal" – Aktuelle Rechtsprechung und Lösungsperspektiven zum Konflikt von Windenergieanlagen und Wetterradar des Deutschen Wetterdienstes, ZNER 2015, 507.

Schrödter, Auswirkungen von windkraftbezogenen Zielen der Raumordnung auf Bauleitpläne unter besonderer Berücksichtigung von Haftungs- und Entschädigungsfragen, ZfBR 2013, 535.

Sittig/Kupke, Zwischen Wind und Wetter – Zum Konflikt von Windenergieanlagen und Wetterradarnutzung, NVwZ 2015, 1416.

Söfker, Fragen bei der Änderung und Erweiterung der planungsrechtlichen Grundlagen für die Windenergie durch Bauleitplanung, ZfBR 2013, 13.

Spannowsky/Runkel/Goppel, Raumordnungsgesetz, Kommentar, 2010.

Storost, Artenschutz in der Planfeststellung, DVBl. 2010, 737.

Stüer, Anmerkung zu BVerwG, Urteil vom 13.12.2013 – BVerwG 4 CN 1.11, 2.11, DVBl. 2013, 509.

Stüer, Handbuch des Bau- und Fachplanungsrecht, 4. Auflage 2009.

Stüer, Entschädigungspflichten der Gemeinden und der Bauaufsichtsbehörden bei der Verhinderung von Windenergieanlagen?, ZfBR 2004, 338.

Stüer, Europäischer Gebiets- und Artenschutz in ruhigeren Gefilden – Von der Halle-Westumfahrung und Hessisch Lichtenau durch den Jagdbergtunnel und über die Hochmoselbrücke nach Bad Oeynhausen mit Schlingerkurs nach Hildesheim, DVBl. 2009, 1.

Sydow, Neues zur planungsrechtlichen Steuerung von Windenergiestandorten, NVwZ 2010, 1534.

Tyczewski, Konzentrationszonen für Windenergieanlagen rechtssicher planen – Illusion oder Wirklichkeit, BauR 2014, 934.

Vogt, Die Anwendung artenschutzrechtlicher Bestimmungen in der Fachplanung und der kommunalen Bauleitplanung, ZUR 2006, 21.

von Nicolai, Konsequenzen aus den neuen Urteilen des Bundesverwaltungsgerichts zur raumordnerischen Steuerung von Windenergieanlagen, ZUR 2004, 74.

Literaturverzeichnis

Weiss, Windenergieanlagen im Luftverkehrsrecht – kein luftleerer Rechtsraum, NVwZ 2013, 14.
Wemdzio, Nachträgliche Anordnung bei der Gefährdung von Fledermäusen durch Windenergieanlagen unter besonderer Berücksichtigung der lokalen Population, NuR 2011, 464.
Willmann, Die Entwicklung der Rechtsprechung zum Windenergierecht im Jahre 2014, ZNER 2015, 234.

Einleitung

Die planerische Steuerung der Ansiedlung von Windenergieanlagen im Außenbereich gehört mit zu den **komplexesten Materien des Raumordnungs- und Bauplanungsrechts**. Das vom Gesetzgeber vor Jahren geschaffene Instrument für die planerische Steuerung, der **Planvorbehalt gemäß § 35 Abs. 3 Satz 3 BauGB**, unterlag dabei in den letzten Jahren einer dynamischen Rechtsfortbildung durch die Gerichte. Die Planung von Flächen für die Windenergie ist hierdurch nicht einfacher geworden und bedarf einer ausführlichen Darstellung.

Das Handbuch widmet sich daher in seinem 1. Teil der **planerischen Steuerung** von Windenergieanlagen. Behandelt werden hierbei die inhaltlichen Anforderungen des sogenannten **schlüssigen gesamträumlichen Planungskonzepts** sowie dessen Umsetzung durch Ziele der Raumordnung im Regionalplan oder durch Darstellungen im Flächennutzungsplan. Weitere Aspekte der Planung wie z. B. die Steuerung von Einzel-Standorten für Anlagen im Bebauungsplan sind ebenfalls Gegenstand der Darstellung.

Auf eine Behandlung der Ermächtigung für die Länder in **§ 249 Abs. 3 BauGB**, Abstände für die Windenergieanlagen gesondert zu regeln, wird verzichtet, da eine solche Regelung bislang nur in Bayern existiert und die Frist für den Erlass solcher Regelungen durch die Länder zum 31. Dezember 2015 abgelaufen ist.

Daneben verschafft das Handbuch in seinem **2. Teil** einen Überblick über die **materiell-rechtlichen Anforderungen im Genehmigungsverfahren** und die üblichen Probleme in der Genehmigungspraxis. So konnten z. B. die Vorgaben des Immissionsschutzes in den letzten Jahren weitgehend geklärt werden, wohingegen das Naturschutzrecht mitunter neue und hohe Hürden für die Vorhabenzulassung aufstellt und zu Streit zwischen Vorhabenträgern, Behörden und Naturschutzverbänden führt. Belange wie die Funktionsfähigkeit von Funkstellen und Radaranlagen treten vermehrt als neue Probleme hinzu.

5 Im 3. **Teil** folgt eine Übersicht über das **Verfahrensrecht** im Genehmigungsverfahren nach dem Bundes-Immissionsschutzgesetz, das auf die heute üblichen Großanlagen Anwendung findet.

1. Teil: Planungsrecht

1. Kapitel Einführung in das Planungsrecht für Windenergieanlagen

I. Das Zulassungsrecht nach § 35 Abs. 1 BauGB

Windenergieanlagen sind im Außenbereich als Vorhaben, die nach § 35 Abs. 1 Nr. 5 BauGB „der Erforschung, Entwicklung oder Nutzung der Windenergie" dienen, **privilegiert zulässig**. **6**

Solche Vorhaben sind nach § 35 Abs. 1 BauGB planungsrechtlich genehmigungsfähig, wenn **öffentliche Belange nicht entgegenstehen** und die ausreichende **Erschließung gesichert** ist. Im Genehmigungsverfahren sind dabei insbesondere die in § 35 Abs. 3 BauGB **ausdrücklich genannten öffentlichen Belange** zu prüfen. **7**

Von **Privilegierung** wird gesprochen, weil Vorhaben i. S. v. § 35 Abs. 1 BauGB wie etwa Windenergieanlagen im Außenbereich schon dann zulässig sind, wenn öffentliche Belange nicht „entgegenstehen". Die sonstigen – nicht-privilegierten – Vorhaben im Außenbereich sind gemäß § 35 Abs. 2 BauGB bereits dann unzulässig, wenn öffentliche Belange „**beeinträchtigt**" werden. Der Ausschluss einer jeden „Beeinträchtigung" öffentlicher Belange stellt im Vergleich zum „Entgegenstehen" eine höhere rechtliche Zulassungs-Hürde dar.[1] **8**

Die **unterschiedlichen rechtlichen Zulassungsvoraussetzungen** sind dadurch zu erklären, dass der Gesetzgeber bei den privilegierten Vorhaben davon ausgeht, dass **diese in den Außenbereich gehören** oder aus sonstigen Gründen auf einen Standort im Außenbereich angewiesen sind.[2] Dies liegt bei größeren Windenergieanlagen auf der Hand. **9**

Zwar können dem privilegierten Vorhaben im **Genehmigungsverfahren** zahlreiche öffentliche Belange i. S. v. § 35 BauGB wie z. B. der Schutz des **10**

---

[1] Söfker, in: Ernst/Zinkahn/Bielenberg/Krautzberger, BauGB, § 35, Rn. 21.
[2] Roeser, in: Berliner Kommentar zum BauGB, § 35, Rn. 9; Gierke, in: Brügelmann, BauGB, § 35, Rn. 8.

Landschaftsbilds, der Natur- und Artenschutz und der Schutz der Siedlungsbereiche vor Lärm entgegenstehen.[3] Erweisen sich die einzelnen öffentlichen Belange als unproblematisch, gibt es im Rahmen von § 35 BauGB **keine planungsrechtlichen Hindernisse** wie etwa im Innenbereich gemäß § 34 BauGB, wonach letztlich das Gebot der Einhaltung einer gewissen städtebaulichen Ordnung gilt. Dies hat zur Folge, dass Windenergieanlagen im **gesamten Außenbereich grundsätzlich ungesteuert** und ungeordnet errichtet werden dürfen, was unter dem Stichwort der „**Verspargelung**" kritisiert wird.

II. Planerische Steuerung von Windenergieanlagen

11 Um diese „wilde" Ansiedlung von Windenergieanlagen zu vermeiden, wäre nach der früheren Systematik des Planungsrechts nur denkbar gewesen, dass die Gemeinden **Bebauungspläne** aufstellen, durch die eine Windenergienutzung in den ungewünschten Bereichen des Plangebiets ausgeschlossen wird. Dies wäre aber fast immer auf eine **unzulässige Verhinderungsplanung** hinausgelaufen.[4] Aus diesem Grund hat der Gesetzgeber 1996 den **Planvorbehalt gemäß § 35 Abs. 3 Satz 3 BauGB**[5] eingeführt.

12 Mit Hilfe des Planvorbehalts kann die Ansiedlung von Windenergieanlagen im Außenbereich gesteuert werden. Danach dürfen die jeweiligen Plangeber in **Raumordnungsplänen** oder **Flächennutzungsplänen** Bereiche festlegen, in denen Windenergieanlagen zulässig oder unzulässig sind. Anders als bei Bebauungsplänen dürfen dabei nicht nur Gebiete überplant werden, in denen die Zulässigkeit von Windenergieanlagen positiv geregelt wird. Es dürfen auch Bereiche bestimmt werden, in denen die Windenergienutzung ausgeschlossen wird. Damit lässt der Planvorbehalt nach § 35 Abs. 3 Satz 3 BauGB eine ansonsten unzulässige Verhinderungsplanung für Teilbereiche des Plangebiets ausdrücklich zu. Die Plangeber werden damit ermächtigt, für bestimmte Bereiche eine **Ausschlusswirkung** für die Windenergienutzung zu regeln.

13 Der **Regelungszweck des Planvorbehalts** ist, dass er – sobald der Vorbehalt in Form eines Raumordnungsplans oder Flächennutzungsplans umgesetzt wurde – als **öffentlicher Belang** im Genehmigungsverfahren nach § 35 Abs. 3 Satz 3 BauGB zu beachten ist. Liegt z. B. eine geplante Windenergieanlage innerhalb eines Bereichs, für den der Raumordnungsplan oder Flächennutzungsplan die Windenergienutzung ausschließt, steht der Zulässigkeit des Vorhabens in der Regel der öffentliche Belang i. S. v. § 35

---

3 Söfker, in: Ernst/Zinkahn/Bielenberg/Krautzberger, BauGB, § 35. Rn. 58b f.
4 Gatz, Rn. 30.
5 Gesetz zur Änderung des BauGB vom 30. Juli 1996, BGBl. I S. 1189, in Kraft seit dem 1. Januar 1997.

Abs. 3 Satz 3 BauGB entgegen. Die Anlage kann dann nicht mehr nach § 35 BauGB genehmigt werden.

Dieser „Mechanismus" erlaubt es dem jeweiligen Plangeber, die **Ansiedlung von Windenergieanlagen** im Außenbereich durch Nutzung des Planvorbehalts i. S. v. § 35 Abs. 3 Satz 3 BauGB **planerisch zu steuern**.

III. Übersicht über die nachfolgenden Kapitel

Dieser Teil des Handbuchs beschäftigt sich nachfolgend mit dem Instrument des Planvorbehalts und seinen mitunter **schwierigen Anforderungen** an die Aufstellung entsprechender Raumordnungspläne und Flächennutzungspläne. Die hohen Anforderungen sind dabei vor allem der **Rspr.** geschuldet, die in den letzten Jahren **in einem stetigen Wandel** begriffen war. Allmählich zeigen sich die Konturen der Anforderungen an den Planvorbehalt, wobei einzelne Fragen noch nicht höchstrichterlich geklärt sind.

Die **Kapitel des 1. Teils** sollen einen Überblick über diese Voraussetzungen der planerische Steuerung von Windenergieanlagen geben und darstellen, wie der Planvorbehalt möglichst rechtssicher umgesetzt werden kann.

Dabei werden im **2. Kapitel** zunächst die materiell-rechtlichen Anforderungen an den Planvorbehalt erläutert, wie sie **gleichermaßen für Raumordnungspläne und Flächennutzungspläne** gelten.

Anschließend wird im **3. Kapitel** auf die besonderen Voraussetzungen für die **Raumordnungspläne** eingegangen (synonym wird im Handbuch nachfolgend auch der Begriff „**Regionalplan**" benutzt).

Im 4. Kapitel wird das Verhältnis der Regionalplanung zur Bauleitplanung beleuchtet.

Das 5. **Kapitel** beschäftigt sich mit den besonderen Anforderungen an die Aufstellung von **Flächennutzungsplänen**.

In diesem Zusammenhang bleibt darauf hinzuweisen, dass sich das Handbuch vorliegend auf die planerische Steuerung von Windenergieanlagen durch den Planvorbehalt konzentriert. Das Handbuch geht nicht ein auf die „einfache" Steuerung von Windenergieanlagen durch **Regionalpläne oder Flächennutzungspläne ohne Ausschlusswirkung**, d. h. ohne Verbot, die Anlagen an anderer Stelle des Plangebiets zu errichten. Der Grund liegt darin, dass hierfür die allgemeinen Anforderungen des Planungsrechts gelten, die hier nicht gesondert dargestellt werden sollen.

Im **6. Kapitel** wird die Steuerung von Windenergieanlagen durch **Bebauungspläne**, im 7. Kapitel das **Repowering** und im 8. Kapitel das Thema der **Planentschädigungsansprüche** behandelt.

2. Kapitel Der Planvorbehalt

I. Der Planvorbehalt i. S. v. § 35 Abs. 3 Satz 3 BauGB

23 Der **Planvorbehalt** in § 35 Abs. 3 Satz 3 BauGB regelt für die planerische Steuerung von Windenergieanlagen Folgendes:

> "**Öffentliche Belange** stehen einem Vorhaben nach Absatz 1 Nr. 2 bis 6 *(Anmerkung: also auch Windenergieanlagen i. S. v. § 35 Abs. 1 Nr. 5 BauGB)* **in der Regel auch dann entgegen**, soweit hierfür durch Darstellungen im **Flächennutzungsplan** oder als **Ziele der Raumordnung** eine **Ausweisung an anderer Stelle** erfolgt ist."

24 Der Planvorbehalt schafft die **Möglichkeit der planerischen Steuerung** von Windenergieanlagen. Der Plangeber ist aber nicht verpflichtet, hiervon Gebrauch zu machen.[6]

25 Soweit der jeweilige Plangeber von dem Planvorbehalt des § 35 Abs. 3 Satz 3 BauGB Gebrauch macht, können einem Vorhaben im Genehmigungsverfahren öffentliche Belange i. S. v. § 35 Abs. 1 und 3 BauGB entgegenstehen. Dann ist das Vorhaben nach § 35 Abs. 1 und 3 BauGB unzulässig, wenn ihm ein **Ziel der Raumordnung** oder eine **Darstellung im Flächennutzungsplan** entgegensteht *und in diesen Plänen zugleich* an anderer Stelle Flächen ausgewiesen worden sind, auf denen die Windenergienutzung zulässig ist. Der Planvorbehalt in § 35 Abs. 3 Satz 3 BauGB schafft insoweit eine **eigenständige Zulassungshürde** in Genehmigungsverfahren für Außenbereichsvorhaben.[7]

26 Der Planvorbehalt in § 35 Abs. 3 Satz 3 BauGB stellt die Privilegierung der Windenergie nicht in Frage, sondern schränkt die Zulässigkeit solcher Vorhaben auf **bestimmte Bereiche und Zonen** ein.[8]

27 Bedient sich der Plangeber des Planvorbehalts des § 35 Abs. 3 Satz 3 BauGB, kommt dies einer **planerischen Kontingentierung** gleich. Der Planvorbehalt verfolgt dabei das Konzept, eine positive Ausweisung von Zonen für die Windenergie mit der Ausschlusswirkung für den übrigen Planungsraum zu kombinieren.[9]

28 Diese **negative und positive Komponente** bei der Festlegung im Regionalplan oder der Darstellung im Flächennutzungsplan bedingen einander.[10] Der Planvorbehalt entfaltet seine Wirkung aber nur dann, wenn der Plangeber zum einen – als **positive Komponente** – Gebiete ausweist, in denen die Windenergienutzung – grundsätzlich – zulässig ist. Öffentliche Be-

---

6 Gatz, Rn. 31.
7 BVerwG, Urteil vom 20.5.2010, Az. 4 C 7/09, Rn. 12.
8 Roeser, in: Berliner Kommentar zum BauGB, § 35, Rn. 93.
9 Ausschussbericht vom 19.6.1996, BT-Drs. 13/4978.
10 BVerwG, Urteil vom 21.10.2004, Az. 4 C 2/04, Rn. 13.

lange i. S. v. § 35 Abs. 3 BauGB können dem Vorhaben innerhalb dieser Gebiete im Genehmigungsverfahren grundsätzlich nicht mehr entgegen gehalten werden.[11] Zum anderen müssen – als **negative Komponente** – Gebiete bestimmt werden, in denen die Windenergienutzung ausgeschlossen ist.

Beide Komponenten sind notwendig, um zu rechtfertigen, dass die **Privilegierung** für einen Teil des Außenbereichs **aufgehoben** wird. Die Ausschlusswirkung des Planvorbehalts für bestimmte Gebiete besteht nur dann, wenn zugleich auch andere Gebiete ausgewiesen werden, in denen die Windenergienutzung **konzentriert** wird und sich dort auch gegen andere konkurrierende Nutzungen durchsetzen kann.[12] **29**

Hieraus ergeben sich inhaltliche Anforderungen an eine solche **Konzentrationsplanung**, mit der die positive und negative Gebietszuteilung vorgenommen wird. Diese inhaltlichen Anforderungen – in der Praxis auch als „**Tabuzonen-Planung**" bezeichnet – werden nachfolgend in Abschnitt II. näher dargestellt. **30**

Eine rein negativ gesinnte Konzentrationszonenplanung im Sinne einer „**Feigenblatt**"-Planung, die hauptsächlich auf eine **Verhinderungsplanung** zielt, ist unzulässig.[13] Dies folgt schon daraus, dass sich für die Ausschlusswirkung des Planvorbehalts – wie bereits erwähnt – positive und negative Komponenten einander bedingen. Deshalb müssen sie in einem gewissen angemessenen Verhältnis zueinander stehen und der Windenergie in den – positiven – Konzentrationszonen **in substantieller Weise Raum verschaffen.**[14] **31**

Die Ausschlusswirkung des Planvorbehalts steht einem Vorhaben der Windenergienutzung nicht zwingend, sondern nach dem Wortlaut des § 35 Abs. 3 Satz 3 BauGB „**in der Regel**" entgegen. Damit bestimmt der Planvorbehalt einen Ausnahmenvorbehalt, der die Abweichung von der Ausschlusswirkung in atypischen Einzelfällen zugunsten des Eigentümers zulässt.[15] Solche atypischen Einzelfälle können bei unverhältnismäßigen Beschränkungen des Grundstückseigentümers vorliegen, setzen aber voraus, dass die Grundzüge der Planung gewahrt werden.[16] **32**

---

11 Münkler, NVwZ 2014, 1482, 1483.
12 BVerwG, Urteil vom 20.5.2010, Az. 4 C 7/09, Rn. 46.
13 Mitschang/Reidt, in: Battis/Krautzberger/Löhr, BauGB, § 35, Rn. 116; vgl. auch Sydow, NVwZ 2010, 1534, 1535.
14 Vgl. nur BVerwG, Urteil vom 24.1.2008, Az. 4 CN 2/07, Rn. 11.
15 Roeser, in: Berliner Kommentar zum BauGB, § 35, Rn. 93b; Gierke, in: Brügelmann, BauGB, § 35, Rn. 107b.
16 BVerwG, Urteil vom 17.12.2002, Az. 4 C 15/01, Rn. 48.

II. Schlüssiges gesamträumliches Planungskonzept

33 Das BVerwG betont in ständiger Rspr. immer wieder, dass der **Planvorbehalt** nach § 35 Abs. 3 Satz 3 BauGB insbesondere seine **Ausschlusswirkung** nur dann entfalten kann, wenn dem Raumordnungsplan – in der Regel handelt es sich hierbei um einen Regionalplan i. S. v. § 8 Abs. 1 Satz 1 Nr. 2 ROG[17] – oder dem Flächennutzungsplan ein **schlüssiges gesamträumliches Planungskonzept**[18] zu Grunde liegt, das sich auf den gesamten Außenbereich erstreckt[19] und den allgemeinen Anforderungen des planungsrechtlichen **Abwägungsgebots** gerecht wird.

1. Geltung für Regionalpläne und Flächennutzungspläne

34 Grundsätzlich gelten die inhaltlichen **Anforderungen** des schlüssigen gesamträumlichen Planungskonzepts **gleichermaßen** für die **Regionalplanung und die Flächennutzungsplanung**.[20] Für beide Planungsebenen gelten letztlich dieselben Maßstäbe für die ordnungsgemäße planerische Abwägung. Die neuere Rspr. geht dabei ganz allgemein auf die Bedeutung des schlüssigen gesamträumlichen Planungskonzepts für die Ausschlusswirkung ein und fordert dies von Regionalplänen[21] wie auch von Flächennutzungsplänen[22], die die Wirkung des Planvorbehalts gemäß § 35 Abs. 3 Satz 3 BauGB erzeugen sollen.

35 Aus diesem Grund wird dieses von der Rspr. entwickelte **schlüssige gesamträumliche Planungskonzept** in dem vorliegenden Handbuch „**vor die Klammer" gezogen** und einheitlich für die Regionalplanung und die Flächennutzungsplanung erläutert. Die hier behandelten Anforderungen gelten daher für die Regionalplanung wie auch für die Flächennutzungsplanung. Deren jeweiligen Besonderheiten, die sich bei der Umsetzung des Planvorbehalts ergeben, werden in den nachfolgenden Kapiteln gesondert behandelt.

2. Struktur der positiven und negativen Flächenausweisung

36 Der Plangeber muss in seinem Planungskonzept für den Flächennutzungsplan nicht nur darlegen können, von welchen positiven Erwägungen die

---

17 Mitschang/Reidt, in: Battis/Krautzberger/Löhr, BauGB, § 35, Rn. 111.
18 BVerwG, Urteil vom 17.12.2002, Az. 4 C 15/01, Rn. 36, für den Flächennutzungsplan, unter Verweis auf den Ausschussbericht vom 19.6.1996, BT-Drs. 13/4978, S. 13; Urteil vom 13.3.2003, Az. 4 C 4/02, Rn. 15, für den Regionalplan; Urteil vom 21.10.2004, Az. 4 C 2/04, Rn. 18; Urteil vom 24.1.2008, Az. 4 CN 2/07, Rn. 11; Beschluss vom 23.7.2008, Az. 4 B 20/08, Rn. 9; Beschluss vom 15.9.2009, Az. 4 BN 25/09, Rn. 8; Urteil vom 13.12.2012, Az. 4 CN 1/11, Rn. 9; Urteil vom 11.4.2013, Az. 4 CN 2/12, Rn. 5.
19 So für die Flächennutzungsplanung ausdrücklich BVerwG, Urteil vom 17.12.2002, Az. 4 C 15/01, Rn. 36; Beschluss vom 15.9.2009, Az. 4 BN 25/09, Rn. 8; Urteil vom 13.12.2012, Az. 4 CN 1/11, Rn. 9.
20 Vgl. Söfker, in: Ernst/Zinkahn/Bielenberg/Krautzberger, BauGB, § 35, Rn. 127.
21 BVerwG, Urteil vom 11.4.2013, Az. 4 CN 2/12, Rn. 5 (Regionalplan Westsachsen).
22 BVerwG, Urteil vom 13.12.2012, Az. 4 CN 1/11 (Teil-Flächennutzungsplan Wustermark).

positive **Standortausweisung** getragen ist, sondern auch, welche Gründe es rechtfertigt, den übrigen Planungsraum von Windenergieanlagen freizuhalten.[23] Grundsätzlich muss der gesamte Planungsraum in **Konzentrationszonen** und **Ausschlusszonen** aufgeteilt werden.

Nichts anderes gilt grundsätzlich auch für den **Regionalplan** und dessen Planungsraum, da sich die Negativwirkungen nur bei gleichzeitigen Positivwirkungen an anderen Standorten rechtfertigen lassen.[24] **37**

Allerdings gilt in der Regionalplanung die **Besonderheit**, dass die Ausschlusswirkung des Planvorbehalts nach § 35 Abs. 3 Satz 3 BauGB auch dann greift, wenn der Plangeber Positiv- und Negativflächen ausgewiesen hat und daneben „**weiße Flächen**" übrig lässt, bei denen es an einer raumordnerischen Entscheidung des Trägers der Raumordnung fehlt und die einer Entscheidung auf der untergeordneten Planungsebene überlassen bleiben. **38**

Soweit durch die Ausweisung von Positivflächen der Windenergie substantiell Raum verschafft wird, gilt die Ausschlusswirkung von § 35 Abs. 3 Satz 3 BauGB auch dann, wenn solche „weiße Flächen" bestehen, wobei sich die **Ausschlusswirkung nur auf die Ausschlusszonen**, nicht aber auch auf die „weißen Flächen" bezieht.[25] Insoweit unterscheiden sich die Anforderungen an das schlüssige gesamträumliche Gesamtkonzept in diesem Punkt von der Flächennutzungsplanung. **39**

Die Prüfung durch den Plangeber, ob und inwieweit Teile des Planungsraums als **Standorte für die Windenergienutzung ausscheiden**, muss Hand in Hand gehen mit der positiven Ausweisung von Konzentrationszonen für die Windenergie an anderer Stelle. Die öffentlichen Belange, die für den negativen Ausschluss sprechen, sind mit dem Anliegen, die grundsätzlich privilegierte Windenergienutzung an geeigneten Standorten zuzulassen, nach den Abwägungsgrundsätzen gemäß § 1 Abs. 6 und 7 BauGB abzuwägen. Die negativen Ausweisungen müssen sich ebenso wie die positiven Regelungen zugunsten der Windenergie aus den **konkreten örtlichen Gegebenheiten** nachvollziehbar herleiten lassen.[26] **40**

In diesem Zusammenhang muss der Plangeber berücksichtigen, dass nicht beliebige Gründe einen Ausschluss der Windenergie rechtfertigen. Die **negative Ausschlusswirkung**, die zugleich mit der positiven Zuweisung von Standorten erfolgt, muss durch **städtebauliche Gründe** gerechtfertigt sein. Das BVerwG betont dabei, dass der Plangeber mit der Planung **keine** **41**

---

23 BVerwG, Urteil vom 17.12.2002, Az. 4 C 15/01, Rn. 36; Urteil 13.3.2003, Az. 4 C 4/02, Rn. 15.
24 BVerwG, Urteil 13.3.2003, Az. 4 C 4/02, Rn. 15.
25 BVerwG, Beschluss vom 28.11.2005, Az. 4 B 66/05, Rn. 7.
26 BVerwG, Urteil vom 17.12.2002, Az. 4 C 15/01, Rn. 36.

Windenergiepolitik betreiben darf, die den Wertungen des BauGB entgegensteht und darauf abzielt, die **Windenergienutzung** aus anderen – nichtstädtebaulichen – Gründen zu reglementieren oder sogar zu **unterbinden.**[27]

42 In diesem Zusammenhang regelt § 1 Abs. 6 BauGB, welche Belange den Ausschluss der Windenergie rechtfertigen können. Als solche Belange stellt sich der Gesetzgeber etwa den Fremdenverkehr, den Naturschutz und den Landschaftsschutz vor. Als Belange kommen ferner auch der Immissionsschutz oder der Schutz von Rohstoffvorkommen oder militärischen Einrichtungen in Betracht.[28]

3. Grundsätze der Konzentrationsflächenplanung

43 a) **Entwicklung der Rechtsprechung.** Das BVerwG hat erst **in neuerer Zeit zwingende Maßstäbe** für die planerische Steuerung durch den Planvorbehalt des § 35 Abs. 3 Satz 3 BauGB gesetzt.

44 aa) **Frühere Rechtsprechung.** Über einen längeren Zeitraum wurde **lediglich ein schlüssiges gesamträumliches Planungskonzept** gefordert, ohne dass zwingend die einzelnen Arbeitsschritte bei der Suche der für die Windenergie in Frage kommenden Flächen festgelegt worden sind.

45 So hat das BVerwG in seinen **anfänglichen Entscheidungen** zum schlüssigen gesamträumlichen Planungskonzept ab dem Jahr 2002 lediglich gefordert, dass sich die planerische Abwägung auf alle beachtlichen Belange hinsichtlich der Positivflächen wie auch der Negativflächen bezieht. Ein weiterer Maßstab war, dass der Plangeber keine Verhinderungsplanung oder eine darauf hinauslaufende „Feigenblatt"-Planung betreiben dürfe.[29]

46 Dies zeigt, dass das BVerwG zunächst **keine feste „Richtschnur"** für die **planerische Abwägung** bei der Bestimmung von Konzentrationszonen vorgab. Dem Gericht schien offensichtlich bedeutsamer, dass der Windenergie am Ende substanziell Raum verschafft sein muss.

47 bb) **Erste Vorgaben für die Konzentrationszonen-Planung.** In zwei Entscheidungen des BVerwG aus dem Jahr 2008[30] ließen sich **erste Vorgaben für die Methoden** zur Erarbeitung des Auswahlkonzepts erkennen. So gab das Gericht zwar noch nicht vor, welche Methoden anzuwenden sind. Es betonte aber, dass das vom Plangeber gewählte methodische Vorgehen bei der Erarbeitung des Planungskonzepts umso mehr zu hinterfragen sei, je kleiner die Flächen für die Windenergienutzung seien.[31]

---

27 BVerwG, Urteil vom 17.12.2002, Az. 4 C 15/01, Rn. 37.
28 Vgl. BVerwG, Urteil vom 17.12.2002, Az. 4 C 15/01, Rn. 37.
29 BVerwG, Urteil vom 13.3.2003, Az. 4 C 4/02, Rn. 15; Urteil vom 21.10.2004, Az. 4 C 2/04, Rn. 13.
30 BVerwG, Urteil vom 24.1.2008, Az. 4 CN 2/07; Beschluss vom 23.7.2008, Az. 4 B 20/08.
31 BVerwG, Urteil vom 24.1.2008, Az. 4 CN 2/07, Rn. 15.

48 In einer weiteren Entscheidung aus demselben Jahr betonte das Gericht, für das Planungskonzept sei zunächst das Tatsachenmaterial zu ermitteln, das in die Abwägung einzustellen sei. Nicht zu beanstanden sei, das Plangebiet nach allgemeinen Kriterien untersuchen zu lassen und auf dieser Grundlage ein **Auswahlkonzept** zu entwickeln, das auf sachlich nachvollziehbaren Auswahlkriterien beruhe. Dabei müsse der Plangeber alle potentiell für die Windenergienutzung geeigneten Bereiche im Blick behalten. Es gelte dabei ein „**Grundsatz der Abwägungs- und Ergebnisoffenheit**".[32]

49 Diese Offenheit mit Blick auf die Anforderungen des Planungskonzepts änderte sich im Jahr 2009. Das BVerwG vertiefte in seinem Beschluss vom 15. September 2009[33] die dogmatischen Überlegungen, wie die **Konzentrationsflächen** im Rahmen der planerischen Abwägung am besten zu bestimmen sind.

50 So führte das BVerwG zunächst aus, die vorgerichtliche Instanz sei zutreffend davon ausgegangen, dass die Ausarbeitung des Planungskonzepts auf der „Ebene des Abwägungsvorgangs" angesiedelt sei. Zugleich stellte es fest, dass sich die **Ausarbeitung des Planungskonzepts abschnittsweise** vollzieht, ohne dass es deutlich machte, dass diese Methode zwingend anzuwenden ist. Das Gericht legte in dieser Entscheidung den „**Grundstein**" für das aktuelle **Konzept der Tabuzonen**, das nachfolgend noch näher behandelt wird.

51 cc) Aktuelle Rechtsprechung. Die Tabuzonen-Planung, die im Beschluss vom 15. September 2009 noch als eine unter mehreren denkbaren Methoden für zulässig erachtet wurde, hat das BVerwG schließlich in zwei aktuellen Entscheidungen aus dem Jahr 2012 und 2013 als **verbindliches Planungskonzept** festgeschrieben.

52 So entschied es in seinem Urteil vom 13. Dezember 2012 zum **Flächennutzungsplan** der brandenburgischen Gemeinde **Wustermark**, dass das Planungskonzept, wie es in der Entscheidung vom 15. September 2009 noch als eine der zulässigen Planungsmethoden anerkannt wurde, nunmehr zwingend Anwendung finden muss.[34]

53 Dabei kam das BVerwG erstmals zu dem Ergebnis, dass die Anwendung dieser Methode deshalb verbindlich sei, weil **zwingend zwischen harten und weichen Tabuzonen unterschieden** werden müsse. Der Grund liege darin, dass beide Tabuzonen unterschiedlichen planungsrechtlichen Regimen unterliegen würden und die Unterscheidung daher rechtlich geboten

---

32 BVerwG, Beschluss vom 23.7.2008, Az. 4 B 20/08, Rn. 9.
33 BVerwG, Urteil vom 15.9.2009, Az. 4 BN 25/09, Rn. 8.
34 BVerwG, Urteil vom 13.12.2012, Az. 4 CN 1/11, Rn. 9.

sei. Dies müsse dem Plangeber nicht nur deutlich sein. Der Unterschied müsse auch in den Planungsunterlagen verdeutlicht sein.

54 Nach dieser Rechtsprechung handelt es sich bei **harten Tabuzonen** um Flächen, auf denen die Windenergienutzung in jedem Fall **aus rechtlichen oder tatsächlichen Gründen** ausgeschlossen ist. In harten Tabuzonen würde sich eine Ausweisung von Positivflächen somit als **vollzugsunfähige Planung** darstellen, die nach § 1 Abs. 3 BauGB zur Unwirksamkeit des Plans[35] führen würde. Die Flächen der harten Tabuzonen sind damit der planerischen Abwägung i. S. v. § 1 Abs. 6 und 7 BauGB oder nach § 7 Abs. 2 Satz 1 ROG entzogen. Um die Vollzugsunfähigkeit zu vermeiden, muss der Plangeber solche Flächen nach § 1 Abs. 3 BauGB als harte Tabuzonen für die Windenergienutzung sperren.

55 Die **weichen Tabuzonen** sind dagegen grundsätzlich der planerischen Abwägung zugänglich und dürfen – im Gegensatz zu den danach übrig bleibenden Potenzialflächen – **anhand einheitlicher Kriterien des Plangebers** ermittelt und vorab ausgeschieden werden. Es handelt sich hierbei um eine pauschalierende planerische Abwägung gemäß § 1 Abs. 6 und 7 BauGB oder nach § 7 Abs. 2 Satz 1 ROG. Der Plangeber kann im Planungskonzept solche weichen Tabuzonen als Ergebnis einer pauschalierenden und generalisierenden planerischen Abwägung festlegen.

56 Dabei sind diese Flächen letztlich disponibel, vor allem dann, wenn das Ergebnis der Abwägung deutlich macht, so das Gericht, dass der Windenergienutzung noch nicht **substanziell Raum verschafft** ist. In diesem Fall ist das Auswahlkonzept hinsichtlich der „allgemeinen Kriterien" des Plangebers und gegebenenfalls die Abwägungen der Einzelbelange auf den Potenzialflächen anzupassen, so dass mehr Positivflächen für die Windenergie übrig bleiben und der Windenergie substantiell Raum verschafft wird.[36]

57 Der Plangeber muss die **allgemeinen Kriterien** für die Bestimmung der weichen Tabuzonen rechtfertigen. Er muss seine Erwägungen hierzu **offenlegen** und damit zeigen können, dass ihm selbst bewusst ist, dass es sich dabei nicht um zwingende rechtliche Vorgaben, sondern um eine eigene Festlegung solcher grundsätzlichen Kriterien auf Grundlage der planerischen Abwägung handelt.[37]

58 Das BVerwG hat diese Vorgaben für die **Flächennutzungsplanung** in einer weiteren Entscheidung auch auf die **Regionalplanung erstreckt**.[38]

---

35 Im Fall des Flächennutzungsplans gemäß § 1 Abs. 3 BauGB, im Fall der Regionalplanung nach § 7 Abs. 1 Satz 1 ROG.
36 BVerwG, Urteil vom 13.12.2012, Az. 4 CN 1/11, Rn. 12.
37 BVerwG, Urteil vom 13.12.2012, Az. 4 CN 1/11, Rn. 13.
38 BVerwG, Urteil vom 11.4.2013, Az. 4 CN 2/12, Rn. 6.

b) Geltung für alte Planungen. Das BVerwG hat dieses von ihm entwickelte Planungskonzept, das nunmehr zwingend gilt, auf **alte Pläne aus der Zeit vor dieser Rspr.** angewendet – was zunächst deswegen unbillig erscheint, weil die Plangeber die spätere Rspr. des BVerwG bei Aufstellung ihrer Pläne noch nicht kannten.

Nach der Begründung des Gerichts ist zwischen den beiden Tabuzonen zu unterscheiden, weil sich diese Unterscheidung dogmatisch aus dem Gegensatz der Anforderung der Vollzugsfähigkeit nach § 1 Abs. 3 BauGB und dem planerischen Abwägungsgebot aus § 1 Abs. 6 und 7 BauGB ergibt. Beide Vorschriften galten jedoch schon **vor Aufstellung** der betroffenen **Pläne**.

Es handelt sich somit rechtlich gesehen nicht um eine gesetzliche Neuregelung, sondern um eine **Rechtsauslegung durch die Gerichte**, die auch für ältere Pläne gilt.[39]

Allerdings kam auch das BVerwG in seinen Entscheidungen zwischen 2003 und 2012 selbst nicht auf den Gedanken, dass die Tabuzonen-Planung wegen der rechtlichen Vorgaben aus § 1 Abs. 3 sowie Abs. 6 und 7 BauGB bzw. den entsprechenden raumordnungsrechtlichen Bestimmungen zwingend angewendet werden muss. Daher scheint es misslich, dass diese neuen Anforderungen auch für die alten Planungen gelten. Dies ändert jedoch nichts an ihrer Geltung auch für ältere Planungen.

4. „Subtraktionsmethode"

Das BVerwG geht nunmehr in ständiger Rspr. davon aus, dass die folgenden **Verfahrensschritte** der **Tabuzonen-Planung** durch den Plangeber zwingend eingehalten werden müssen, damit es sich um das für den Planvorbehalt erforderliche „schlüssige gesamträumliche Planungskonzept" handelt.[40]

Dieses planerische Vorgehen wird von *Gatz* als „**Subtraktionsmethode**"[41] bezeichnet, weil der Plangeber von der Fläche des gesamten Plangebiets in verschiedenen Schritten Flächen herausnimmt, bis die positiven Flächen für die Konzentration der Windenergienutzung übrig bleiben.

---

39 OVG Weimar, Urteil vom 08.4.2014, Az. 1 N 676/12, Rn. 85.
40 BVerwG, Urteil vom 17.12.2002, Az. 4 C 15/01, Rn. 36, für den Flächennutzungsplan, unter Verweis auf den Bundestags-Ausschussbericht vom 19.6.1996, BT-Drs. 13/4978, S. 13, Urteil vom 13.3.2003, Az. 4 C 4/02, Rn. 15, für den Regionalplan; Urteil vom 21.10.2004, Az. 4 C 2/04, Rn. 18; Urteil vom 24.1.2008, Az. 4 CN 2/07, Rn. 11; Beschluss vom 23.7.2008, Az. 4 B 20/08, Rn. 9, Beschluss vom 15.9.2009, Az. 4 BN 25/09, Rn. 8, Urteil vom 13.12.2012, Az. 4 CN 1/11, Rn. 9, Urteil vom 11.4.2013, Az. 4 CN 2/12, Rn. 5.
41 Gatz, Rn. 70, 87.

65 Diese Methode wird kurz dargestellt und in den nachfolgenden Abschnitten (Abschnitt III. bis VIII.) vertieft. Bei der näheren Behandlung der Tabuzonen wird meist eine **Empfehlung** abgegeben, ob bestimmten Flächen und Gebiete als **harte Tabuzonen oder weiche Tabuzonen** einzuordnen sind. Allerdings ist zu beachten, dass **abweichende Vorgaben des jeweiligen OVG bzw. VGH** für das betroffene Bundesland zwingend beachtet werden sollten. Daran schließen sich die Ausführungen zu den harten und weichen Tabuzonen mit einer tabellarischen Übersicht über die Rspr. an.

66 a) Erster Schritt: Aussonderung der harten Tabuzonen

> In einem **ersten Schritt** sind alle Flächen innerhalb des Planungsgebiets zu ermitteln, auf denen die Errichtung und der Betrieb von Windkraftanlagen **tatsächlich und rechtlich unmöglich** sind.

Solche Flächen werden als „harte Tabuzonen" bezeichnet (hierzu nachfolgend Rn. 76 ff.).[42] Diese Flächen stehen als Konzentrationszonen für die Windenergiegewinnung nicht zur Verfügung und sind vorab auszusondern. Diese Flächen dürfen nicht als Konzentrationszonen herangezogen werden, da die Windenergienutzung auf diesen Flächen unzulässig ist und die Planung nach **§ 1 Abs. 3 BauGB** (bei Regionalplänen nach § 7 Abs. 1 Satz 1 ROG) aus diesem Grund vollzugsunfähig und damit unwirksam wäre.[43]

67 In diesem Zusammenhang ist eine neuere Entscheidung des OVG Münster[44] von Interesse. Danach meint das Gericht, bei der **Annahme harter Tabuzonen** sei grundsätzlich **Zurückhaltung** geboten. So könnten gerade die Suchkriterien „Siedlungsraum", „Natur und Landschaft" und „Artenschutz" nicht von vornherein und ohne weiteres durchgängig zur Annahme harter Tabuzonen führen. Der Flächennutzungsplan – um den es in der Entscheidung ging – sei ein grobmaschiges Raster, das auf eine *„Verfeinerung auf nachgelagerter Planungs- und Einzelzulassungsebene"* angelegt sei. Mögliche Verwirklichungshindernisse könnten meistens durch die dort zur Verfügung stehenden rechtlichen Steuerungshindernisse ausgeräumt werden.[45]

> Allerdings ist diese **Entscheidung des OVG Münster** mit Blick auf die mittlerweile für den Plangeber verpflichtende „Subtraktionsmethode" mit **besonderer Vorsicht zu genießen**.[46] Sie sollte grundsätzlich nur in

---

42 BVerwG, Urteil vom 13.12.2012, Az. 4 CN 1/11, Rn. 10; Urteil vom 11.4.2013, Az. 4 CN 2/12, Rn. 5.
43 BVerwG, Urteil vom 13.12.2012, Az. 4 CN 1/11, Rn. 12.
44 OVG Münster, Urteil vom 1.7.2013, Az. 2 D 46/12.NE, Rn. 46, 47.
45 OVG Münster, Urteil vom 1.7.2013, Az. 2 D 46/12.NE, Rn. 49, 51.
46 Vgl. Niedzwicki, KommJur 2014, 92.

> Nordrhein-Westfalen beachtet werden und nur solange, wie nicht das BVerwG ausdrücklich einzelne Suchkriterien als harte Tabuzonen einordnet.

Denn die vom OVG Münster geforderte Zurückhaltung ist unvereinbar – wie nachfolgend gezeigt wird – mit der Rspr. anderer Obergerichte wie dem OVG Berlin-Brandenburg,[47] die vom BVerwG[48] unbeanstandet geblieben ist. **68**

b) Zweiter Schritt: Aussonderung der weichen Tabuzonen **69**

> In einem **zweiten Schritt** sind die Flächen zu ermitteln, auf denen Windenergieanlagen zwar tatsächlich und rechtlich möglich sind, die aber aufgrund der **raumordnerischen oder städtebaulichen Ziele und Vorstellungen des Plangebers** nicht für die Windenergie genutzt werden sollen.

Diese Flächen werden als „weiche Tabuzonen" bezeichnet (hierzu nachfolgend Rn. 134 ff.). Hierbei handelt es sich um eine typisierende pauschale planerische Abwägung zum Beispiel durch Festlegung pauschaler Schutzabständen zu bestimmten Nutzungen oder Gebieten im Rahmen der planerischen Leitvorstellungen des Plangebers.

Streitig ist dabei, **ob der Plangeber weiche Tabuzonen ermitteln muss** oder ob er nach Abzug der harten Tabuzonen die restlichen Flächen der jeweiligen Einzelabwägung überlassen kann. **70**

In diesem Zusammenhang werden unterschiedliche Ansichten vertreten. So wird zum einen vertreten, dass es der **Gleichheitsgrundsatz** gebietet, **allgemein typisierende Abwägungen** z. B. durch Anwendung von Schutzabständen vorzunehmen.[49] Dagegen wird von *Gatz* vertreten, dass der Plangeber nur dazu verpflichtet ist, die harten Tabuzonen zu ermitteln, und darauf verzichten kann, weiche Tabuzonen zu definieren, um mögliche Fehlerquellen bei der planerischen Abwägung zu umgehen.[50] **71**

> Für die **Planungspraxis** wird allerdings abseits dieses rechtsdogmatischen Streits **empfohlen, zwischen harten und weichen Tabuzonen zu unterscheiden** und dabei weiche Tabuzonen in Abgrenzung zur Einzelabwägung der Potenzialflächen festzulegen.

---

47 OVG Berlin-Brandenburg, Urteil vom 24.2.2011, Az. 2 A 2/09.
48 BVerwG, Urteil vom 13.12.2012, Az. 4 CN 1/11.
49 Vgl. OVG Berlin-Brandenburg, Urteil vom 14.9.2010, Az. 2 A 4/10, Rn. 43.
50 Gatz, Rn. 83.

72 Das BVerwG hat mehrfach bestimmt, dass zwischen beiden Tabuzonen zu unterscheiden ist und dies auch dokumentiert werden muss. Daran sollte sich der Plangeber bis zu einer anderslautenden höchstrichterlichen Entscheidung auch halten.

73 **c) Dritter Schritt: Einzelabwägung der Potenzialflächen**

> Nach Abzug der Tabuzonen verbleiben die sog. **Potenzialflächen.** In einem **dritten Verfahrensschritt** sind diese Flächen zu den auf ihnen konkurrierenden Nutzungen in Beziehung zu setzen (hierzu nachfolgend Rn. 162 ff.).

Im Einzelfall sind die öffentlichen Belange, die gegen die Ausweisung der Flächen zugunsten der Windenergienutzung sprechen, mit den Belangen abzuwägen, die für die im Außenbereich privilegierte Windenergienutzung sprechen.[51]

74 **d) Vierter Schritt: Prüfung der Substanzialität**

> In einem **vierten Schritt** ist zu überprüfen, ob die so ermittelten Konzentrationsflächen der Windenergienutzung in **„substantieller Weise" Raum verschaffen** (hierzu nachfolgend Rn. 171 ff.).

Anderenfalls sind der dritte und vierte Schritt unter Anpassung und Neuvornahme der planerischen Abwägung noch einmal durchzuführen, was insbesondere dadurch geschehen kann, dass Schutzabstände und Pufferzonen als weiche Tabu-Kriterien verringert werden.[52]

---

51 Vgl. BVerwG, Urteil vom 13.12.2012, Az. 4 CN 1/11, Rn. 10; Urteil vom 11.4.2013, Az. 4 CN 2/12, Rn. 5.
52 OVG Berlin-Brandenburg, Urteil vom 9.9.2009, Az. 2 S 6/09, Rn. 20.

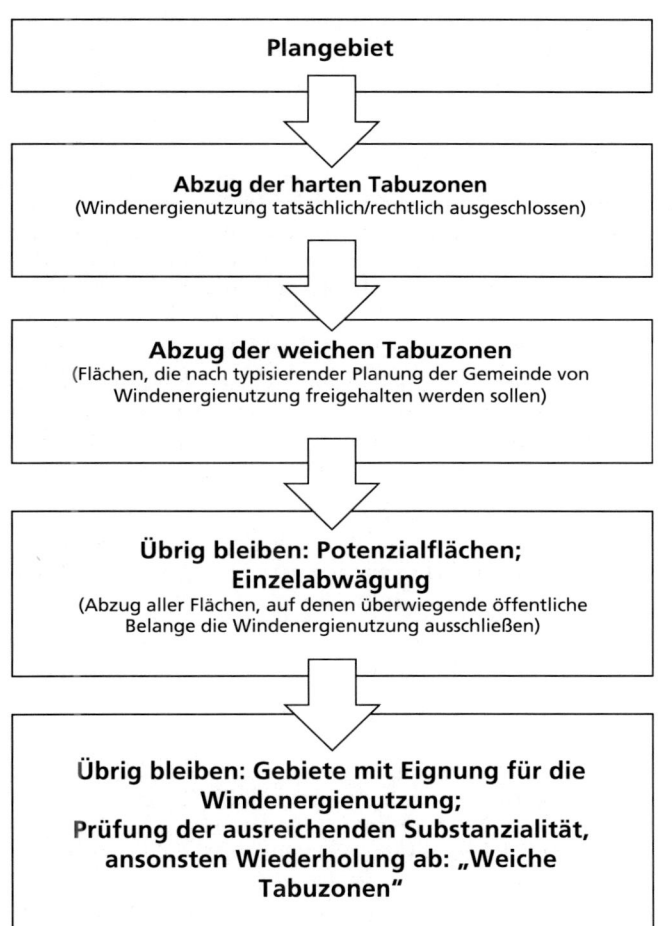

Übersicht 1: Schlüssiges gesamträumliches Planungskonzept

III. Harte Tabuzonen

Als **harte Tabuzonen** werden in der Rspr. – mit teilweise unterschiedlicher Bewertung – folgende Flächen und Nutzungen behandelt:
- nicht ausreichend windhöffige Flächen,
- naturschutzrechtlich eingeschränkte Gebiete und Bereiche (z. B. Landschaftsschutzgebiete, Natura 2000-Gebiete, Bereiche von hoher artenschutzrechtlicher Sensibilität),

- Siedlungsbereiche und ihre Schutzabstände,
- Schutzabstände um Verkehrsanlagen und Infrastruktureinrichtungen,
- Militärische Schutzbereiche,
- sonstige Schutzbereiche,
- Waldgebiete,
- Gewässer und Wasserschutzgebiete.

77 Höchstrichterlich wurden die **Eigenschaften** der vorgenannten Flächen als **harte Tabuzonen noch nicht abschließend** entschieden. Nachfolgend wird daher näher behandelt, inwieweit die **obergerichtliche Rspr.** die o. g. Flächen und Nutzungen einheitlich oder unterschiedlich je nach Bundesland als harte Tabuzonen einordnet, mit der Folge, dass diese Flächen für die Ausweisung von Konzentrationszonen von vornherein ausscheiden.

78 Die Darstellung schließt mit einer **tabellarischen Übersicht zu den einzelnen obergerichtlichen Entscheidungen**, woraus deutlich wird, inwieweit ein „Konsens" bei bestimmten harten Tabuzonen besteht und bei welchen Flächen bislang unterschiedliche Zuordnungen bestehen.

1. Nicht ausreichend windhöffige Flächen

79 Im Plangebiet sind zunächst alle Flächen zu ermitteln, für die eine ausreichende **Windhöffigkeit** für die Windenergienutzung gegeben ist. Nicht windhöffige Flächen gelten als harte Tabuzone.[53]

80 Nach der Rspr. reicht es für die Vollzugsfähigkeit und Erforderlichkeit der Planung i. S. v. § 1 Abs. 3 BauGB aus, wenn die **Windverhältnisse** einen Anlagenbetrieb zulassen. Nicht gefordert werden kann eine bestmögliche Ausnutzung der windhöffigsten Flächen.[54]

81 Unzulässig ist es, unter Verweis auf nur wenige windhöffige Flächen eine **Verhinderungsplanung** vorzunehmen. In diesem Fall dürfen Flächen nicht nach pauschaler Prüfung der Windhöffigkeit, sondern erst nach detaillierter Prüfung der einzelnen Flächen ausgesondert werden, wobei der Rechtfertigungsdruck für eine Negativ-Ausweisung in diesem Fall hoch ist.[55] Wichtig ist in diesem Zusammenhang, dass bei einer „großzügigen" Aussonderung von weniger windhöffigen Flächen am Ende dennoch der Windenergie substanziell Raum verschafft wird.[56] Ansonsten ist die Aussonderung der Fläche unzulässig und die Annahmen des Plangebers für eine ausreichende Windhöffigkeit müssen noch einmal überprüft werden.

---

53 OVG Berlin-Brandenburg, Urteil vom 24.2.2011, Az. 2 A 24/09, Rn. 65; OVG Münster, Urteil vom 1.7.2013, Az. 2 D 456/12.NE, Rn. 52; vgl. näher Tyczewski, BauR 2014, 934, 936 f.; Scheidler, KommJur 2012, 367, 369.
54 BVerwG, Urteil vom 17.12.2002, Az. 4 C 15/01, Rn. 18; so auch Scheidler, KommJur 2012, 367, 369.
55 VGH Mannheim, Urteil vom 12.10.2012, Az. 8 S 1370/11, Rn. 63.
56 VGH Kassel, Urteil vom 17.3.2011, Az. 4 C 883/10.N, Rn. 36 ff.; VGH München, Urteil vom 17.11.2011, Az. 2 BV 10.2295, Rn. 35.

Dies macht deutlich, dass Flächen mit fehlender Windhöffigkeit zwar rechtsdogmatisch gesehen harte Tabuzonen sind, die der planerischen Abwägung entzogen sind. Allerdings obliegt die fachwissenschaftliche Bewertung der fehlenden Windhöffigkeit letztlich der **Einschätzung des Plangebers** und bedarf einer **besonderen Rechtfertigung**, wenn der Windenergie nicht substanziell Raum verschafft wird. 82

Jedenfalls werden solche Flächen harte Tabuzonen sein, auf denen die Windhöffigkeit offensichtlich zu gering ist.[57] Dies ist der Fall, wenn nicht einmal die **Anlaufgeschwindigkeit für Windenergieanlagen** erreicht wird.[58] 83

Nach diesen rechtlichen Maßstäben ist davon auszugehen, dass der **Plangeber nicht verpflichtet** ist, die **optimalen Flächen für die Windenergienutzung** zu ermitteln. Auch muss er die Windhöffigkeit nicht vor Ort detailliert prüfen, solange er nicht die Potenzialflächen unter pauschalem Verweis auf die mangelnde Windhöffigkeit im Plangebiet nahezu ausschließt. Es wird ausreichen, dass der Plangeber die **Windkarte des Kreises**[59] (im Fall der Flächennutzungsplanung) oder der **Wetterkarte des Deutschen Wetterdienstes**[60] zur Ermittlung der Windhöffigkeit heranzieht. 84

Fraglich ist schließlich, ob zusätzlich solche Flächen **vorab als harte Tabuzone auszuscheiden** sind, die zwar ausreichend windhöffig sind, bei denen sich aber die **Eigentümer einer Nutzung für die Windenergie verweigern**. In diesem Zusammenhang wird vertreten, dass der Plangeber davon ausgehen darf, dass der betroffene Eigentümer die Flächen für die Windenergienutzung zur Verfügung stellen wird, da dies nach der Lebenserfahrung letztlich von der Attraktivität des Pachtangebots abhängt. Allerdings wird der Plangeber dann genauer ermitteln müssen, wenn die Eigentümer im Rahmen der Öffentlichkeitsbeteiligung ihre Ablehnung geltend machen.[61] In der Praxis wird dies wohl jedoch nur selten der Fall sein. 85

2. Gebiete mit Schutzstatus nach dem BNatSchG

Nachfolgend wird dargestellt, inwieweit **Gebiete mit Schutzstatus nach dem BNatSchG** oder sonstige danach geschützte Bereiche als harte Tabuzonen einzuordnen sind.[62] 86

---

57 OVG Münster, Urteil vom 1.7.2013, Az. 2 D 46/12.NE, Rn. 52.
58 VGH Kassel, Urteil vom 10.5.2012, Az. 4 C 841/11.N, Rn. 38, wohl auch OVG Weimar, Urteil vom 8.4.2013, Az. 1 N 676/12, Rn. 64.
59 OVG Münster, Urteil vom 30.11.2011, Az. 7 A 4857/00.
60 BVerwG, Urteil vom 17.12.2002, Az. 4 C 15/01, Rn. 18.
61 So Gatz, Rn. 674.
62 Zur Übersicht der Empfehlungen der Länder bei Ausweisung von Windenergieanlagen Nagel/Schwarz/Köppel, UPR 2014, 371, 378 f.

87 **a) Landschaftsschutzgebiete.** In Rspr. und Literatur **umstritten** ist die Frage, ob Flächen in **Landschaftsschutzgebieten** (bundesrechtlich: i. S. v. § 26 BNatSchG) als harte Tabuzonen bewertet werden können.

88 Nach einer **früheren Entscheidung** des BVerwG aus dem Jahr 2002[63] steht einer Ausweisung von Flächen zugunsten der Windenergienutzung **nicht grundsätzlich entgegen**, dass diese innerhalb eines Landschaftsschutzgebiets liegen und einem Bauverbot unterfallen. Daher können solche Flächen auch nicht von vornherein nach § 1 Abs. 3 BauGB als harte Tabuzonen behandelt werden.

89 Zur Begründung führt das BVerwG aus, dass die **Hindernisse durch eine Landschaftsschutzverordnung** nicht grundsätzlich unüberwindbar seien. Voraussetzung hierfür sei aber, dass die Verbotsregelungen keinen absoluten Geltungsvorrang haben. Regelt die Landschaftsschutzverordnung zwar ein Bauverbot, ist aber die Erteilung einer Befreiung z. B. nach § 67 BNatSchG (oder nach den Landesnaturschutzgesetzen) zulässig, sei die Windenergienutzung nicht zwangsläufig verboten. Erforderlich sei dann, dass eine **objektive Befreiungslage** besteht und der Überwindung der Verbotsregelung auch sonst nichts im Wege steht. Hierbei stellt eine **positive Stellungnahme der zuständigen Naturschutzbehörde** ein gewichtiges Indiz für die Annahme einer Befreiungslage dar. Soweit eine **Befreiung von vornherein ausscheidet**, sind die **Flächen im Landschaftsschutzgebiet** allerdings als **harte Tabuzone** zu behandeln.[64]

90 Dagegen ordnen die **Oberverwaltungsgerichte** Landschaftsschutzgebiete überwiegend als **harte Tabuzonen** ein.[65] Grund hierfür sei, dass der Plangeber weder Flächen der Schutzverordnung unterstellen, noch diese aus der Schutzverordnung wieder entlassen könne. Dieser Umstand spreche gegen die Bewertung als weiche Tabuzone. Nach Ansicht des OVG Berlin-Brandenburg können hierzu nur solche Flächen gehören, die der Plangeber aufgrund seines „voluntativen" Elements von der Ausweisung zugunsten der Windenergie freihält. Kann er dies nicht, weil dies nicht in seiner Macht liegt, kann es sich auch nicht um eine weiche Tabuzone handeln.

91 Auch in der **Literatur**[66] wird die Entscheidung des Bundesverwaltungsgerichts kritisch gesehen. So sei die Rechtswirkung von § 35 Abs. 3 Satz 3 BauGB etwa bei Flächennutzungsplänen nur dann zu erzielen, wenn sichergestellt sei, dass sich die Windenergienutzung auf den Positiv-Flächen

---

63 BVerwG, Urteil vom 17.12.2002, Az. 4 C 15/01, Rn. 20.
64 BVerwG, Urteil vom 17.12.2002, Az. 4 C 15/01, Rn. 20, 22.
65 OVG Berlin-Brandenburg, Urteil vom 24.2.2011, Az. 2 A 2/09, Rn. 66; OVG Münster, Urteil vom 1.7.2013, Az. 2 D 46/12.NE, Rn. 52, mit der Einschränkung „*je nach Planungssituation*"; befürwortend auch Scheidler, KommJur 2012, 367, 370.
66 Gatz, Rn. 677; dagegen für eine Einzelfallbetrachtung Tyczewski, BauR 2014, 934, 937 f.

gegen konkurrierende Nutzungen tatsächlich durchsetzen kann. Hierfür **reiche** eine **objektive Befreiungslage** oder das In-Aussicht-Stellen einer Befreiung durch die Naturschutzbehörden **nicht aus**, da der Plangeber kompetenz- und verfahrensrechtlich nicht sicherstellen könne, dass diese später auch sicher erteilt werde. Zudem seien Befreiungen einzelfallbezogen und würden sich daher nicht für die „flächenmäßige" Zulassung von Windenergieanlagen eignen. Sollen die Flächen innerhalb eines Landschaftsschutzgebiets nicht als harte Tabuzonen ausgeschieden werden, sei die **Herausnahme** der geplanten Konzentrationszone aus der **Landschaftsschutzverordnung** erforderlich.

Auch wenn sich das Bundesverwaltungsgericht bereits 2002 zur Einordnung von Landschaftsschutzgebieten als nicht unbedingt harte Tabuzone festgelegt hat, ist fraglich, ob es sich wieder so entscheiden würde, zumal sich dessen „Subtraktionsmethode" seitdem „verfeinert" hat. **92**

Gegen das BVerwG sprechen tatsächlich einige gewichtige Argumente. So spricht zwar die Möglichkeit einer objektiven Befreiungslage auf Ebene eines Bebauungsplans gegen die Vollzugsunfähigkeit des Plans. Dies wird bei einem vielfach größeren Planungsraum eines Flächennutzungsplans oder Regionalplans allerdings in Frage zu stellen sein. Auch gibt das **In-Aussicht-Stellen einer Befreiung** durch die Naturschutzbehörde in einem frühen Stadium der Planaufstellung **keine sichere Gewähr** dafür, dass die vorhabenbezogene, nicht planbezogene Befreiung später auch erteilt wird. Damit fehlt es aber an der Sicherheit, dass die Positivflächen in Kompensation für einen Ausschluss der Windenergie auf den Negativflächen für die Windenergie zur Verfügung stehen. **93**

Daher erscheint es äußerst zweifelhaft, Flächen innerhalb eines Landschaftsschutzgebiets als weiche Tabuzonen zu behandeln. Vieles spricht dafür, solche **Flächen als harte Tabuzonen zu bewerten.**

b) **Natura 2000-Gebiete.** Gleiches wird auch für die **Natura 2000-Gebiete** im Sinne der § 31 ff. BNatSchG gelten,[67] also für **FFH-Gebiete**[68] und **Vogelschutzgebiete.**[69] **94**

Auch hier gibt es zwar grundsätzlich die Möglichkeit der Erteilung einer **Abweichung** zugunsten der Windenergienutzung. So gilt nach § 34 Abs. 1 BNatSchG die Besonderheit, dass die Verträglichkeit des Projekts mit den **95**

---

67 So OVG Berlin-Brandenburg, Urteil vom 24.2.2011, Az. 2 A 2/09, Rn. 66; OVG Münster, Urteil vom 1.7.2013, Az. 2 D 46/12.NE, Rn. 52, mit der Einschränkung *„je nach Planungssituation"*; befürwortend Scheidler, KommJur 2012, 367, 370.
68 Gebiete von gemeinschaftlicher Bedeutung nach Art. 4 der Richtlinie 92/43/EWG.
69 Vogelschutzgebiete nach Art. 4 der Richtlinie 79/409/EWG (jetzt Art. 4 der Richtlinie 2009/147/EG).

Erhaltungszielen des FFH-Gebiets oder Vogelschutzgebiets nicht nur im Genehmigungsverfahren, sondern auch in einem Planungsverfahren geprüft werden muss. Soweit sich herausstellt, dass das Projekt gemäß § 34 Abs. 2 BNatSchG zu erheblichen Beeinträchtigungen des Gebiets in seinen für die Erhaltungsziele oder den Schutzzweck maßgeblichen Bestandteilen führen kann, ist es unzulässig. In diesem Fall kann für das Projekt eine Abweichung nach § 34 Abs. 3 BNatSchG erteilt werden, was jedoch an besondere Voraussetzungen – wie z. B. an **„zwingende Gründe des überwiegenden öffentlichen Interesses,** einschließlich solcher sozialer und wirtschaftlicher Art" – gebunden ist.

96 Damit können nicht nur einzelne Vorhaben, sondern es kann auch die Planung als solche zugelassen werden. Hierüber entscheidet aber nicht der Plangeber, sondern die zuständige Naturschutzbehörde.

> Daher lassen sich die Argumente zur Tabuzonen-Eigenschaft von Landschaftsschutzgebieten grundsätzlich übertragen, mit der Folge, dass auch **FFH-Gebiete** und **Vogelschutz-Gebiete** als harte Tabuzonen zu behandeln sind.[70]

97 c) **Sonstige Gebiete mit Schutzstatus nach Naturschutzrecht.** Mit der gleichen Begründung wie zu Landschaftsschutz- und Natura 2000-Gebieten können auch **Naturschutzgebiete** i. S. v. § 23 BNatSchG, **Nationalparke** und nationale Naturmonumente i. S. v. § 24 BNatSchG, **Biosphärenreservate** i. S. v. § 25 BNatSchG und gesetzlich geschützte **Biotope** i. S. v. § 30 BNatSchG als **harte Tabuzonen** eingeordnet werden.[71]

98 d) **Pufferzonen um Schutzgebiete.** Nach der Rspr. des OVG Lüneburg[72] sind wohl auch **Pufferzonen** als Schutzabstände um solche Schutzgebiete als **harte Tabuzone** zu behandeln. Begründet wird dies mit der Bedeutung der Umweltvorsorge. So gebe etwa Art. 4 Abs. 4 der Vogelschutz-Richtlinie vor, dass die Verschmutzung und Beeinträchtigung von Lebensräumen auch außerhalb von Vogelschutzgebieten zu vermeiden seien. Gleiches könne auch für die nach nationalem Bundesnaturschutzrecht unter Schutz gestellten Gebiete gelten.[73] In diesem Zusammenhang meint das Gericht,

---

70 Anderer Ansicht OVG Koblenz, Urteil vom 16.5.2013, Az. 1 C 11003/12, Rn. 33 ff. (bei FFH-Gebieten); OVG Weimar, Urteil vom 8.4.2014, Az. 1 N 676/12, Rn. 64 ff; wohl auch Gatz, Rn. 73, wobei dieser in Rn. 675 eine andere Haltung einnimmt und bei Landschaftsschutzgebieten zur Einordnung als harter Tabuzone tendiert; ähnlich ders., jM 2015, 465, 467.
71 OVG Berlin-Brandenburg, Urteil vom 24.2.2011, Az. 2 A 2/09, Rn. 65; Gatz, Rn. 72; Scheidler, GewArch Beilage WiVerw Nr. 03/2011, 117, 130.
72 So OVG Lüneburg, Urteil vom 22.11.2012, Az. 12 LB 64/11, Rn. 47, ohne eine genaue Einordnung als harte oder weiche Tabuzone vorzunehmen; Urteil vom 21.4.2010, Az. 12 LB 44/09, Rn. 40 ff.
73 OVG Lüneburg, Urteil vom 21.4.2010, Az. 12 LB 44/09, Rn. 40 ff.

eine Pufferzone von 500 Metern um ein faktisches Vogelschutzgebiet sei als Tabuzone zulässig.[74]

> Eine solche Einordnung ist jedoch mit Vorsicht zu genießen. Pufferzonen um Schutzgebiete nach Naturschutzrecht können allenfalls dann als harte Tabuzone bewertet werden, wenn sie im Einzelfall tatsächlich erforderlich sind, um Beeinträchtigungen innerhalb der Schutzgebiete zu vermeiden. Dies sollte z. B. durch ein Sachverständigengutachten belegt sein. Auf die **Einordung pauschaler Pufferzonen** etwa in Form von Radien **als harte Tabuzonen** sollte verzichtet werden.

e) **Bereiche von hoher artenschutzrechtlicher Sensibilität.** Auch artenschutzrechtlich sensible Gebiete können als **harte Tabuzone** gelten. Das OVG Berlin-Brandenburg *„neigt zu der Annahme"*, dass die in den vom Brandenburgischen Umweltministerium festgelegten Tierökologischen Abstandskriterien (TAK) benannten **Tabubereiche bzw. Schutzbereiche insbesondere für größere Vogelarten** zu den **harten Tabuzonen** zählen.[75]

Nach Ansicht des OVG Berlin-Brandenburg würden diese Abstandskriterien nach wissenschaftlichen Kenntnissen auch darüber Aussagen treffen, ob **artenschutzrechtliche Verbote** verletzt sein können. Soweit dies nach den Abstandkriterien der Fall sei, weil sich Anlagen innerhalb von artenschutzrechtlich bedenklichen Bereichen befinden, lege dies nahe, dass es sich bei diesen Flächen um harte Tabuzonen handeln wird. Ähnlich hat sich auch das OVG Bautzen zu den artenschutzrechtlichen Verboten gemäß § 44 Abs. 1 Nr. 1 und 2 BNatSchG geäußert.[76]

Anders wird dies vom OVG Münster gesehen.[77] Danach könne der Plangeber in die **Ausnahme- oder Befreiungslage hineinplanen**, sofern artenschutzrechtliche Verbote durch die Realisierung der Planung erfüllt würden. Dies spreche gegen die grundsätzliche Einordnung als harte Tabuzone.[78]

In der Bewertung erscheint die Einordnung von artenschutzrechtlich sensiblen Bereichen durch das OVG Berlin-Brandenburg (und das OVG Bautzen) als zu weitgehend. So können Vorhaben, die gegen artenschutzrechtliche Verbote nach § 44 Abs. 1 BNatSchG verstoßen würden, von der Verbotswirkung nach § 44 Abs. 5 BNatSchG freigestellt werden oder

---

74 OVG Lüneburg, Urteil vom 22.11.2012, Az. 12 LB 64/11, Rn. 47; Urteil vom 21.4.2010, Az. 12 LB 44/09, Rn. 40 ff; dem folgend Gatz, Rn. 74.
75 OVG Berlin-Brandenburg, Urteil vom 24.2.2011, Az. 2 A 24/09, Rn. 67.
76 OVG Sachsen, Beschluss vom 29.7.2015, Az. 4 A 209/14; Rn. 18.
77 OVG Münster, Urteil vom 17.2013, Az. 2 D 46/12.NE, Rn. 63 ff.
78 Ähnlich auch Tyczewski, BauR 2014, 934, 939; Nagel/Schwarz/Köppel, UPR 2014, 371, 377.

es kann in die Ausnahmelage hineingeplant werden. Zudem sind Arten an ihren Standorten dynamisch und können diese im „Lebenszyklus" eines Flächennutzungs- oder Regionalplans wechseln. Auch aus diesem Grund kann nicht ohne weiteres angenommen werden, dass die Nutzung solcher Flächen durch die Windenergie tatsächlich und rechtlich zwingend grundsätzlich ausgeschlossen ist.

> Daher können **artenschutzrechtlich sensible Flächen gemäß Abstandskriterien nicht grundsätzlich als harte Tabuzonen** behandelt werden, sondern nur bei Einzelfällen, in denen entsprechend belastbare Informationen vorliegen.[79]

3. Siedlungsbereiche

103 a) **Anlagen in Siedlungsbereichen.** Als harte Tabuzonen gelten **geschlossene Siedlungsbereiche**, auch Splittersiedlungen im Außenbereich.[80]

104 b) **Schutzabstände um Siedlungsbereiche.** Unterschiedlich bewertet wird, ob auch **Schutzabstandsflächen um Siedlungsbereiche** als harte Tabuzonen bewertet werden können.

105 aa) **Frühere Rechtsprechung.** Nach der grundsätzlichen Rspr. des BVerwG aus dem Jahr 2002 können „**pauschale**" **Abstandsflächen zu Siedlungsbereichen** wegen der Sorge um die Einhaltung der Vorgaben des Immissionsschutzrechts als Konzentrationsflächen ausgeschlossen werden.[81] Denn bei der Planung muss sichergestellt sein, dass durch die Ausweisung von Konzentrationsflächen keine schädlichen Umwelteinwirkungen hervorgerufen werden.[82]

106 Aus diesen Gründen ist es zulässig, anstelle einer Abstandsbestimmung auf Grundlage von Lärmmessungen oder Lärmberechnungen nach der TA Lärm eine **pauschalierende Betrachtung** vorzunehmen. So dürfen Abstände pauschalierend anhand von Erfahrungswerten und nach maßgeblichen Parametern wie etwa der Windrichtung und Windgeschwindigkeit, der Leistungsfähigkeit der Anlagen oder der Tonhaltigkeit der Rotorgeräusche, gebildet werden.[83]

---

79 Für eine Einzelfallprüfung Niedzwicki, KommJur 2014, 92, 93 f.
80 BVerwG, Urteil vom 17.12.2002, Az. 4 C 15/01, Rn. 39; OVG Berlin-Brandenburg, Urteil vom 24.2.2011, Az. 2 A 24/09, Rn. 6; OVG Münster, Urteil vom 1.7.2013, Az. 2 D 46/12.NE, Rn. 52.; Gatz, Rn. 75; Scheidler, GewArch Beilage W.Verw Nr. 03/2011, 117, 130.
81 BVerwG, Urteil vom 17.12.2002, Az. 4 C 15/01, Rn. 39; skeptischer hinsichtlich der Pauschalisierung, OVG Münster, Urteil vom 1.7.2013, Az. 2 D 46/12.NE, Rn. 52.
82 Vgl. allgemein für die Festsetzung von Baugebieten BVerwG, Urteil vom 12.8.1999, Az. 4 CN 4/98.
83 BVerwG, Urteil vom 17.12.2002, Az. 4 C 15/01, Rn. 40.

107 Nach dieser Rspr. kann daher **nicht gefordert werden**, dass nur solche Flächen von der Ausweisung ausgeschlossen werden dürfen, die „exakt" **auf Grundlage der TA Lärm gemessen** oder berechnet worden sind. Der Plangeber soll nicht gezwungen sein, nur solche Flächen von der Windenergienutzung freizuhalten, die nach den Maßstäben des Immissionsschutzrechts gerade noch zulässig sind.[84]

108 In dem Fall, den das BVerwG im Jahr 2002 zu entscheiden hatte, wurden Abstände zu Siedlungsbereichen – differenziert nach unterschiedlicher Schutzwürdigkeit von Einzelgebäuden und Gehöften sowie Wohnbebauung innerhalb und außerhalb geschlossener Ortschaften und der Himmelsrichtung – zwischen 300 Meter und 750 Meter für zulässig erachtet.[85]

109 **bb) Neubewertung erforderlich?** Fraglich ist allerdings, wie diese **frühere Rspr.** auf die nunmehr zwingende **Abgrenzung zwischen harten und weichen Tabuzonen zu übertragen** ist. So hatte das BVerwG im Jahr 2002 lediglich über den „*Ausschluss*" solcher Flächen von der weiteren Suche nach Konzentrationsflächen zu entscheiden und dabei festgestellt, dass die Bestimmung von Abstandsflächen auch im Rahmen der Umweltvorsorge von einem Ermessen des Plangebers getragen sei und dies noch im zulässigen Rahmen der planerischen Abwägung geschehen könne.[86]

110 Dies legt nahe, bei der Bestimmung immissionsschutzrechtlich bedingter Abstände zu differenzieren:[87]

- So können Flächen als harte Tabuzonen von vornherein ausgeschlossen werden, wenn dies zur Einhaltung der Immissionsrichtwerte der TA Lärm erforderlich ist.
- Daneben können **weitergehende Abstände** – als **zweiter Ring** – aus Gründen der Umweltvorsorge und zur planerischen Vermeidung möglicher Nutzungskonflikte als weiche Tabuzone behandelt werden.

111 Immerhin kommen dem Plangeber aber ein **Beurteilungsspielraum** und eine **Befugnis zur Typisierung** zu, da eine trennscharfe Abgrenzung beider Abstands-Typen auf der Ebene der Planung regelmäßig schwer ist und der immissionsschutzrechtlich zwingend erforderliche Abstand erst auf Grundlage des konkreten Vorhabens (also der genauen Standorte, Anla-

---

84 BVerwG, Urteil vom 17.12.2002, Az. 4 C 15/01, Rn. 42; so auch Scheidler, KommJur 2012, 367, 369; Hendler/Kerkmann, NVwZ 2014, 1369, 1375.
85 BVerwG, Urteil vom 17.12.2002, Az. 4 C 15/01, Rn. 40.
86 BVerwG, Urteil vom 17.12.2002, Az. 4 C 15/01, Rn. 42.
87 So OVG Berlin-Brandenburg, Urteil vom 24.2.2011, Az. 2 A 2/09, Rn. 68; anderer Ansicht OVG Münster, Urteil vom 1.7.2013, Az. 2 D 46/12.NE, Rn. 52 und 56, wonach nur Splittersiedlung „als solche" als harte Tabuzonen angesehen werden können.

gentypen und genauen Lärmeinwirkung auf die betroffenen Immissionsorte) bestimmt werden kann.[88]

112 Daher lässt es das OVG Berlin-Brandenburg ausreichen, wenn die Prognose des Plangebers über die Mindestabstände zur Einhaltung der Immissionsrichtwerte der TA Lärm „unter Rückgriff auf Erfahrungswerte **vertretbar** erscheint" und *„jedenfalls derjenige Teil der Abstandszone, der ausschließlich auf Vorsorgeerwägungen im Sinne des § 5 Abs. 1 Nr. 2 BImschG beruht, nicht mehr der harten Tabuzone zugeordnet wird".*[89]

> Nach dem vorgenannten Maßstab der „Vertretbarkeit nach Erfahrungswerten" wird der Plangeber in der Regel rechtssicher handeln, wenn er seiner Planung die nach **Immissionsschutzrecht zwingend geltenden Sicherheitsabstände** als harte Tabuzonen zu Grunde legt, die in den entsprechenden **Vollzugshinweisen und Windenergieerlassen** seines Bundeslands vorgegeben werden.[90]

113 cc) **Abstände zu Wohnhäusern aus Gründen des Rücksichtnahmegebots.** Unabhängig davon können Abstände zu Wohnnutzungen nicht nur aus Gründen des Immissionsschutzes, sondern auch zur (sonstigen) Einhaltung des **Rücksichtnahmegebots** erforderlich sein.

114 So weist das OVG Münster[91] in einer früheren Entscheidung darauf hin, dass im Einzelfall Abstände zwischen Wohnhäusern und Windenergieanlagen aus Gründen des Rücksichtnahmegebots erforderlich sein können, um eine **optisch erdrückende Wirkung** auszuschließen. Das Gericht lässt dabei eine Typisierung *(„grobe Anhaltspunkte")* für die Einzelfallprüfung zu. Danach fehlt es an einer optisch bedrängenden Wirkung, wenn der **Abstand** zwischen Wohnhaus und einer Windenergieanlage mindestens das **Dreifache der Gesamthöhe** (Narbenhöhe und Durchschnitt des Rotordurchmessers) beträgt. Ist der Abstand **geringer als das Zweifache der Gesamthöhe der Anlage,** dürfte die Einzelfallprüfung nach Ansicht des Gerichts überwiegend zu einer dominanten und optisch bedrängenden Wirkung der Anlage führen. Beträgt der Abstand zwischen dem Wohnhaus und der Anlage das **Zwei- bis Dreifache der Gesamthöhe der Anlage,** bedürfe es regelmäßig einer besonders intensiven Prüfung des Einzelfalls.[92]

---

88 OVG Berlin-Brandenburg, Urteil vom 24.2.2011, Az. 2 A 2/09, Rn. 68; vgl. zu Abständen zu Wohnbebauungen, Raschke, ZfBR 2013, 632, 634 ff.
89 OVG Berlin-Brandenburg, Urteil vom 24.2.2011, Az. 2 A 2/09, Rn. 68.
90 Vgl. zu den einzelnen Abstandsempfehlungen Saurer, NVwZ 2016, 201.
91 OVG Münster, Urteil vom 9.8.2006, Az. 8 A 3726/05, Rn. 67 ff.
92 OVG Münster, Urteil vom 9.8.2006, Az. 8 A 3726/05, Rn. 90 ff.

Die Rspr. des OVG Münster, die noch in weiteren Entscheidungen[93] fortgeführt und vom BVerwG[94] mit Verweis auf die Umstände des Einzelfalls nicht beanstandet wurde, gilt für den „Einzelfall". Sie wird in der neueren Entscheidung aus dem Jahr 2013,[95] wonach harte Tabuzonen nur zurückhaltend anzunehmen seien, auch nicht weiter besonders erwähnt. **115**

Allerdings sollte die Rspr. des OVG Münster der Planung zu Grunde gelegt werden. Gerade wenn es Erfahrungstatsachen[96] gibt, aus denen solche Abstände hergeleitet werden können, spricht vieles dafür, solche Abstände – also wenigstens den **zweifachen Abstand der Gesamthöhe** der Anlage zwischen Wohngebäuden und Anlagen – als harte Tabuzone einzuordnen. **116**

> Der Planung wird dies aber wohl regelmäßig keine großen Umstände bereiten, da diese Abstandsmaße innerhalb der harten Tabuzonen zur Einhaltung des Immissionsschutzes liegen.

4. Infrastrukturanlagen und entsprechende Schutzabstände

Auch die Flächen von **Verkehrsanlagen** und **sonstigen Infrastrukturanlagen** können zu den harten Tabuzonen gerechnet werden.[97] **117**

Fraglich ist allenfalls, ob auch **entsprechende Schutzabstände** um solche Nutzungen als harte Tabuzonen von vornherein der Abwägung über die Ausweisung von Konzentrationszonen entzogen werden dürfen. Je nach straßenrechtlicher Rechtsgrundlage gehören zu den Straßen auch Anbauverbots- bzw. Anbaubeschränkungszonen, z. B. nach § 9 FStrG für Bundesfernstraßen. Da bauliche Anlagen gesetzlich zwingend unzulässig sind, sind die **Flächen der Abstandszonen** zu solchen Anlagen der Planung entzogen, so dass es sich hierbei um harte Tabuzonen handelt.[98] **118**

5. Militärische Schutzbereiche

Als harte Tabuzonen sind auch **militärische Schutzbereiche** i. S. d. Gesetzes über die Beschränkung von Grundeigentum für die militärische Verteidigung (Schutzbereichsgesetz – SchBerG) einzuordnen.[99] **119**

---

93 OVG Münster, Urteil vom 24.6.2010, Az. 8 A 2764/09, Rn. 40.
94 BVerwG, Beschluss vom 23.12.2010, Az. 4 B 36/10.
95 OVG Münster, Urteil vom 1.7.2013, Az. 2 D 46/12.NE.
96 So BVerwG, Beschluss vom 23.12.2010, Az. 4 B 36/10, Rn. 3.
97 OVG Berlin-Brandenburg, Urteil vom 24.2.2011, Az. 2 A 24/09, Rn. 65; OVG Münster, Urteil vom 1.7.2013, Az. 2 D 46/12.NE, Rn. 52; Scheidler, GewArch Beilage WiVerw Nr. 03/2011, 117, 130; Scheidler, KommJur 2012, 367, 370.
98 Scheidler, KommJur 2012, 367, 370.
99 OVG Berlin-Brandenburg, Urteil vom 24.2.2011, 2 A 24/09, Rn. 65; OVG Münster, Urteil vom 1.7.2013, Az. 2 D 46/12.NE, Rn. 52; Gatz, Rn. 72; Scheidler, KommJur 2012, 367, 370.

6. Sonstige Schutzbereiche

120 Als harte Tabuzonen können auch andere Schutzbereiche zählen, die auf Grundlage von **Sondergesetzen** einen Schutz vor baulichen Anlagen genießen. Dies gilt etwa für **luftfahrtrechtliche Bauschutzbereiche** nach den §§ 12 ff. LuftVG.[100]

121 Ob zwingende Abstände auch für **Stromleitungen** anzunehmen sind,[101] ist fraglich, da es insoweit keine gesetzlich zwingenden Vorgaben gibt.[102] Jedenfalls werden für den Einzelfall zu ermittelnde Abstände, die erforderlich sind, damit die Freileitungen durch die Anlagen selbst oder die durch sie versursachten Nachlaufströmungen nicht beschädigt oder in ihrer Funktionsweise beeinträchtigt werden, als **harte Tabuzonen** zu behandeln sein.[103]

122 In der nächsten Zeit wird die Diskussion zunehmen, ob auch **Schutzbereichs- oder Abstandszonen für Richtfunkstrecken**[104] oder **Radarstationen** für das Militär,[105] die zivile Luftfahrt (§ 18a LuftVG) oder den Deutschen Wetterdienst als harte Tabuzonen bewertet werden müssen.

> Bei **Richtfunkverbindungen** kann nicht grundsätzlich angenommen werden, dass sie durch Windenergieanlagen beeinträchtigt werden.[106] Daher erscheint es auch nicht geboten, grundsätzlich Schutzbereiche zu bilden, die in jedem Fall als harte Tabuzonen eingeordnet werden.

123 Soweit die Funktionsweise von **Radarstationen** durch Windenergieanlagen beeinträchtigt sein kann, bedarf es einer Einzelprüfung. Zu dieser Frage gibt es noch zu wenig wissenschaftliche Erkenntnisse, was auch für die Frage gilt, mit welchen Maßnahmen eine Koexistenz von Radarstationen und Windenergieanlagen gewährleistet werden kann.[107]

> Eine grundsätzliche Aussonderung von Abstandsradien-Flächen um Radarstationen als harte Tabuzonen erscheint daher zum gegenwärtigen Zeitpunkt nicht geboten, da nicht in jedem Fall sicher ist, dass

---

100 Scheidler, KommJur 2012, 367, 370; vgl. BVerwG, Urteil vom 18.11.2004, Az. 4 C 1/04.
101 Scheidler, KommJur 2012, 367, 370; vgl. für eine 30 kV-Leitung OVG Münster, Urteil vom 28.8.2008, Az. 8 A 2138/06, Rn. 113.
102 Wohl aber DIN-Vorschriften, vgl. DIN EN 50341-3-4.
103 Vgl. VG Minden, Beschluss vom 13.12.2012, Az. 11 L 529/12.
104 Für eine Einordnung als harte Tabuzone, Scheidler, KommJur 2012, 367, 370; vgl. Mitschang, ZfBR 2003, 431, 437.
105 Vgl. zur Zulässigkeit einer Schutzbereichsanordnung zum Schutz einer militärischen Radarempfangsanlage, VG Schleswig, Urteil vom 15.1.2015, Az. 12 A 170/13.
106 Vgl. OVG Münster, Beschluss vom 27.8.2014, Az. 8 B 550/14, für den Fall von Richtfunkstrecken privater Mobilfunkanbieter.
107 Vgl. VG Schleswig, Urteil vom 15.1.2015, Az. 12 A 170/1. Rn. 35, 38.

diese Flächen für die Windenergieanlage zwingend gesperrt sind.[108] In diesem Zusammenhang ist in den Blick zu nehmen, dass meistens nicht die gesamte Zone von jeglicher Besiedlung von Windenergieanlagen freizuhalten ist, sondern in erster Linie die Anordnung der Anlagen-Standorte und die Höhe eine wesentliche Bedeutung für die Funktion der Radarstationen haben. Diese Parameter lassen sich in der Planung oder Genehmigung aber steuern, so dass eine Einordnung solcher Flächen als **harte Tabuzone** überzogen erscheint.

7. Waldgebiete

Der VGH Kassel lehnt die Einordnung von **Wald** als harte Tabuzone grundsätzlich ab.[109]

Das OVG Münster hat früher „zusammenhängende Waldgebiete" zu den harten Tabuzonen gezählt,[110] inzwischen jedoch nicht mehr.[111] Das OVG Lüneburg lehnt die Einordnung als harte Tabuzone ebenfalls ab.[112]

Differenzierend sieht dies das OVG Weimar. Nach dem Thüringischen Waldgesetz (§ 9 Abs. 1 Satz 1 ThürWaldG) sei nur die Umwandlung von Wäldern, die zu **Schutzwäldern** und **Erholungswäldern** erklärt worden seien, verboten. Dies bedeute, dass nicht jeder Wald grundsätzlich vor der Umwandlung geschützt sei. In den übrigen Wäldern sei die Erteilung einer Umwandlungsgenehmigung grundsätzlich (unter Erfüllung der tatbestandlichen Voraussetzungen) möglich. Unabhängig davon zweifelt das Gericht auch an, ob überhaupt mit der Windenergienutzung stets eine Umwandlung in eine andere Nutzungsart verbunden sei. All dies führe dazu, dass die **grundsätzliche Herausnahme von Waldgebieten als harte Tabuzonen unzulässig** sei.[113]

In der **Gesamtschau** ist festzustellen, dass nach den Waldgesetzen die Errichtung von Windenergieanlagen im Wald nicht in jedem Fall unzulässig ist. Daher fehlt es an Gründen, dass die Windenergienutzung in Waldgebieten aus rechtlichen Gründen zwingend ausgeschlossen ist.

Waldgebiete sind daher **grundsätzlich keine harten Tabuzonen.** Anders mag dies sein, wenn die Ansiedlung von Windenergieanlagen in bestimmten Waldgebieten nach Waldrecht oder Naturschutzrecht zwin-

---

108 Vgl. OVG Münster, Urteil vom 19.5.2004, Az. 7 A 3368/02, Rn. 76.
109 VGH Kassel, Urteil vom 17.3.2011, Az. 4 C 883/10.N, Rn. 41.
110 OVG Münster, Urteil vom 1.7.2013, Az. 2 D 46/12.NE, Rn. 52.
111 OVG Münster, Urteil vom 22.9.2015, Az. 10 D 82/13.NE.
112 OVG Lüneburg, Urteil vom 3.12.2015, Az. 12 KN 216/13, Rn. 24.
113 OVG Weimar, Urteil vom 8.4.2014, Az. 1 N 676/12, Rn. 89.

gend ausgeschlossen ist oder wenn Ziele der Raumordnung Waldgebiete[114] schützen und dies in der Flächennutzungsplanung zu beachten ist.

8. Gewässer und Wasserschutzgebiete

128 Zwar gibt es, soweit ersichtlich, keine obergerichtliche Rspr., wonach ausdrücklich auch **Gewässer und Uferzonen** zu den harten Tabuzonen zu zählen sind. Offensichtlich scheint selbstverständlich zu sein, dass Windenergieanlagen in Gewässern nicht zulässig sind – und es bis jetzt wohl auch keine entsprechenden Ansiedlungswünsche gab.

129 Unabhängig davon ist die **Ansiedlung von Anlagen an Bundeswasserstraßen und Gewässern erster Ordnung** sowie an stehenden Gewässern mit einer Größe von mehr als einem Hektar im Abstand bis 50 Meter von der Uferlinie nach § 61 Abs. 1 BNatSchG unzulässig, auch wenn die Erteilung einer Ausnahme möglich ist, was für die Errichtung von Windenergieanlagen aber wohl fernliegend erscheint.

130 Gleiches gilt auch für **Wasserschutzgebiete**, in denen Bauvorhaben nach § 51 WHG in Verbindung mit den entsprechenden einzelgebietlichen Rechtsverordnungen ausgeschlossen sind.

131 Ob darüberhinausgehende **Pufferzonen oder Schutzzonen um die Gewässer** zu den harten Tabuzonen zählen, ist zweifelhaft. Solche Schutzzonen aus Gründen der Umweltvorsorge schließen die Windenergienutzung nicht schlechthin aus, so dass sie allenfalls als **weiche Tabuzonen** zu behandeln sind.

132 Übersicht 2: Harte Tabuzonen

Bereiche	Harte Tabuzone?
Keine Windhöffigkeit	+
Schutzgebiete nach Naturschutzrecht	
Landschaftsschutzgebiete	+
FFH- und Vogelschutzgebiete	+
Sonstige Gebiete nach Naturschutzrecht (Naturschutzgebiete, Nationalparke, Biosphärenreservate, Biotope)	+
Pufferzonen	In der Regel: –
Artenschutzrechtliche Verbote	–
Siedlungsbereiche	
Siedlungsbereiche	+
Schutzabstände zu Siedlungsbereichen	–
Schutzabstände wg. Rücksichtnahmegebot	+

---

114 Vgl. hierzu Tyczewski, BauR 2014, 934, 945.

Der Planvorbehalt

Bereiche	Harte Tabuzone?
Infrastrukturanlagen	
Anlagen	+
Schutzabstände zu Anlagen	Je nach fachgesetzlicher Regelung: +
Sonstige Bereiche	
Militärische Schutzbereiche	+
Bauschutzbereiche (z. B. LuftVG)	+
Energieleitungen	+
Schutzabstände zu Energieleitungen	Je nach Einzelfall: +
Abstandszonen zu Richtfunkstrecken	Grundsätzlich: –
Waldgebiete	Grundsätzlich: –
Gewässer und Wasserschutzgebiete	–
Abstandszonen nach fachgesetzlicher Regelung zu Gewässern/Wasserstraßen	+
Pufferzonen zu Gewässern	–

Übersicht 3: Abweichungen bei der Einordnung der harten Tabuzonen in den einzelnen Bundesländern nach der Rspr. der Oberverwaltungsgerichte bzw. Verwaltungsgerichtshöfe

Bereiche	OVG B-B[115]	HE[116]	NRW[117]	NDS[118]	RP[119]	SA[120]	TH[121]	SN[122]
Keine ausreichende Windhöffigkeit	+	+	+			+	+	
Naturschutzrechtlich geschützte Bereiche								
NSG	+	+	+	+		+		
Nationalparke/ Naturmonumente	+	+	+					
Biosphärenreservate	+	+	+					
Gesetzlich geschützte Biotope	+	+	+					
LSG	+	+	(+)			–		
Natura 2000-Gebiete	+	+	(+)		FFH: –	–		

---

115 OVG Berlin-Brandenburg, Urteil vom 24.2.2011, Az. 2 A 24/09, Rn. 64 ff.
116 VGH Kassel, Urteil vom 17.3.2011, Az. 4 C 883/10.N, Rn. 36 ff.
117 OVG Münster, Urteil vom 1.7.2013, Az. 2 D 46/12.NE, Rn. 52; Urteil vom 22.9.2015, Az. 10 D 82/13.NE, Rn. 53.
118 OVG Lüneburg, Urteil vom 23.1.2014, Az. 12 KN 285/12, Rn. 19; Urteil vom 28.8.2013, Az. 12 KN 22/10, Rn. 24; Urteil vom 3.12.2015, Az. 12 KN 216/13, Rn. 24.
119 OVG Koblenz, Urteil vom 16.5.2013, Az. 1 C 11003/12, Rn. 33 ff.
120 OVG Magdeburg, Beschluss vom 16.3.2012, Az. 2 L 2/11; Rn. 13.
121 OVG Weimar, Urteil vom 8.4.2014, Az. 1 N 676/12, Rn. 64 ff.
122 OVG Sachsen, Beschluss vom 29.7.2015, Az. 4 A 209/14, Rn. 18.

Bereiche	OVG B-B[115]	HE[116]	NRW[117]	NDS[118]	RP[119]	SA[120]	TH[121]	SN[122]
Artenschutzsensible Bereiche/Artenschutzrechtliche Verbote	(+)	+	–					+
Siedlungsbereiche								
Siedlungsbereiche, Abstand nach TA Lärm	+	+	(–), nur in Ausnahmefällen	+	+	+		
Siedlungsbereiche, Vorsorgeabstand	–	+						
Splittersiedlung Außenbereich	+	+	+	+				
Sonstige Bereiche								
Verkehrswege und andere Infrastrukturanlagen	+	+		+				
Militärische Schutzbereiche	+							
Wald		(+)	–	–			–	
Landschaftsbild						–	–	

IV. Weiche Tabuzonen

134 Die **weichen Tabuzonen** sind Flächen, die der planerischen Abwägung nach § 1 Abs. 7 BauGB bzw. § 7 Abs. 2 Satz 1 ROG unterliegen. Weiche Tabuzonen dürfen anhand einheitlicher Kriterien – etwa in Form **pauschaler Abstände zu bestimmten Nutzungen**[123] oder Gebieten – ermittelt und im Rahmen der „Subtraktionsmethode" vorab ausgeschieden werden, bevor diejenigen Belange für die restlichen Flächen abgewogen werden, die im Einzelfall für und gegen die Nutzung einer Fläche durch die Windenergie sprechen. Diese Zulässigkeit einer pauschalen Abwägung anhand einheitlicher Kriterien führt aber nicht dazu, dass es sich um eine besondere planungsrechtliche Kategorie handelt. Es geht letztlich allein um die – wenn auch typisierte – planerische Abwägung von Belangen.

> Die **Kriterien**, die zur Bestimmung weicher Tabuzonen führt, sind **disponibel**. Soweit sich nach Durchführung der „Subtraktionsmethode" und der konkreten Abwägung für die Potenzialflächen zeigt, dass der Windenergie nicht substantiell Raum verschafft werden kann, müssen

---

123 Kritisch hierzu Söfker, ZfBR 2013, 13, 14.

> die einheitlichen Kriterien überprüft und gegebenenfalls angepasst werden.[124]

Damit liegt es im **planerischen Ermessen des Plangebers**, allgemeine und einheitliche Kriterien anhand seiner städtebaulichen oder raumordnerischen Vorstellungen für die Bestimmung weicher Tabuzonen aufzustellen. **135**

In der Rspr. und Literatur hat sich mittlerweile herauskristallisiert, welche weichen Tabuzonen grundsätzlich zulässig und mit § 1 Abs. 6 und 7 BauGB bzw. § 7 Abs. 2 Satz 1 ROG vereinbar sind. Hierbei handelt es sich unter anderem um die folgenden weichen Tabuzonen: **136**
– Pufferzonen um Siedlungsbereiche,
– Abstände zu Siedlungserweiterungsflächen,
– Abstände zum Schutz des Orts- und Landschaftsbilds,
– Abstände zu Waldgebieten,
– Abstände zum Schutz des Fremdenverkehrs.

1. Pufferzonen um Siedlungsbereiche

Anerkannt ist, dass der Plangeber über die immissionsschutzrechtlich zwingenden Schutzabstände hinaus mit Blick auf den Grundsatz der Umweltvorsorge und den planerischen Trennungsgrundsatz nach § 50 BImSchG **Pufferzonen um Siedlungsbereiche** – als „zweiten Ring"[125] – als weiche Tabuzone festlegen darf.[126] **137**

Abwägungsfehlerhaft wird die Bestimmung der weichen Tabuzone erst dann, wenn der Plangeber seinen Gestaltungsspielraum verlässt und der **Abstand nicht mehr begründbar ist**[127] oder wenn sich ergeben sollte, dass der Windenergie wegen der „Großzügigkeit" der Pufferzonen nicht substantiell Raum verschafft werden kann.[128] Zulässig soll es nach der Literatur sein, wenn der Plangeber solche Abstände heranzieht, die sich aus den **Abstandsempfehlungen der Windenergieerlasse** der Länder ergeben.[129] **138**

2. Abstände zu Siedlungserweiterungsflächen

Der Plangeber darf grundsätzlich nicht nur **Abstände** zu Siedlungsflächen, sondern auch zu **Siedlungserweiterungsflächen** als weiche Tabuzonen bestimmen. Er kann bei der Planung dafür Sorge tragen, dass die künftigen **139**

---

124 BVerwG, Urteil vom 13.12.2012, Az. 4 CN 1/11, Rn. 12; vgl. Urteil vom 21.7.2010, Az. 4 B 73/09, Rn. 10; Urteil vom 24.1.2008, Az. 4 CN 2/07, Rn. 15.
125 So Gatz, Rn. 77.
126 BVerwG, Urteil vom 21.7.2010, Az. 4 B 73/09; ferner vor Begründung der Tabuzonen-Rechtsprechung Urteil vom 21.7.2010, Az. 4 B 73/09, Rn. 42; Scheidler, KommJur 2012, 367, 369.
127 BVerwG, Urteil vom 21.7.2010, Az. 4 B 73/09, Rn. 42.
128 Vgl. BVerwG, Urteil vom 24.1.2008, Az. 4 CN 2/07, Rn. 15.
129 Gatz, Rn. 678.

Entwicklungsmöglichkeiten durch die Ausweisung von Konzentrationszonen nicht von vornherein ausgeschlossen werden.

140 Allerdings findet die Berücksichtigung von Siedlungserweiterungsflächen ihre **Grenze im Verbot des planerischen „Etikettenschwindels"**. Der Plangeber darf nicht solche behaupteten Planungen vorschieben, die er nicht ernsthaft beabsichtigt. Die Rspr. des BVerwG liest sich so, dass der Plangeber nachweisen muss, dass die Siedlungserweiterungsflächen „vorgezeichnet" sind. Demnach müssen erste planerische Schritte zur Ausweisung von Siedlungserweiterungsflächen unternommen worden sein.[130]

3. Abstände zum Schutz des Orts- und Landschaftsbilds

141 Ferner ist denkbar, dass der Plangeber **Abstände zum Schutz des Orts- und Landschaftsbilds** als weiche Tabuzonen bestimmt.[131]

142 Kritisch ist dabei allerdings, dass die Schutzwürdigkeit des Orts- und Landschaftsbilds **nur im Einzelfall eingeschätzt** und damit auch erst in der Abwägung der einzelnen Belange berücksichtigt werden kann.[132] Ob es dem Plangeber gelingt, allgemeine und einheitliche Kriterien vor allem zum Schutz des Landschaftsbildes – außerhalb der Ortschaften, die schon über die Sicherheitsabstände aus Gründen des Lärmschutzes geschützt werden – festzulegen, erscheint insoweit zweifelhaft.[133]

143 In jedem Fall hat die Festlegung solcher weicher Tabuzonen ihre Grenze im Verbot der Verhinderungsplanung. Das Planungskonzept muss revidiert werden, wenn am Ende des Abwägungsprozesses festgestellt werden muss, dass der Windenergie nicht substantiell Raum verschafft worden ist.

> Für die Praxis ist daher von der Festlegung weicher Tabuzonen zum Schutz des Orts- und Landschaftsbildes abzuraten.

4. Waldgebiete

144 Ob der Plangeber pauschal **Waldgebiete** jedenfalls als weiche Tabuzonen einordnen darf, ist zweifelhaft.[134] Während in der früheren Rspr.[135] noch anerkannt war, dass auch Waldgebiete zu den Tabuzonen gehören, setzt

---

130 BVerwG, Urteil vom 17.12.2002, Az. 4 C 15/01, Rn. 44.
131 Gatz, Rn. 679, anderer Ansicht OVG Magdeburg, Beschluss vom 16.3.2012, Az. 2 L 2/11, Rn. 14.
132 Ähnlich differenziert auch OVG Weimar, Urteil vom 8.4.2014, Az. 1 N 676/12, Rn. 94, nach dem eine Einordnung als weiche Tabuzone gerechtfertigt sein könnte.
133 OVG Magdeburg, Beschluss vom 16.3.2012, Az. 2 L 2/11, Rn. 14.
134 Zur Übersicht Hendler/Kerkmann, NVwZ 2014, 1369, 1371.
135 BVerwG, Urteil vom 17.12.2002, Az. 4 C 15/01, Rn. 29.

sich zunächst in der Literatur[136] und in einigen Windenergieerlassen[137] die Erkenntnis durch, dass auch solche Gebiete grundsätzlich für die Ausweisung als Konzentrationszone zur Verfügung stehen können. Solche Flächen dürfen als Konzentrationszonen ausgewiesen werden, sofern dem keine anderen Vorgaben wie etwa die Festlegungen in einem Raumordnungsplan oder zwingendes Wald- oder Naturschutzrecht entgegenstehen.[138]

> Daher ist auch für Waldgebiete von der Festlegung weicher Tabuzonen eher abzuraten, allenfalls für Waldgebiete mit einer hohen Schutzwürdigkeit können solche Tabuzonen bestimmt werden.

5. Abstände zum Schutz des Fremdenverkehrs

Schließlich lässt sich aus Rspr.[139] und Literatur[140] entnehmen, dass der Plangeber grundsätzlich auch **Abstände zum Schutz des Fremdenverkehrs** als weiche Tabuzonen festlegen kann.

Allerdings stellt sich – ähnlich wie bei Abständen zum Schutz des Landschaftsbilds – auch hier die Frage, ob tatsächlich pauschale Abstände nach einheitlichen Kriterien abwägungsfehlerfrei bestimmt werden können oder ob nicht die Belange zugunsten des Fremdenverkehrs erst im dritten Abschnitt im Rahmen der konkreten einzelfallbezogenen Abwägung zutreffend berücksichtigt werden können.

> Daher ist auch hier abzuraten, Schutzabstände für den Fremdenverkehr als weiche Tabuzonen zu bestimmen.

Übersicht 4: Weiche Tabuzonen

Bereiche	Harte Tabuzone?
Pufferzonen um Siedlungsbereiche	+
Abstandsflächen zu Siedlungserweiterungsflächen	+
Abstände zum Schutz des Orts-Landschaftsbilds	Grundsätzlich: –
Waldgebiete	–
Abstände zum Schutz des Fremdenverkehrs	Grundsätzlich: –

---

136 Lietz, UPR 2010, 54, 60; Gatz, Rn. 76; Scheidler, KommJur 2012, 367, 371.
137 Vgl. Leitfaden des Landes Brandenburg für Planung, Genehmigung und Betrieb von Windkraftanlagen im Wald (Mai 2014).
138 Vgl. Lietz, UPR 2010, 54, 56.
139 Vgl. BVerwG, Urteil vom 24.1.2008, Az. 4 CN 2/07, Rn. 16.
140 Gatz, Rn. 80.

V. Schwierigkeiten bei der Abgrenzung der Tabuzonen

148 Die **Zuordnung zu harten und weichen Tabuzonen** kann dem Plangeber große **Schwierigkeiten bereiten**,[141] zumal die Oberverwaltungsgerichte zu unterschiedlichen Ergebnissen bei der Einordnung zwischen beiden Tabuzonen kommen. Auch wird angenommen, dass dem Plangeber insoweit Beurteilungsspielräume und Typisierungsbefugnisse zustehen.[142] Das BVerwG hat bislang noch keine einheitliche Zuordnung von Flächen und Abständen zu den beiden Tabuzonen vorgenommen, wenngleich es in seinem Urteil vom 13. Dezember 2012 die **detaillierte Zuordnung zu Tabuzonen durch das OVG Berlin-Brandenburg unbeanstandet** gelassen und ausgeführt hat, das OVG Berlin-Brandenburg habe die Zuordnung „*anschaulich aufgezeigt*".[143]

149 Auch wenn das BVerwG in diesem Zusammenhang meint, dass vom Plangeber mit der Unterteilung in harte und weiche Tabuzonen nichts Unmögliches verlangt wird, stellt sich dennoch die Frage, wie dieser mit solchen **Unsicherheiten bei der Unterscheidung** zwischen den beiden Kategorien umgehen soll.

> Hierbei sind **zwei Wege denkbar**, die in Rspr. und Literatur bereit angesprochen worden sind: zum einen ein **alternatives Vorgehen** durch Bewertung als harte, jedenfalls aber als weiche Tabuzone, und zum anderen die Erleichterung der Planung durch **Verzicht auf weiche Tabuzonen**.

1. Alternatives („zweispuriges") Vorgehen

150 Das OVG Lüneburg hat hierzu in mehreren Entscheidungen[144] vorgeschlagen, dass der Plangeber im Fall einer solchen Unsicherheit „*zweispurig*" vorgehen soll. Danach kann der Plangeber eine Fläche zunächst als harte Tabuzone bewerten und dabei seine Unsicherheit dokumentieren, dass es aus rechtlichen oder naturschutzfachlichen Gründen zweifelhaft ist, dass es sich dabei tatsächlich um eine harte Tabuzone handelt. Er kann die Fläche zusätzlich – unter Berufung auf die Unwägbarkeiten – **gleichzeitig als weiche Tabuzone** bewerten, womit die Nutzung durch Windenergie in jedem Fall ausgeschlossen ist.[145]

---

141 So das BVerwG, Urteil vom 13.12.2012, Az. 4 CN 1/11, Rn. 14, und das OVG Berlin-Brandenburg, Urteil vom 24.2.2011, Az. 2 A 2/09, Rn. 62.
142 VGH München, Beschluss vom 11.12.2013, Az. 22 CS 13.2122, Rn. 22; kritisch hierzu Erbguth, DVBl. 2015, 1346, 1351.
143 BVerwG, Urteil vom 13.12.2012, Az. 4 CN 1/11, Rn. 14.
144 OVG Lüneburg, Urteil vom 16.5.2013, Az. 12 LA 49/12, Rn. 23; Urteil vom 22.11.2012, Az. 12 LB 64/11, Rn. 42.
145 So auch Stüer, DVBl. 2013, 509, 510.

Dieser Rspr. lag der Fall eines (möglichen) **faktischen Vogelschutzgebiets** vor. Der Plangeber war unsicher, ob es sich bei den fraglichen Flächen um ein faktisches Vogelschutzgebiete handelt. Wäre dies der Fall, würde es sich nach Ansicht des Plangebers um eine harte Tabuzone handeln. Wenn nicht – zu dem Ergebnis kam der Plangeber – würde das Gebiet wegen seiner avifaunistischen Bedeutung aber wenigstens als weiche Tabuzone oder im Rahmen der Einzel-Abwägung der Potenzialflächen durch „Wegwägen" der Windenergienutzung entzogen werden können.

151

Das OVG Lüneburg hat dabei ausdrücklich festgestellt, dass ein solches **„alternatives Vorgehen" nicht zu beanstanden** sei. Dem Plangeber sei nicht zuzumuten, dass er die Planung wegen rechtlicher oder naturschutzfachlicher Schwierigkeiten bei der Tabuzonen-Zuordnung gefährde.[146] Interessant ist, dass es dem OVG Lüneburg in seiner Entscheidung aus dem Jahr 2013 offensichtlich darauf ankam, auf die Zulässigkeit des alternativen Vorgehens zu verweisen. So schloss sich das OVG Lüneburg in seinem Urteil vom 16. Mai 2013 *„nunmehr"* der Rspr. des BVerwG zur zwingenden Unterscheidung zwischen harten und weichen Tabuzonen an, um im nächsten Satz sogleich darauf *„hinzuweisen"*, dass der Plangeber im Zweifelsfall alternativ vorgehen dürfe und für den Fall, dass ein *„hartes Ausschlusskriterium"* nicht greift, eine Fläche „wegwägen" darf.[147] Ein solches Vorgehen hat bei Unsicherheiten über die Existenz einer harten Tabuzone Sinn.

152

2. Verzicht auf Festlegung weicher Tabuzonen

Daneben ist zu fragen, ob nicht auf die **Festlegung von Flächen als weiche Tabuzonen verzichtet** werden darf. In diesem Fall müsste der Plangeber nur zwischen Flächen, auf denen die Windenergie aus rechtlichen oder tatsächlichen Gründen schlechthin ausgeschlossen ist, und den restlichen Flächen, auf denen die Belange zugunsten der Windenergie mit den konkurrierenden öffentlichen Belangen abgewogen werden, unterscheiden.[148] Bemerkenswert sind in diesem Zusammenhang die klaren Worte von *Gatz*[149]:

153

„Das Risiko eines Fehlers im Abwägungsvorgang lässt sich durch einen Verzicht auf die Kategorie der weichen Tabuzonen reduzieren. Die weichen Tabuzonen sind kein Muss. Die Gemeinde kann die Belange, die sich als weiche Tabukriterien eignen, ebensogut von vornherein als Abwägungsposten behandeln, die mit dem besonderen

154

---

146 OVG Lüneburg, Urteil vom 16.5.2013, Az. 12 LA 49/12, Rn. 23; Urteil vom 22.11.2012, Az. 12 LB 64/11, Rn. 42.
147 OVG Lüneburg, Urteil vom 16.5.2013, Az. 12 LA 49/12, Rn. 23; so auch Gatz, Rn. 82, 682.
148 Vgl. hierzu Söfker, ZfBR 2013, 13, 14.
149 Gatz, Rn. 683

Gewichtungsvorrang in die Abwägung eingehen, der weichen Tabukriterien zukommt."

155 Fraglich ist, ob die **Gerichte dieser Ansicht** folgen, aber auch, ob dem Plangeber und anderen Projektbeteiligten tatsächlich ein solches planerisches Vorgehen empfohlen werden sollte.

156 Zunächst ist aus rechtlicher Sicht **zweifelhaft, ob der Plangeber tatsächlich von der Festlegung weicher Tabukriterien befreit** ist. Eine Pflicht zur Festlegung weicher Tabuzonen bestünde nur dann, wenn die Rechtsgrundlagen für die planerische Abwägung eine solche Pflicht tatsächlich vorgeben.

157 Dies kann weder aus § 1 Abs. 3 BauGB, noch aus § 1 Abs. 7 BauGB abgeleitet werden. So verpflichtet § 1 Abs. 3 BauGB den Plangeber nur dazu, einen vollzugsfähigen Plan aufzustellen. Hieraus ableitbar ist lediglich die Pflicht des Plangebers, harte Tabuzonen kenntlich zu machen. Aus § 1 Abs. 6 und 7 BauGB kann eine solche Pflicht ebenfalls nicht hergeleitet werden. Danach sind die „öffentlichen und privaten Belange gegeneinander und untereinander gerecht abzuwägen". Wie auch bei „normalen" Flächennutzungsplänen und Bebauungsplänen erwächst aus § 1 Abs. 7 BauGB grundsätzlich **keine Pflicht einer Systematisierung der planerischen Abwägung** durch „Bündelung" einzelner Belange, indem einheitliche Kriterien für die Abwägung bestimmter Belange durch Bestimmung weicher Tabuzonen festgelegt werden.

158 Etwas anderes könnte nur dann gelten, wenn z. B. das System der planerischen Abwägung gerade mit Blick auf den Planvorbehalt i. S. v. § 35 Abs. 3 Satz 3 BauGB zwingend nur dann funktionieren würde, wenn eine solche **Zweiteilung der planerischen Abwägung** in weiche Tabuzonen und Einzelabwägung vorgenommen wird. Allerdings kann dies nur sehr schwer aus § 1 Abs. 7 BauGB abgeleitet werden.[150] Anders wäre die Frage zu beantworten, wenn sich eine solche Pflicht zwar nicht aus dem einfachen Planungsrecht, aber aus dem Verfassungsrecht wie dem **Gleichheitsgrundsatz nach Art. 3 GG** ergeben würde, weil vergleichbare Belange auch planerisch gleich zu behandeln wären.

159 Das BVerwG hat sich zu dieser Frage noch nicht ausdrücklich geäußert. Nach seiner Ansicht ist zwar **zwingend zwischen harten und weichen Tabuzonen zu unterscheiden**,[151] aber nur, um den Unterschied der Bewertungsgrundlagen nach § 1 Abs. 3 BauGB und § 1 Abs. 7 BauGB deutlich zu machen, wobei der Plangeber weiche Tabuzonen aufgrund einheitli-

---

150 So wohl im Ergebnis wohl auch Söfker, ZfBR 2013, 13, 14, der dies von der konkreten Planungssituation abhängig zu machen scheint.
151 BVerwG, Urteil vom 11.4.2013, Az. 4 CN 2/12, Rn. 6; Urteil vom 13.12.2012, Az. 4 CN 1/11, Rn. 11 ff.

cher Kriterien festlegen „darf".[152] Dies spricht nicht unbedingt dafür, dass das BVerwG die Kennzeichnung weicher Tabuzonen als Abgrenzung zu den Potenzialflächen, bei denen eine Abwägung im Einzelfall erfolgt, für zwingend erforderlich hält.

Zu einem anderen Ergebnis kommt offensichtlich das **OVG Berlin-Brandenburg**.[153] So deutet das Gericht an, dass es auch die **Festlegung von weichen Tabuzonen** in Abgrenzung zu Potenzialflächen für **zwingend erforderlich** hält. Das Gericht führt an, dass die dreiteilige Prüfungsreihenfolge – also auch die Unterscheidung zwischen weichen Tabuzonen und Potenzialflächen – letztlich auch der gerechten Abwägung privater Belange geschuldet sei. Hierbei sei *„insbesondere"* auch das Gebot der **Gleichbehandlung gemäß Art. 3 Abs. 1 GG** zu beachten.[154] Um bei einer Mehrzahl Bauwilliger eine willkürliche Verteilung der durch die gemeindliche Planung kontingentierter Baurechte zu gewährleisten, so das Oberverwaltungsgericht Berlin-Brandenburg, bedürfe es einer **Strukturierung des Abwägungsvorgangs** durch das betriebene mehrstufige und auf **einheitlich angewandten Kriterien** beruhende Verfahren.[155] Dies legt nahe, dass es dem OVG Berlin-Brandenburg auf eine Abschichtung auch innerhalb der Ebene der planerischen Abwägung ankommt.

Ob diese strenge Handhabung tatsächlich dem Gleichheitsgrundsatz geschuldet ist, ist zweifelhaft. Denn dann könnte auch in anderen Bereichen der Bauleitplanung eine solche Abschichtung zwingend erforderlich sein. Dies wird bislang jedoch nicht gefordert.

> Daher sprechen zunächst gute Argumente dafür, dass der Plangeber auf die Ausweisung von weichen Tabuzonen verzichten darf. Allerdings ist damit ein hohes Risiko verbunden. Da das BVerwG die Subtraktionsmethode mittlerweile einfordert und diese Methode mehr und mehr zum Planungsstandard wird, sollte der Plangeber hiervon nicht mehr abweichen und **neben harten auch weiche Tabuzonen bestimmen**.

VI. Potenzialflächen-Abwägung

In einem dritten Schritt sind die restlichen Flächen – die **Potenzialflächen** – in den Blick zu nehmen. Dabei sind die für die Windenergie sprechenden Belange mit den **konkurrierenden Nutzungen** in Beziehung zu setzen. Die

---
152 BVerwG, Urteil vom 11.4.2013, Az. 4 CN 2/12, Rn. 6.
153 OVG Berlin-Brandenburg, Urteil vom 24.2.2011, Az. 2 A 24/09, Rn. 48; Urteil vom 14.9.2010, Az. 2 A 1/10, Rn. 48.
154 Vgl. zum Gebot der Gleichbehandlung in der Planung und zum Gebot der Lastengleichheit Gierke, in: Brügelmann, BauGB, § 1, Rn. 1567 ff.
155 OVG Berlin-Brandenburg, Urteil vom 24.2.2011, Az. 2 A 24/09, Rn. 48.

öffentlichen Belange, die gegen die Ausweisung eines Landschaftsraums als Konzentrationszone sprechen, sind abzuwägen mit dem Anliegen, der Windenergienutzung an geeigneten Standorten eine Chance zu geben, die ihrer Privilegierung gerecht wird.[156]

163 Soweit die **öffentlichen Belange**, die gegen die Windenergienutzung sprechen, nicht gewichtiger sind, kann die fragliche Potenzialfläche im Abwägungsergebnis als **Konzentrationsfläche** ausgewiesen werden.[157] Der Ausschluss von für die Windenergienutzung geeigneten Standorten muss sich aus den **konkreten örtlichen Gegebenheiten** nachvollziehbar herleiten lassen. Dabei kann die Frage, welchem Belang der Vorrang gebührt, nur im Einzelfall abgewogen und entschieden werden.[158]

164 Als gewichtige öffentliche Belange kommt z. B. auch der **Schutz einer Wasserschutzzone**[159] oder das **Interesse an der Freihaltung von Flächen zugunsten der Erholung** oder des Rohstoffabbaus[160] in Betracht, die der Ausweisung als Konzentrationszone entgegenstehen können.

165 Soweit der Plangeber die öffentlichen Belange ordnungsgemäß gegen den Belang der Windenergienutzung abgewogen hat, dürfen diese Belange im **Genehmigungsverfahren** nicht mehr als dem Vorhaben entgegenstehend angenommen werden.[161]

166 Hinsichtlich der privaten Belange ist anzumerken, dass der Plangeber nicht verpflichtet ist, Potenzialflächen für die Windenergienutzung bereit zu stellen, wo schon Windenergieanlagen vorhanden sind. Das Ziel der Steuerung von Windenergieanlagen ließe sich nicht wirksam erreichen, wenn der Plangeber verpflichtet wäre, die **Flächenauswahl an den Standorten der vorhandenen Anlagen** auszurichten.[162] Der Plangeber muss nicht das individuelle Interesse eines Anlagenbetreibers an der planungsrechtlichen Sicherung von bestehenden Anlagen außerhalb der geplanten Vorrang- und Eignungszonen berücksichtigen, sofern der allgemeine Belang der Betreiber genehmigter Alt- und Bestandsanlagen erkannt und im Abwägungsvorgang erfasst worden ist.[163]

---

156 BVerwG, Urteil vom 11.4.2013, Az. 4 CN 2/12, Rn. 5; Urteil vom 13.12.2012, Az. 4 CN 1/11, Rn. 10; Urteil vom 15.9.2009, Az. 4 BN 25/09, Rn. 8; OVG Koblenz, Urteil vom 26.11.2003, Az. 8 A 10814/03, Rn. 31 (für den Flächennutzungsplan).
157 Vgl. Gatz, Rn. 85.
158 OVG Koblenz, Urteil vom 26.11.2003, Az. 8 A 10814/03, Rn. 31 (für den Flächennutzungsplan); vgl. Münkler, NVwZ 2014, 1482, 1486.
159 Stüer, Handbuch des Bau- und Fachplanungsrechts, S. 917, Rn. 2754.
160 So Gatz, Rn. 86.
161 BVerwG, Urteil vom 20.5.2010, Az. 4 C 7/09, Rn. 46.
162 BVerwG, Urteil vom 27.1.2005, Az. 4 C 5/04, Rn. 36.
163 BVerwG, Urteil vom 11.4.2013, Az. 4 CN 2/12, Rn. 11; vgl. hierzu Söfker, ZfBR 2013, 13, 16.

VII. Dokumentationspflicht des Plangebers

> Der Plangeber muss die ordnungsgemäße Durchführung der „Subtraktionsmethode" und der unterschiedlichen Arbeitsschritte in den Planunterlagen, insbesondere in der Planbegründung, ausreichend **dokumentieren**.[164]

So muss sich der Plangeber zur Vermeidung eines Fehlers im Abwägungsvorgang den Unterschied zwischen harten und weichen Tabuzonen bewusst machen und ihn dokumentieren.[165] Dies sei dem Umstand geschuldet, so das BVerwG, dass die Festlegung beider Tabuzonen unterschiedlichen Rechtsregimen unterliege.

Der Plangeber muss demnach in der **Planbegründung** deutlich machen, in welchen Bereichen er überhaupt von einem **Abwägungsspielraum** ausgegangen ist und Belange entweder in Form von weichen Tabuzonen vorab gebündelt ausgeschieden oder Belange im Einzelfall abgewogen hat.

Ebenso wichtig ist aber, dass der Plangeber die Entscheidungen für die weichen Tabuzonen dokumentiert. So muss er in der Planbegründung die **Festlegung weicher Tabuzonen rechtfertigen** und die Gründe für seine Wertung offenlegen.[166]

Selbstverständlich muss der Plangeber in der Planbegründung auch die **Abwägung der Einzel-Belange** auf der Ebene der übrig gebliebenen Potenzialflächen – wie bei jeder „normalen" planerischen Abwägung – dokumentieren.[167]

VIII. Substanzialität

In einem letzten Verfahrensschritt ist das Abwägungsergebnis daraufhin zu überprüfen, ob für die Windenergienutzung ausreichend **substanziell Raum geschaffen** werden kann. Ist dies nicht der Fall, muss der Plangeber sein Auswahlkonzept nochmals überprüfen und gegebenenfalls ändern.[168]

Dabei wird der Plangeber noch einmal klären müssen, ob er die einheitlichen **Kriterien für die weichen Tabuzonen** anpasst oder ändert, mit der

---

164 BVerwG, Urteil vom 11.4.2013, Az. 4 CN 2/12, 6; Urteil vom 13.12.2012, Az. 4 CN 1/11, Rn. 11; so auch zuvor OVG Berlin-Brandenburg, Urteil vom 24.2.2011, Az. 2 A 2/09, Rn. 46.
165 BVerwG, Urteil vom 11.4.2013, Az. 4 CN 2/12, Rn. 6; Urteil vom 13.12.2012, Az. 4 CN 1/11, Rn. 11.
166 BVerwG, Urteil vom 11.4.2013, Az. 4 CN 2/12, Rn. 6; Gatz, Rn. 81.
167 Vgl. OVG Berlin-Brandenburg, Urteil vom 24.2.2011, Az. 2 A 2/09, Rn. 46.
168 OVG Berlin-Brandenburg, Urteil vom 24.2.2011, Az. 2 A 2/09, Rn. 41.

Folge, dass die Abstandsflächen zu schutzwürdigen Nutzungen kleiner und die Potenzialflächen größer werden. Er wird aber auch die Abwägung der **einzelnen Belange auf der Ebene der Potenzialflächen** noch einmal kritisch durchsehen und gegebenenfalls neu abwägen müssen, mit der möglichen Folge, dass zunächst für die Windenergienutzung gesperrte Potenzialflächen als Konzentrationsflächen ausgewiesen werden können.

173 Sollte dies nicht möglich sein, muss er auf eine **Planung** mit Ausschlusswirkung i. S. v. § 35 Abs. 3 Satz 3 BauGB ganz **verzichten** und die Ansiedlung der Windenergieanlagen dem Zulassungsregime des § 35 Abs. 1 BauGB überlassen.[169]

174 In diesem Zusammenhang ist die **entscheidende Frage**, wann der Plangeber für die Windenergienutzung **substantiell Raum** geschaffen hat. Dies wird nachfolgend behandelt. In diesem Zusammenhang führt das BVerwG aus, dass die Planung der Privilegierung der Windenergie Rechnung tragen muss.[170] Wo die Grenze zwischen der Verhinderungsplanung einerseits und dem erforderlichen „substanziell Raum verschaffen" verläuft, lässt sich nach Ansicht des BVerwG **nicht abstrakt** bestimmen.[171]

175 Das Gericht hat in einer früheren Entscheidung lediglich erkennen lassen, dass die Ausweisung nur **einer einzigen Konzentrationsfläche** noch kein Indiz für die fehlende Substanzialität sei. Auch **Größenangaben** seien – für sich betrachtet – als Kriterium für die Bewertung ausreichender Substanzialität ungeeignet.[172]

1. Ausreichende Substanzialität bei fehlerfreiem Abwägungsvorgang?

176 Durch die Rspr. entschieden ist die Frage, ob der Windenergie auch dann substanziell Raum verschafft ist, wenn zwar die ausgewiesenen Konzentrationsflächen dagegen sprechen, im **Abwägungsvorgang aber keine Fehler** aufgetreten sind.

177 So hat das BVerwG[173] eine Entscheidung des OVG Lüneburg[174] bestätigt, wonach ein Verstoß gegen das Abwägungsgebot auch dann vorliegt, wenn zwar keine Fehler im Abwägungsvorgang erkennbar sind, der Windenergie im Ergebnis aber nicht substanziell Raum verschafft wurde. Anders als in den ersten Entscheidungen des BVerwG kommt es bei der Bewer-

---

169 BVerwG, Urteil vom 17.12.2002, Az. 4 C 15/01, Rn. 30.
170 BVerwG, Urteil vom 17.12.2002, Az. 4 C 15/01, Rn. 29; Urteil vom 24.1.2008, Az. 4 CN 2/07, Rn. 11.
171 BVerwG, Urteil vom 17.12.2002, Az. 4 C 15/01, Rn. 29; Urteil vom 13.3.2003, Az. 4 C 4/02, Rn. 42.
172 BVerwG, Urteil vom 17.12.2002, Az. 4 C 15/01, Rn. 29.
173 BVerwG Urteil vom 21.10.2004, Az. 4 C 2/04, Rn. 15.
174 OVG Lüneburg, Urteil vom 28.1.2004, Az. 9 LB 10/02; Rn. 29.

tung, ob der Windenergie substanziell Raum verschaffen wurde, nicht in erster Linie maßgeblich auf das **subjektive Element** – die Verhinderungsabsicht des Plangebers –, sondern auf ein **objektives Element** – die ausgewiesenen Flächen zugunsten der Windenergie – an.[175]

2. Rechtliche Anforderungen an die Bewertung der Substanzialität

Welche genauen Voraussetzungen für das „substanziell Raum verschaffen" erfüllt sein müssen, geht aus der Rspr. des BVerwG nicht hervor.

Das BVerwG hat bislang alle Versuche erst- oder zweitinstanzlicher Gerichte zurückgewiesen, aus dieser Anforderung eine **mathematisch bestimmbare Größe oder eine Relation** abzuleiten.[176] Nach Ansicht des Gerichts handelt es sich bei der Bewertung der ausreichenden Substanzialität zugunsten der Windenergie um eine Frage der „**Würdigung der tatsächlichen Verhältnisse**",[177] die aus diesem Grund den Tatsachengerichten – also dem jeweiligen Verwaltungs- und Oberverwaltungsgericht – vorbehalten ist.[178] Das BVerwG betont, dass die Entscheidungen der unteren Instanzen schon dann hinzunehmen seien, wenn sie nicht von einem Rechtsirrtum „infiziert" sind, gegen Denkgesetze oder allgemeine Erfahrungssätze verstoßen oder ansonsten für die Beurteilung des Sachverhalts schlechthin ungeeignet sind.[179]

In diesem Zusammenhang hat das BVerwG in seinen Entscheidungen **mehrere Modelle der Verwaltungsgerichte und Oberverwaltungsgerichte gebilligt.**[180] Zugleich betont es, dass die Methoden zur Bewertung der Substanzialität **keine „Exklusivität"** genießen.[181] Daher hat sich bis heute auch keine einheitliche Methode zur Bewertung der Substanzialität herausgebildet, mit der Folge, dass die **Verwaltungs- und Oberverwaltungsgerichte unterschiedliche Modelle präferieren.**[182]

3. Unterschiedliche Bewertungsansätze

Nachfolgend werden die unterschiedlichen Bewertungsmethoden der Gerichte dargestellt, um ein Gefühl zu vermitteln, welche Relationen und

---

175 Vgl. Gatz, Rn. 91.
176 Mitschang, BauR 2013, 29, 32; Gatz, Rn. 93.
177 BVerwG, Urteil vom 24.1.2008, Az. 4 CN 2/07, Rn. 11.
178 BVerwG Urteil vom 13.12.2012, Az. 4 CN 1/11, Rn. 18; Beschluss vom 29.3.2010, Az. 4 BN 65/09, Rn. 5.
179 BVerwG, Beschluss vom 24.3.2015, Az. 4 BN 32/13, Rn. 28, zu einem Konzentrationszonen-Flächennutzungsplan für den Gesteinsabbau.
180 BVerwG, Urteil vom 13.12.2012, Az. 4 CN 1/11, Rn. 18, verweisend auf BVerwG, Beschluss vom 22.4.2010, Az. 4 B 68/09, Rn. 6 f. und Urteil vom 20.5.2010, Az. 4 C 7/09, Rn. 28.
181 BVerwG, Urteil vom 13.12.2012, Az. 4 CN 1/11, Rn. 18 verweisend auf die Methode des OVG Berlin-Brandenburg, Urteil vom 24.2.2011, Az. 2 A 2/09.
182 Vgl. Bovet/Kindler, DVBl. 488, 492.

welche mathematischen Größen Indizien dafür sein können, dass eine Planung der Windenergie substanziell Raum verschafft.

182 a) **Verhältnis zwischen Konzentrationszonen und Fläche des Plangebiets.** Eine erste Grundlage für die Bewertung der Substanzialität kann in dem **Verhältnis zwischen den Konzentrationsflächen und der Fläche des Plangebiets** – der Gemeinde oder der Planungsregion – liegen.

183 Der 3. Senat des VGH Kassel[183], das OVG Bautzen[184], das OVG Lüneburg[185] und der VGH München[186] ziehen dieses Vergleichsverhältnisses heran. In diesem Zusammenhang wird betont, dass den hierbei zu errechnenden Prozentzahlen – abstrakt gesehen – keine grundsätzlich entscheidende Bedeutung zukommt, da die Verhältnisse des Einzelfalls maßgeblich sind, die Zahlen gleichwohl aber Indiz für eine bestehende oder fehlende Substanzialität sind.[187]

184 Der 3. Senat des VGH Kassel hat ein Verhältnis der Konzentrationsflächen zur Gesamtfläche des Gemeindegebiets von **1,38 %** des Gemeindegebiets nicht ausreichen lassen.[188] Dagegen hat das OVG Bautzen ein Verhältnis von **0,26 %** der Vorrang- und Eignungsflächen zur Regionsfläche für ausreichend gehalten. Beide Entscheidungen wurden vom BVerwG nicht beanstandet.[189] Das OVG Lüneburg hat einen Anteil der Konzentrationsflächen zum Verbandsgebiet von **0,61 %**, der VGH München[190] einen Anteil von **1,2 %** ausreichen lassen.[191] Ein Anteil von **0,026 %** war nach Ansicht des OVG Bautzen wiederum unzureichend.[192]

185 In der Literatur wird vertreten, dass ein Quotient von **einem Prozent des Plangebiets als Indiz für eine ausreichende Substanzialität** angesehen werden kann.[193]

186 Dieser **Bewertungsansatz** ist aber auch **nicht völlig unangefochten**. *Gatz*[194] und das OVG Berlin-Brandenburg[195] greifen diesen Ansatz trotz

---

183 Für einen Flächennutzungsplan: VGH Kassel, Urteil vom 25.3.2009, Az. 3 C 594/08.N, Rn. 74.
184 OVG Bautzen, Urteil vom 19.7.2012, Az. 1 C 40/11, Rn. 55 f., Urteil vom 10.11.2011, Az. 1 C 17/09, Rn. 53 verweisend auf sein Urteil vom 07.4 2005, Az. 1 D 2/03, Rn. 111.
185 OVG Lüneburg, Urteil vom 28.1.2010, Az. 12 KN 65/07, Rn. 45.
186 VGH München, Urteil vom 17.11.2011, Az. 2 BV 10.2295, Rn. 37.
187 VGH Kassel, Urteil vom 25.3.2009, Az. 3 C 594/08.N, Rn. 74.
188 VGH Kassel, Urteil vom 25.3.2009, Az. 3 C 594/08.N, Rn. 74.
189 BVerwG, Beschluss vom 15.9.2009, Az. 4 BN 25/09, zu VGH Kassel, Urteil vom 25.3.2009 Az. 3 C 594/08.N, und BVerwG, Urteil vom 11.4.2013, Az. 4 CN 2/12, Rn. 16 zu OVG Bautzen, Urteil vom 10.11.2012, Az. 1 C 17/09, Rn. 53.
190 VGH München, Urteil vom 17.11.2011, Az. 2 BV 10.2295, Rn. 37.
191 OVG Lüneburg, Urteil vom 28.1.2010, Az. 12 KN 65/07, Rn. 45.
192 OVG Bautzen, Urteil vom 19.7.2012, Az. 1 C 40/11, Rn. 55 f.
193 Mitschang, BauR 2013, 29, 33.
194 Gatz, Rn. 96.
195 OVG Berlin-Brandenburg, Urteil vom 24.2.2011, Az. 2 A 2/09, Rn. 55.

Billigung durch das BVerwG an. So macht sich das OVG Berlin-Brandenburg die Argumentation von *Gatz* zu Eigen und begründet die Ablehnung damit, dass das Verhältnis zwischen der Größe der Konzentrationszone zur Größe des Gemeindegebiets wegen der unterschiedlichen Verhältnisse in den einzelnen Gemeinden nicht relevant sein könne. So eigneten sich in der Norddeutschen Tiefebene, die sich durch geringe Bebauungsdichte und Windreichtum auszeichne, weit mehr Flächen für die Windenergienutzung als zersiedelte Mittelgebirgslandschaften.[196] Diese Bewertung, die von der Flächennutzungsplanung ausgeht, wird sich auf die Regionalplanung übertragen lassen, auch wenn wegen der größeren Plangebiete lokale Unterschiede wie die Siedlungsdichte oder die Windhöffigkeit im Vergleich zu anderen Planungsregionen möglicherweise „nivelliert" sind.

187 Die hier genannten Gründe gegen die vorrangige Indizwirkung der Relation zwischen Konzentrationsflächen und Plangebiet haben einiges für sich, vor allem der **Vorwurf einer zu großen Pauschalisierung**. Daher ist – trotz Billigung durch das BVerwG – von diesem Bewertungsansatz als vorrangiges Indiz für die Prüfung des Abwägungsergebnisses eher abzuraten. Es spricht dabei nichts dagegen, diese Relation neben anderen Bezugsgrößen ergänzend heranzuziehen.

188 b) **Indizienbündel aus mehreren Vergleichsgrößen.** Der 6. Senat des VGH Kassel hält es für zielführend, **mehrere Parameter** zu betrachten. So bewertet er die Substanzialität anhand der **Größe der Konzentrationsfläche im Vergleich zur Plangebietsgröße** und zur Größe der im maßgeblichen Regionalplan vorgesehenen Mindestgröße für Konzentrationsflächen für Windenergieanlagen, ferner die **entsprechenden Größenverhältnisse in den Nachbargemeinden** sowie die **Anzahl und Energiemenge**[197] der **Windenergieanlagen.**[198] Das Gericht hielt im Ergebnis die Ausweisung von **einem Prozent des Gemeindegebiets** als Konzentrationszone für ausreichend. Diese Bewertung wurde vom BVerwG ebenfalls gebilligt.[199]

189 Auch wenn es Sinn hat, die Bewertung der Substanzialität auf die Grundlage mehrerer Vergleichsgrößen als Indizien zu stützen, begegnet auch diese **Bewertungsgrundlage einigen Zweifeln**. So kann die Vergleichsgröße der Flächen für die Windenergie auf Ebene des Regionalplans oder in anderen Planungen in die Irre führen, wenn auch der Regionalplan oder andere Planungen in den Nachbargemeinden der Windenergie nicht substanziell Raum verschaffen. Auch die erzeugbare Energiemenge oder ihr

---

196 OVG Berlin-Brandenburg, Urteil vom 24.2.2011, Az. 2 A 2/09, Rn. 55, verweisend auf Gatz, Rn. 98.
197 Vgl. hierzu auch BVerwG, Urteil vom 22.4.2010, Az. 4 B 68/09, zu OVG Magdeburg, Urteil vom 30.7.2009, Az. 2 L 183/70.
198 VGH Kassel, Urteil vom 17.6.2009, Az. 6 A 630/08, Rn. 79, 81.
199 BVerwG, Urteil vom 20.5.2010, Az. 4 C 7/09, Rn. 28.

Verhältnis zum Energieverbrauch des Plangebiets taugen als Indiz nur eingeschränkt, da in Gebieten mit hoher Siedlungsdichte der Energieverbrauch hoch, aber weit weniger Flächen für die Windenergie verfügbar sind.[200]

190 c) **Verhältnis zwischen Konzentrationsflächen und Flächen nach Abzug der harten Konzentrationsflächen.** Die dritte – in der Rspr. geläufige – Bewertungsmethode ist das Verhältnis zwischen Konzentrationsflächen und den Flächen, die nach Abzug der harten Tabuzonen übrig bleiben.[201]

191 Ein Argument für diese Methode ist, dass ein **Vergleich dieser beiden Größen das objektivste Mittel** ist, um eine Verhinderungsplanung des Plangebers festzustellen. So würde etwa ein Vergleich auf Grundlage der Potenzialflächen nach Abzug der harten und weichen Tabuzonen stets vom Willen des Plangebers abhängen, der die Frage der Substanzialität über die Größe der Radien der weichen Tabuzonen steuern könnte.[202] Das OVG Berlin-Brandenburg führt insoweit aus, dass der Plangeber erst anhand dieser Relation willkürfrei darüber entscheiden kann, ob der Windenergie substanziell Raum verschafft wird. Es zeigt sich gegenüber der Größe, wie sie in diesem Zusammenhang von *Gatz*[203] mit **einem Fünftel (20 %)** der Vergleichsfläche benannt wird, jedoch skeptisch.[204]

192 Das VG Hannover hält die Quote von 20 % ebenfalls für zu hoch, hält aber auch eine in dem Streitverfahren konkret zu beurteilende Zahl von **4 %** der Flächen nach Abzug der harten Tabuzonen zugunsten der Windenergie für **zu niedrig**. Das VG Hannover führt in diesem Zusammenhang aus, dass je geringer der Anteil der ausgewiesenen Konzentrationszonen ist, desto gewichtiger die gegen eine weitere Ausweisung von Vorranggebieten (oder Konzentrationsflächen) sprechenden Gesichtspunkte sein müssen, damit es sich nicht um eine „Feigenblattplanung" handelt.[205]

---

200 Gatz, Rn. 99.
201 OVG Berlin-Brandenburg, Urteil vom 24.2.2011, Az. 2 A 2/09, Rn. 60; VGH Mannheim, Urteil vom 12.2.2012, Az. 8 S 1370/11, Rn. 57; VG Hannover, Urteil vom 24.11.2011, Az. 4 A 4927/09, Rn. 65; vgl. ferner OVG Magdeburg, Urteil vom 14.5.2009, Az. 2 L 255/06, Rn. 47, wonach das Verhältnis von Konzentrationsflächen zu *„potentiell für die Windkraftnutzung in Betracht kommenden Flächen"* nach *„Ausschluss von Tabubereichen nebst Pufferzonen"* – also eher nach Abzug auch der weichen Tabuzonen – betrachtet wird, ähnlich auch Urteil vom 26.10.2011, Az. 2 L 6/09, Rn. 40.
202 Vgl. OVG Berlin-Brandenburg, Urteil vom 24.2.2011, Az. 2 A 2/09, Rn. 58; vgl. Gatz, Rn. 100.
203 Gatz, 1. Auflage, Rn. 99.
204 OVG Berlin-Brandenburg, Urteil vom 24.2.2011, Az. 2 A 2/09, Rn. 60.
205 VG Hannover, Urteil vom 24.11.2011, Az. 4927/09, Rn. 66.

193 Das BVerwG hat auch diese Methode **akzeptiert**,[206] wenngleich es sich, vielleicht wegen der „Euphorie" in Rspr. und Literatur, genötigt sah, zu betonen, dass diese Methode keine „Exklusivität" für sich beanspruchen könne.[207]

194 Festzustellen bleibt, dass sich Anhaltspunkte für einen Wert „auf der sicheren Seite" noch nicht herauskristallisiert haben. Wenn auch der Wert von 20 % von *Gatz* von der Rspr. als zu hoch angesehen wird, ist **völlig offen, ob ein solcher Wert bei fünf, zehn oder fünfzehn Prozent** liegt, zumal die Gefahr für den Plangeber darin liegt, nur auf den Wert zu schauen und auf eine Betrachtung der tatsächlichen Verhältnisse im Einzelfall zu verzichten.

> In jedem Fall aber ist diese Methode als die **objektivste Methode zur Prüfung der Substanzialität** zu empfehlen. Dabei kann für die Relation zwischen Konzentrationsfläche und Flächen nach Abzug der harten Tabuzonen keine feste Zahl genannt werden. Im besten und damit rechtssichersten Fall werden dies – wie von Gatz gefordert – 20 % der Flächen sein. Jedenfalls wird es deutlich mehr als 4 % dieser Flächen sein müssen.

195 d) **Weitere Vorgaben für die Bewertung.** Bei der Bewertung der Substanzialität sind noch folgende Maßgaben zu berücksichtigen:
- Soweit die Konzentrationsflächen im Flächennutzungsplan mit einer **Höhenbegrenzung** belegt sind, soll sich dies auf die Substanzialität auswirken. Der geringere Energieertrag soll vom Plangeber bei der Bewertung der Substanzialiät berücksichtigt werden.[208]
- Windenergieanlagen **außerhalb** der ausgewiesenen **Konzentrationsflächen** im übrigen Außenbereich dürfen bei der Bewertung nicht hinzugezählt werden, da diese zwar dem Bestandsschutz unterliegen, durch die neue Planung aber materiell illegal werden. Berücksichtigt werden dürfen aber **bereits vorhandene Anlagen** und nicht nur solche, die aufgrund der neuen Planung neu hinzukommen können.[209] Zulässig ist danach sogar, die Bestandsanlagen nicht nur mit der gegenwärtigen Leistung, sondern mit einer Leistung in die Bewertung einzustellen, die sich nach einem zulässigen Repowering ergeben würde.[210]
- Selbstverständlich kein Indiz für die ausreichende Substanzialität kann es sein, dass nicht nur Flächen mit Bestandsanlagen planerisch gesi-

---

206 BVerwG, Urteil vom 13.12.2012, Az. 4 CN 1/11, Rn. 18 und 19 zu OVG Berlin-Brandenburg, Urteil vom 24.2.2011, Az. 2 A 2/09, und VG Hannover, Urteil vom 24.11.2011, Az. 4927/09.
207 BVerwG, Urteil vom 13.12.2012, Az. 4 CN 1/11, Rn. 18.
208 So Gatz, Rn. 103.
209 Gatz, Rn. 129.
210 OVG Lüneburg, Urteil vom 8.11.2005, Az. 1 LB 133/04, Rn. 57.

chert, sondern **zusätzlich neue Flächen als Konzentrationsflächen** ausgewiesen worden sind. Dies allein reicht für die Annahme ausreichender Substanzialität nicht aus.[211]

3. Kapitel Regionalplan

196 Nach § 35 Abs. 3 Satz 3 BauGB kann die Ausschlusswirkung unter anderem durch **Ziele der Raumordnung** in einem **Regionalplan** als „Raumordnungsplan für einen Teilraum eines Bundeslandes" i. S. v. § 8 Abs. 1 Satz 1 Nr. 2 ROG herbeigeführt werden, wörtlich heißt es dort:

> „Öffentliche Belange stehen einem Vorhaben nach Absatz 1 Nr. 2 bis 6 in der Regel auch dann entgegen, soweit hierfür durch Darstellungen im Flächennutzungsplan oder als Ziele der Raumordnung eine Ausweisung an anderer Stelle erfolgt ist."

197 Dabei setzt der Planvorbehalt nach § 35 Abs. 3 Satz 3 BauGB die entsprechenden Ausweisung im Flächennutzungsplan oder Regionalplan voraus und regelt „nur" **die Rechtsfolge der Ausschlusswirkung**. Soweit die Ziele der Raumordnung zum einen innergebietliche, für die Windenergie positive und zum anderen außergebietliche, negative Festlegungen treffen, hat dies nach § 35 Abs. 3 Satz 3 BauGB zur Folge, dass die **Windenergienutzung außerhalb der für die Windenergie vorgesehenen Flächen unzulässig ist**.[212]

198 Der Planvorbehalt in § 35 Abs. 3 Satz 3 BauGB regelt somit nicht, mit welchen Zielen der Raumordnung die entsprechenden Festlegungen getroffen werden können. Der Planvorbehalt verweist vielmehr in das Raumordnungsrecht von Bund und Ländern. Damit stellt sich die Frage, welche **Gebietsfestlegungen** des Raumordnungsrechts die **Wirkung eines Ziels der Raumordnung** haben und die Ausschlusswirkung nach § 35 Abs. 3 Satz 3 BauGB auslösen können.

199 Maßgeblich für die Auswahl der **richtigen Gebietsfestlegung** ist zunächst das bundesrechtliche **Raumordnungsgesetz** (ROG). So sieht § 8 Abs. 7 ROG die **Festlegung von Gebieten** vor, mit denen die Ausschlusswirkung nach § 35 Abs. 3 Satz 3 BauGB herbeigeführt werden kann (hierzu näher Rn. 223 ff.).

200 Seit der **Föderalismusreform I** im Jahr 2006 liegt das Recht der Raumordnung nach Art. 74 Abs. 1 Nr. 31 GG in der konkurrierenden Gesetzgebung des Bundes. Von dieser Gesetzgebungszuständigkeit hat der Bund mit dem Gesetz zur Neufassung des Raumordnungsgesetzes und zur Än-

---
211 OVG Berlin-Brandenburg, Urteil vom 24.2.2011, Az. 2 A 2/09, Rn. 52.
212 Söfker, in: Ernst/Zinkahn/Bielenberg/Krautzberger, BauGB, § 35, Rn. 123a.

derung anderer Vorschriften (GeROG) vom 22. Dezember 2008[213] Gebrauch gemacht.

201 Die **Länder** dürfen im Recht der Raumordnung nach Art. 72 Abs. 3 Nr. 4 GG auch nach einer gesetzlichen Regelung durch den Bund **abweichende Regelungen** treffen.[214]

202 Den Bundesländern steht es somit frei, abweichende raumordnungsrechtliche Regelungen zu treffen. Sie dürfen insbesondere mit Blick auf § 8 Abs. 7 ROG und die wichtige Frage, wie die Ausschlusswirkung nach § 35 Abs. 3 Satz 3 BauGB herbeigeführt werden kann, **eigene Gebietstypen** festlegen.[215] Im vorliegenden Handbuch wird nur die bundesrechtliche Lage nach dem Raumordnungsgesetz dargestellt, da von der insoweit bestehenden entsprechenden Abweichungsbefugnis – im Zeitpunkt der Drucklegung – nur wenig Gebrauch gemacht wurde.[216]

203 Das vorherige Kapitel hat die inhaltlichen Anforderungen an die planerische Abwägung zur Herbeiführung der Ausschlusswirkung nach § 35 Abs. 3 Satz 3 BauGB behandelt. Das vorliegende Kapitel behandelt die Frage, mit welchen **raumordnungsrechtlichen Gebietskategorien** als **Ziel der Raumordnung** die Ausschlusswirkung herbeigeführt werden kann. Darüber hinaus behandelt das Kapitel die raumordnungsrechtlichen Sonderfragen im Rahmen von § 35 Abs. 3 Satz 3 BauGB.

I. Raumbedeutsamkeit der Anlagen

204 Soll der Planvorbehalt des § 35 Abs. 3 Satz 3 BauGB durch Ziele der Raumordnung umgesetzt werden, kann sich die Ausschlusswirkung nur auf **raumbedeutsame Windenergieanlagen** erstrecken, da das Raumordnungsrecht nur für raumbedeutsame Vorhaben Anwendung finden kann.

1. Erfordernis der Raumbedeutsamkeit

205 Da nur der Wortlaut in § 35 Abs. 3 Satz 2 BauGB, nicht aber der Planvorbehalt in Satz 3 auf „**raumbedeutsame Vorhaben**" abstellt, war früher streitig, ob die Ausschlusswirkung nur für raumbedeutsame Vorhaben herbeigeführt werden kann.

206 Das BVerwG hat ausdrücklich bestätigt, dass sich die Ausschlusswirkung – sofern sie mit den Instrumenten der Raumordnung, also mit Zielen der Raumordnung realisiert wird – nur auf raumbedeutsame Vorhaben erstre-

---

213 BGBl. I S. 2986.
214 Siehe hierzu näher Krappel/von Süßkind-Schwendi, ZfBR-Beilage 2012, 65.
215 Goppel, in: Spannowsky/Runkel/Goppel, ROG, § 8, Rn. 71.
216 So regelt nur das Bayerische Landesplanungsgesetz vom 25. Juni 2012 (GVBl. S. 254) in Art. 14 Abs. 2, dass keine Eignungsgebiete und Vorranggebiete mit der Wirkung von Eignungsgebieten, dafür aber Ausschlussgebiete festgelegt werden dürfen.

cken kann.[217] Das Gericht verweist insoweit auf den gesetzessystematischen Zusammenhang zwischen Satz 2 und 3 in § 35 Abs. 3 BauGB und auf die Reichweite raumordnungsrechtlicher Festlegungen. So sind Ziele der Raumordnung nach § 3 Abs. 1 Nr. 2 ROG *„verbindliche Vorgaben (...) zur Entwicklung, Ordnung und Sicherung des Raums".*[218]

2. Anforderungen an die Raumbedeutsamkeit

207 Nach § 3 Abs. 1 Nr. 6 ROG sind Vorhaben raumbedeutsam, durch die „Raum in Anspruch genommen oder die räumliche Entwicklung oder Funktion eines Gebiets beeinflusst wird". Diese Begriffsbestimmung führt kaum weiter.

208 Wann bei Windenergieanlagen von **Raumbedeutsamkeit** auszugehen ist, beurteilt sich nach der Rspr. nach den **Umständen des Einzelfalls**. Dabei kann sich die Raumbedeutsamkeit einer Einzelanlage insbesondere aus ihren Dimensionen (Höhe, Rotordurchmesser), aus ihrem Standort oder aus ihren Auswirkungen auf bestimmte Ziele der Raumordnung ergeben (z. B. Ziele zum Schutz von Natur und Landschaft, Erholung und Fremdenverkehr). Das Vorhaben ist raumbedeutsam, wenn die Windenergieanlage wegen ihrer **Größe** und wegen der vom **Standort aus bestehenden Fernsicht** erheblich auf den Raum und seine Landschaft einwirkt.[219] Maßgeblich sind auch das Geländeprofil der Umgebung sowie der Charakter und die Funktion der Landschaft, in welche die Anlage hineinwirkt.[220]

209 Eine **Gesamthöhe der Anlage** von rund **100 Metern** ist als Indiz für die Raumbedeutsamkeit zu werten,[221] was jedoch nicht ausschließen soll, dass Anlagen mit einer geringeren Anlagenhöhe nach entsprechender Einzelfallbewertung raumbedeutsam sein können.[222]

---

217 BVerwG, Urteil vom 13.3.2003, Az. 4 C 4/02, Rn. 10.
218 Mit Blick auf diese eindeutige Haltung des Bundesverwaltungsgerichts ist von nachrangiger Bedeutung, dass die Literatur diese Ansicht kritisiert und meint, bei § 35 Abs. 3 Satz 3 BauGB gehe es eher um die Steuerung der Anlagen, als um deren Größendimensionierung, vgl. von Nicolai, ZUR 2004, 74, 79. Denn sie übersieht, dass das Steuerungsinstrumentarium der Ziele der Raumordnung aus dem Raumordnungsrecht stammt und das Raumordnungsrecht hier nicht über seinen gesetzlichen Regelungsauftrag hinaus Festlegungen treffen kann, vgl. Gatz, Rn. 145. Unabhängig davon gäbe es für eine entsprechende Anwendung auch gar keinen Regelungsbedarf, da die Ausschlusswirkung nicht nur durch Ziele der Raumordnung, sondern auch durch Darstellungen im Flächennutzungsplan herbeigeführt werden kann.
219 BVerwG, Urteil vom 13.3.2003, Az. 4 C 4/02, Rn. 11.
220 VGH München, Urteil vom 17.11.2011, Az. 2 BV 10.2295, Rn. 29.
221 OVG Münster, Urteil vom 19.9.2006, Az. 10 A 973/04, Rn. 50; VGH München, Urteil vom 17.11.2011, Az. 2 BV 10.2295, Rn. 29; vgl. BVerwG, Urteil vom 02.8.2002, Az. 4 B 36/02, Rn. 6; raumbedeutsam schon ab 70 Metern nach OVG Koblenz, Urteil vom 20.2.2003, Az. 1 A 11406/01, Rn. 17.
222 Scheidler, GewArch Beilage WiVerw 03/2011, 122.

Raumbedeutsamkeit kann sich aber auch bei einer **raumordnungsrechtlichen Gesamtbetrachtung einzelner,** für sich genommen **nicht raumbedeutsamer Anlagen** ergeben, wenn diese in einem engen zeitlichen und räumlichen Zusammenhang errichtet werden. Solche Anlagen können dann zu einer raumbedeutsamen Einheit zusammenwachsen. Fehlt es an einer solchen Raumbedeutsamkeit im Rahmen einer Gesamtbetrachtung, darf die Genehmigung einer nicht raumbedeutsamen Anlage nicht allein wegen ihrer Vorbildwirkung für weitere Anlagen nach § 35 Abs. 3 Satz 3 BauGB versagt werden.[223]   **210**

II. Ziele der Raumordnung

Eine weitaus bedeutendere Frage ist, mit welchen raumordnungsrechtlichen Festlegungen **Ziele der Raumordnung** so umgesetzt werden können, dass die Ausschlusswirkung i. S. v. § 35 Abs. 3 Satz 2 BauGB erzielt werden kann.   **211**

1. Unterschied zwischen Zielen und Grundsätzen der Raumordnung

Ziele der Raumordnung gehören wie auch Grundsätze der Raumordnung nach § 3 Abs. 1 Nr. 1 ROG zu den Erfordernissen der Raumordnung.   **212**

a) Ziele der Raumordnung. Ziele der Raumordnung sind in § 3 Abs. 1 Nr. 2 ROG definiert als „verbindliche Vorgaben in Form von räumlich und sachlich bestimmten oder bestimmbaren, vom Träger der Raumordnung abschließend abgewogenen textlichen oder zeichnerischen Festlegungen in Raumordnungsplänen zur Entwicklung, Ordnung und Sicherung des Raums".   **213**

Ziele der Raumordnung müssen eine **eigenständige verbindliche Regelung** („Vorgabe") enthalten. Sie müssen in räumlicher und sachlicher Hinsicht **hinreichend bestimmt** sein.[224] Aus der Festlegung im Raumordnungsplan muss mit hinreichender Sicherheit ermittelt werden können, auf welchen Teilraum, Bereich oder Standort sich die Ziele der Raumordnung beziehen. Nicht notwendig ist allerdings, dass sich die Festlegung auf einen spezifischen räumlichen Bereich oder eine Gemarkung bezieht.[225] Hinreichend sachlich bestimmt ist eine Festlegung, wenn für den Adressaten erkennbar ist, für welchen Bereich eine Vorgabe festgelegt wird und was hinsichtlich dieses Bereichs zu geschehen oder zu unterbleiben hat.[226]   **214**

---

223 BVerwG, Urteil vom 13.3.2003, Az. 4 C 4/02, Rn. 12.
224 Gierke, in: Brügelmann, BauGB, § 1, Rn. 299.
225 Runkel, in: Spannowsky/Runkel/Goppel, ROG, § 3 Rn. 23.
226 Runkel, in: Spannowsky/Runkel/Goppel, ROG, § 3 Rn. 24.

215 Ob eine raumordnerische Vorgabe **bestimmt bzw. bestimmbar** ist, beurteilt sich aus der Sicht des Adressaten.[227] Bestimmbar ist eine Festlegung immer dann, wenn sie allein oder im Zusammenhang mit anderen Festlegungen und den naturräumlichen Gegebenheiten des Planungsgebiets so konkretisiert werden kann, so dass sich erkennen lässt, welche räumlich-sachlichen Vorgaben der Zieladressat beachten soll.

216 Allein dadurch, dass der Plangeber eine Festlegung als Ziel der Raumordnung bezeichnet, gewinnt diese hierdurch noch keinen Zielcharakter. Vielmehr ist der **Inhalt jeder einzelnen Festlegung maßgeblich**.[228] Ziele und Grundsätze der Raumordnung lassen sich insoweit dadurch unterscheiden, dass Ziele der Raumordnung eine Letztentscheidung des Plangebers darstellen, die zu beachten sind; dagegen bereiten Grundsätze der Raumordnung nur die Entscheidung eines anderen Plangebers vor, die von diesem zu berücksichtigen sind.[229]

217 Festlegen lassen sich Ziele der Raumordnung durch **Texte** und **Zeichnungen**. Beides ist in der Praxis üblich. Werden Ziele der Raumordnung durch Texte festgelegt, verlangt der Grundsatz der Rechtsklarheit, dass der Plangeber eine Formulierung wählt, welche den **Verbindlichkeitsanspruch der Festlegung** wiederspiegelt. Üblicherweise werden in Raumordnungsplänen daher „Ist"- und „Sind"-Formulierungen gewählt, um Ziele der Raumordnung kenntlich zu machen. Nach § 7 Abs. 4 ROG sind Ziele der Raumordnung „als solche zu kennzeichnen".

218 Ob auch **„Soll"-Formulierungen** geeignet sind, um Ziele der Raumordnung festzulegen, war lange umstritten.[230] Problematisch ist, dass Soll-Formulierungen ein Abweichen von der Vorgabe in atypischen Fällen ermöglichen, was sich mit der strikten Bindung der Ziele der Raumordnung nur schwer vereinbaren lässt. In § 6 Abs. 1 ROG ist nunmehr geregelt, dass der Plangeber Ausnahmen von Zielen der Raumordnung festlegen kann. Das BVerwG fordert in diesem Sinne, dass der Plangeber neben den Regel-Voraussetzungen auch die **Ausnahmevoraussetzungen** hinreichend in der Festlegung bestimmen muss.[231]

219 Da mit den Zielen der Raumordnung verbindliche Entscheidungen über die Raumordnung getroffen werden, muss der Festlegung eine **abschließende Abwägung** – wie sich aus § 3 Abs. 1 Nr. 2 ROG ergibt – zu Grunde

---

227 Vgl. OVG Münster, Urteil vom 6.6.2005, Az. 10 D 145/04.NE, Rn. 96; Runkel, in: Spannowsky/Runkel/Goppel, ROG, § 3, Rn. 36.
228 Runkel, in: Spannowsky/Runkel/Goppel, ROG, § 3, Rn. 15.
229 BVerwG, Urteil vom 18.9.2003, Az. 4 CN 20/02, Rn. 26.
230 Vgl. OVG Lüneburg, Urteil vom 16.6.1982, Az. 1 A 194/80, Leitsatz 5; OVG Münster, Urteil vom 11.1.1999, Az. 7 A 2377/96, Rn. 79 ff.; vgl. die Übersicht zum Meinungsstreit bei Gierke, in: Brügelmann, BauGB, § 1, Rn. 292.
231 BVerwG, Urteil vom 18.9.2003, Az. 4 CN 20/02, Rn. 30 f.

liegen.[232] Dies bedeutet, dass Regionalpläne bzw. die darin enthaltenen Ziele der Raumordnung, mit denen die Ausschlusswirkung herbeigeführt werden soll, abschließend abgewogen sein müssen. Planerische Entscheidungen dürfen nicht untergeordneten Planungsebenen überlassen werden – andernfalls tritt die Ausschlusswirkung des § 35 Abs. 3 Satz 3 BauGB nicht ein.[233]

220 Ziele der Raumordnung werden entweder in einem Raumordnungsplan für das gesamte Landesgebiet (**landesweiter Raumordnungsplan**) i. S. v. § 8 Abs. 1 Nr. 1 ROG oder in einem Raumordnungsplan für die Teilräume des Landes (**Regionalplan**) i. S. v. § 8 Abs. 1 Nr. 2 ROG festgelegt. Im Bereich der Windenergie werden in der Praxis Regionalpläne aufgestellt, um die Ausschlusswirkung nach § 35 Abs. 3 Satz 3 BauGB herbeizuführen.

221 Ein **in Aufstellung befindliches Ziel der Raumordnung** stellt ein sonstiges Erfordernis der Raumordnung i. S. v. § 3 Abs. 1 Nr. 4 ROG dar. Dieses vermag noch keine Ausschlusswirkung nach § 35 Abs. 3 Satz 3 BauGB herbeiführen. Es kann einem Vorhaben im Genehmigungsverfahren aber als ungenannter öffentlicher Belang i. S. v. § 35 Abs. 3 Satz 1 BauGB entgegenstehen (siehe hierzu nachfolgend Rn. 596 ff.).[234]

222 b) **Grundsätze der Raumordnung.** In Abgrenzung hierzu handelt es sich bei **Grundsätzen der Raumordnung** nach § 3 Abs. 1 Nr. 3 ROG um planerische Aussagen zur Entwicklung, Ordnung und Sicherung des Raums als **Vorgaben für nachfolgende Abwägungs- oder Ermessensentscheidungen.**[235] Sie richten sich an die Plangeber auf kommunaler Ebene und beeinflussen die dortige Abwägungsentscheidung. Mit der Festlegung von Grundsätzen der Raumordnung kann **keine Ausschlusswirkung** i. S. v. § 35 Abs. 3 Satz 3 BauGB erzielt werden.

2. Festlegung von Gebieten

223 Ziele der Raumordnung können nach § 8 Abs. 5 ROG durch Festlegungen zur Raumstruktur erfolgen (z. B. Raumkategorien, Zentrale Orte). Maßgeblich für die Regionalpläne zur Steuerung der Windenergie ist aber die **Festlegung von Gebieten** i. S. v. § 8 Abs. 7 ROG, den so genannten

– Vorranggebieten,
– Vorbehaltsgebieten und

---

232 Vgl. BVerwG, Urteil vom 18.9.2003, Az. 4 CN 20.02, Rn. 30; Haselmann, ZfBR 2014, 529, 530.
233 OVG Schleswig, Urteil vom 20.1.2015, Az. 1 KN 6/13, Rn. 57.
234 BVerwG, Urteil vom 27.1.2005, Az. 4 C 5/04, Rn. 22; Urteil vom 1.7.2010, Az. 4 C 4/08, Rn. 10.
235 Gierke, in: Brügelmann, BauGB, § 1, Rn. 295.

– Eignungsgebieten.[236]

224 In Rspr. und Literatur war teilweise umstritten – und ist heute weitgehend geklärt –, welche Gebiete die **Eigenschaft eines Ziels der Raumordnung** haben, so dass mit ihnen die Ausschlusswirkung i. S. v. § 35 Abs. 3 Satz 3 BauGB herbeigeführt werden kann. Nachfolgend wird dargestellt, mit welchen Gebietsfestlegungen als Ziel der Raumordnung die Ausschlusswirkung erreicht werden kann.

225 a) **Vorranggebiet. Vorranggebiete** i. S. v. § 8 Abs. 7 Nr. 1 ROG sind Gebiete, die „für bestimmte raumbedeutsame Funktionen oder Nutzungen vorgesehen sind und andere raumbedeutsame Nutzungen in diesem Gebiet ausschließen, soweit diese mit den vorrangigen Funktionen oder Nutzungen nicht vereinbar sind".

226 Ein solcher Vorrang bewirkt, dass die weitere Entwicklung in dem Gebiet nur noch in dem durch die Vorrangfunktion abgesteckten Nutzungsrahmen zulässig ist.[237] Hinsichtlich der Vorrangfunktion ist dann eine **raumordnungsrechtliche Letztentscheidung** getroffen worden.[238] In dem Vorranggebiet muss der Plangeber die entgegenstehenden konkurrierenden Belange mit dem Vorrangbelang abgewogen und im Fall des Konflikts dem **Belang der Windenergie einen unbedingten Vorrang** zugewiesen haben.[239]

227 Nach dem eindeutigen Wortlaut von § 8 Abs. 7 Satz 1 Nr. 1 ROG („in diesem Gebiet") hat **nur die (positive) Innenwirkung des Vorranggebiets** Ziel-Charakter.

228 Mit der Festlegung des **Vorranggebiets** ist damit noch **keine Ausschlusswirkung** für Flächen **außerhalb des Vorranggebiets** verbunden.[240] Der Planvorbehalt des § 35 Abs. 3 Satz 3 BauGB fordert aber den Ziel-Charakter für die Gebiete mit Ausschlusswirkung. Die Ausschlusswirkung besteht daher nur dann, wenn der Plangeber das Vorranggebiet gemäß § 8 Abs. 7 Satz 2 ROG **mit der Wirkung eines Eignungsgebiets** i. S. v. § 8 Abs. 7 Satz 1 Nr. 3 ROG ausstattet,[241] wonach eine **Nutzung an anderer Stelle im Planungsraum ausgeschlossen** ist.

229 b) **Vorbehaltsgebiet. Vorbehaltsgebiete** i. S. v. § 8 Abs. 7 Satz 1 Nr. 2 ROG sind Gebiete, in denen bestimmten raumbedeutsamen Funktionen oder

---

236 Vgl. Nagel/Schwarz/Köppel, UPR 2014, 371 f. zur Übersicht, in welchen Ländern welche Gebietstypen verwendet werden.
237 Scheidler, GewArch WiVerw Nr. 3/2011, 117, 124.
238 BVerwG, Urteil vom 19.7.2001, Az. 4 C 4/00, Rn. 11.
239 Vgl. BVerwG, Urteil vom 19.7.2001, Az. 4 C 4/00, Rn. 13; Beschluss vom 20.8.1992, Az. 4 NB 20/91, Rn. 14.
240 Goppel, in: Spannowsky/Runkel/Goppel, ROG, § 8, Rn. 73; Gatz, Rn. 152.
241 Goppel, in: Spannowsky/Runkel/Goppel, ROG, § 8, Rn. 74.

Nutzungen bei der Abwägung mit konkurrierenden raumbedeutsamen Nutzungen **besonderes Gewicht beizumessen** ist.

230 Soweit der Plangeber ein Vorbehaltsgebiet festlegt, kann die Nutzung, der besonderes Gewicht beigemessen wurde, im Zuge der nachfolgenden Abwägung **unterliegen**, wenn der konkurrierenden Nutzung ein noch stärkeres Gewicht zukommt.[242]

231 Auch wenn es Stimmen der Literatur gibt, die einem Vorbehaltsgebiet die Eigenschaft eines Ziels der Raumordnung zusprechen,[243] erübrigt sich dieser Streit für die Praxis. Das BVerwG hat unmissverständlich klargestellt, dass **Vorbehaltsgebiete keinen Zielcharakter** haben. In Vorbehaltsgebieten werde nur eine Gewichtungsvorgabe für die nachfolgende Abwägung geschaffen. Es sei aber nicht sichergestellt, dass sich die privilegierte Nutzung an dem Standort gegenüber konkurrierenden Nutzungen durchsetzen könne. Zudem spreche gegen den Zielcharakter, dass Vorbehaltsgebiete nach § 8 Abs. 7 Satz 2 ROG nicht mit der Ausschlusswirkung eines Eignungsgebiets auf Flächen außerhalb des Gebiets kombiniert werden dürfen.[244]

232 Der Plangeber muss für die Herbeiführung der Ausschlusswirkung i. S. v. § 35 Abs. 3 Satz 3 BauGB auf die Festlegung von Vorbehaltsgebieten i. S. v. § 8 Abs. 7 Satz 1 Nr. 2 ROG verzichten. Dementsprechend können Vorbehaltsgebiete bei der **Betrachtung der Substanzialität** durch Berechnung der Positiv- und Negativflächen auch **nicht als Positivflächen** bewertet werden. Der Grund liegt darin, dass bei Vorbehaltsgebieten mangels Ziel-Qualität nicht sicher genug ist, dass sich die Windenergienutzung in diesem Gebiet durchsetzen kann.[245]

233 c) **Eignungsgebiet.** Eignungsgebiete sind nach § 8 Abs. 7 Satz 1 Nr. 3 ROG Gebiete, in denen bestimmten raumbedeutsamen Maßnahmen oder Nutzungen, die städtebaulich nach § 35 BauGB zu beurteilen sind, andere raumbedeutsame Belange nicht entgegenstehen, wobei **diese Maßnahmen oder Nutzungen an anderer Stelle im Planungsraum ausgeschlossen** sind.

234 In dem Eignungsgebiet wird den Nutzungen zumindest attestiert, dass sie mit konkurrierenden Nutzungen vereinbar sind.[246] Zugleich ist damit aber **nicht geregelt**, dass sich **diese Nutzungen gegen andere Nutzungen durchsetzen** oder mit einem besonderen Gewicht in die Planung einzustellen sind.

---

242 Goppel, in: Spannowsky/Runkel/Goppel, ROG, § 8, Rn. 81.
243 So Goppel, in: Spannowsky/Runkel/Goppel, ROG, § 8, Rn. 82.
244 BVerwG, Urteil vom 13.3.2003, Az. 4 C 4/02, Rn. 43.
245 BVerwG, Urteil vom 13.3.2003, Az. 4 C 4/02, Rn. 43.
246 Goppel, in: Spannowsky/Runkel/Goppel, ROG, § 8, Rn. 86.

235 Damit beschreibt § 8 Abs. 7 Satz 1 Nr. 3 ROG Eignungsgebiete als Gebiete mit einer **inner- sowie einer außergebietlichen Funktion**. Aus dem letzten Halbsatz der Regelung ergibt sich ohne Zweifel, dass Eignungsgebiete hinsichtlich der **außergebietlichen Wirkung Ausschlussfunktion** haben und damit ein Ziel der Raumordnung sind.[247]

236 In Rspr. und Literatur ist aber **umstritten**, ob dem Eignungsgebiet dieser **Ziel-Charakter auch hinsichtlich seiner innergebietlichen Funktion** zukommt. Es besteht vor allem Streit darüber, ob das Eignungsgebiet als solches „pauschal" – ohne nähere Differenzierung – ein Ziel der Raumordnung ist oder ob dahingehend differenziert werden muss, dass das Eignungsgebiet **innerhalb des Gebiets nur eine Wirkung als Grundsatz der Raumordnung** und **außerhalb des Gebiets eine Wirkung als Ziel der Raumordnung** (Grundsatz/Ziel-Kombination) oder aber innerhalb und außerhalb eine Ziel-Wirkung hat (Ziel/Ziel-Kombination).

237 Der Streit besteht dabei nicht zwischen Rspr. und Literatur, sondern spaltet jeweils Rspr. wie Literatur. Der **Streit ist dann erheblich**, wenn im Regionalplan **nur Eignungsgebiete** festgelegt werden, so dass fraglich ist, ob die Ausschlusswirkung nach § 35 Abs. 3 Satz 3 BauGB eintritt.

238 aa) **Vorfrage: Systematik des Planvorbehalts.** In diesem Zusammenhang hat zunächst die **Konkurrenz zwischen § 35 Abs. 3 *Satz 2 Halbsatz 1* BauGB** und dem **Planvorbehalt des § 35 Abs. 3 *Satz 3* BauGB** eine maßgebliche Bedeutung.

239 Bereits § 35 Abs. 3 Satz 2 Halbsatz 1 BauGB regelt, dass raumbedeutsame Vorhaben den Zielen der Raumordnung nicht widersprechen dürfen. So wäre der gerade aufgeworfene Streit über die Frage der innergebietlichen Zielwirkung irrelevant, wenn bereits die Festlegung eines Eignungsgebiets dafür sorgen würde, dass Windenergieanlagen außergebietlich nach § 8 Abs. 7 Nr. 3 ROG ausgeschlossen und damit auch im Genehmigungsverfahren nach § 35 Abs. 3 **Satz 2 Halbsatz 1** BauGB unzulässig wären. In diesem Fall hätte der Plangeber sein wesentliches Planungsziel bereits erreicht, ohne sich den Anforderungen des Planvorbehalts nach § 35 Abs. 3 Satz 3 BauGB unterwerfen zu müssen, innergebietlich substantiell Raum für die Windenergie zu schaffen, um erst damit in den Genuss der Ausschlusswirkung zu kommen.

240 Dies führt zunächst zu der Frage, in welchem Verhältnis § 35 Abs. 3 **Satz 2 Halbsatz 1** BauGB und § 35 Abs. 3 **Satz 3** BauGB stehen. Erst wenn feststeht, dass § 35 Abs. 3 Satz 3 BauGB die speziellere Vorschrift ist, welche die Ausschlusswirkung abschließend regelt, kann die weitere Frage der Ziel-Eigenschaft von Eignungsgebieten geklärt werden.

---

247 Gatz, Rn. 155.

Ein Teil der Literatur vertritt die Ansicht, es bestehe ein **gleichberechtigtes** **241**
Verhältnis von § 35 Abs. 3 Satz 2 Halbsatz 1 BauGB und § 35 Abs. 3
Satz 3 BauGB.[248] Dies hätte zur Folge, dass die Anforderungen des Planvorbehalts nach § 35 Abs. 3 Satz 3 BauGB für einen Ausschluss der Windenergie gar nicht erfüllt werden müssten.

Eine solche **Ansicht ist abzulehnen**. Schon nach dem Willen des Gesetzgebers[249] soll der negative Ausschluss von Windenergieanlagen durch die **242**
Raumordnung nur dann zulässig sein, wenn die Planung neben der negativen Sperrung von Räumen für die Windenergie zugleich auch eine positive Ausweisung für entsprechende Standorte trifft.

Zudem würde die Regelung des Planvorbehalts für privilegierte Vorhaben **243**
i. S. d. § 35 Abs. 1 Nr. 2 bis 6 BauGB bei einer solchen Interpretation keinen eigenen gesetzlichen Anwendungsbereich mehr haben. Der Plangeber könnte die Windenergie durch Planung ausschließen, ohne dass er den Voraussetzungen des Planvorbehalts unterliegt und ein schlüssiges gesamträumliches Planungskonzept vorlegen muss.[250] Es ist dogmatisch daher kein anderer Weg denkbar, als dass **§ 35 Abs. 3** *Satz 3* **BauGB im Verhältnis zu**
§ 35 Abs. 3 *Satz 2 Halbsatz 1* **BauGB exklusive Anwendung** findet.[251]

Dies hat zur Folge, dass die **Frage der innergebietlichen Zielwirkung eines** **244**
Eignungsgebiets rechtlich relevant dafür ist, ob die Anforderungen des Planvorbehalts i. S. v. § 35 Abs. 3 Satz 3 BauGB erfüllt werden, wenn nur Eignungsgebiete festgelegt werden sollen. In diesem Zusammenhang bleibt anzumerken, dass diese Streitfrage dann unerheblich ist, wenn der Plangeber ein **Vorranggebiet** i. S. v. § 8 Abs. 7 Satz 1 Nr. 1 ROG mit seiner **innergebietlichen Zielwirkung** mit einem **Eignungsgebiet** i. S. v. § 8 Abs. 7 Satz 1 Nr. 3 ROG mit dessen **außergebietlicher Zielwirkung** nach § 8 Abs. 7 Satz 2 ROG **kombiniert**, was zu empfehlen ist.

bb) Rechtsprechung. In der Rspr. hat sich das **BVerwG** bislang noch nicht **245**
eindeutig dazu geäußert. In einer **Entscheidung aus dem Jahr 2003**[252] hat es ausdrücklich festgestellt, dass Vorbehaltsgebiete nicht mit einer Ausschlusswirkung auf anderen Flächen verbunden werden können und dieses Privileg nur Vorrang- und Eignungsgebiete genießen würden. Das BVerwG führte weiter aus, dass die Landesgesetzgeber weitere Gebiete einführen können, die *„in ihrer gebietsinternen Durchsetzungskraft und Steuerungswirkung Vorrang- oder Eignungsgebieten gleichkommen und deshalb in der Flächenbilanz bei der Anwendung von § 35 Abs. 3 Satz 3*

---

248 Vgl. hierzu Darstellung bei Gatz, Rn. 160 f.
249 Vgl. BT-Drs. 13/2208, S. 5; Beschlussempfehlung des zuständigen Bundestagsausschusses, BT-Drs. 13/4978, S. 7.
250 Vgl. Gatz, Rn. 160.
251 Gatz, Rn. 161.
252 BVerwG, Urteil vom 13.3.2003, Az. 4 C 4/02, Rn. 43.

BauGB als Positivausweisung berücksichtigt werden können".[253] Das OVG Münster hat dies so verstanden, dass nach der Rspr. des BVerwG auch Eignungsgebieten eine innergebietliche Steuerungswirkung und damit eine Zielwirkung haben würden.[254] Ein Missverständnis könnte insoweit vorliegen, als das BVerwG in der konkreten Textstelle zunächst ausgeführt hatte, dass jedenfalls Vorbehaltsgebiete keine Zielwirkung haben können, da diese nicht mit einem Vorrang- oder Eignungsgebiet verbunden werden könnten – anders als jeweils Vorrang- und Eignungsgebiete.

246 Dass das BVerwG diese Frage mit dem Urteil vom 13. März 2003 nicht ausdrücklich geklärt hat, legt sein **Beschluss vom 23. Juli 2008**[255] nahe. In der dortigen Entscheidung warf die Revision die **Frage der innergebietlichen Ziel-Wirkung von Eignungsgebieten als klärungsbedürftige Frage in der Revisionszulassung** auf. Das BVerwG entschied diese Frage jedoch nicht, weil die Vorentscheidung auf mehrere tragfähige Gründe gestützt und nicht für jeden Grund ein Zulassungsgrund geltend gemacht worden sei. Hätte das BVerwG die Frage tatsächlich als bereits entschieden angesehen, hätte es wohl kurz auf sein Urteil vom 13. März 2003 verwiesen.

247 Die obergerichtliche Rspr. hat diese Frage ebenfalls offengelassen oder aber hierzu bereits ausdrücklich entschieden. Das **OVG Berlin-Brandenburg**[256] hat die Frage wie schon das BVerwG offen gelassen.

248 **Für einen innergebietlichen Ziel-Charakter des Eignungsgebiets** haben sich ohne nähere Begründung das **OVG Lüneburg**[257] und das **OVG Münster**[258] ausgesprochen.[259] Das OVG Münster führt im Urteil vom 6. September 2007 aus, dass die *„abschließende planerische Abwägung und Entscheidung zur Konzentration bestimmter Vorhaben im Eignungsgebiet (…) eine einheitliche positive und negative Zielfestlegung"* enthalte, mit der Folge, dass mit Eignungsgebieten insgesamt ein Ziel der Raumordnung festgelegt werde.

249 **Gegen eine innergebietliche Ziel-Wirkung des Eignungsgebiets** haben sich das **OVG Magdeburg**[260] und das **OVG Schleswig**[261] gestellt. Beide Gerichte begründen ihre Entscheidungen damit, dass es bei Eignungsgebieten innergebietlich an der Durchsetzungskraft zugunsten der Windenergie

---

253 BVerwG, Urteil vom 13.3.2003, Az. 4 C 4/02, Rn. 43.
254 So meint es aber das OVG Münster, Urteil vom 6.9.2007, Az. 8 A 4566/04, Rn. 128.
255 BVerwG, Beschluss vom 23.7.2008, Az. 4 B 20/08, Rn. 3.
256 OVG Berlin-Brandenburg, Urteil vom 14.9.2010, Az. 2 A 4.10, Rn. 34.
257 OVG Lüneburg, Urteil vom 28.1.2010, Az. 12 KN 65/07, Rn. 35.
258 OVG Münster, Urteil vom 6.9.2007, Az. 8 A 4566/04, Rn. 120.
259 Nicht eindeutig hat sich das OVG Greifswald, Urteil vom 20.5.2009, Az. 3 K 24/05, Rn. 68, zu „Eignungsräumen" in einem Regionalplan geäußert.
260 OVG Magdeburg, Urteil vom 29.11.2007, Az. 2 L 220/05, Rn. 53.
261 OVG Schleswig, Urteil vom 20.1.2015, Az. 1 KN 6/13, Rn. 58; zu dieser Entscheidung El Bureiasi, NVwZ 2015, 1509.

fehle, so dass es bei einer alleinigen Festlegung von Eignungsgebieten an der Ausschlusswirkung gemäß § 35 Abs. 3 BauGB fehle.

cc) Literatur. In der Literatur wird das Problem ausführlicher behandelt. **250** Der **größere Teil der Literatur** spricht sich **für eine innergebietliche Ziel-Wirkung des Eignungsgebiets** aus.[262] Der innergebietliche Ziel-Charakter soll sich daraus ergeben, dass den geeigneten Nutzungen nach abschließender Abwägung mit allen konkurrierenden Nutzungen attestiert würde, dass sie mit diesen Nutzungen vereinbar seien. Damit sei die innergebietliche Steuerungswirkung stärker als im Vorbehaltsgebiet, in dem der Nutzung nur ein besonderes Gewicht beigemessen würde, die Abwägung aller Belange aber erst noch folgen müsse. Im Ergebnis entspreche die Steuerungswirkung jener des Vorranggebiets, so dass das Eignungsgebiet durchgängig (inner- und außergebietlich) als Ziel der Raumordnung anzusehen sei.[263]

Schmidt-Eichstaedt ist der Ansicht, dass dem Eignungsgebiet mit der Einführung des ROG 1998 eine Kernaufgabe zukomme, nämlich die Trennung zwischen dem für die Windenergie freigegeben Bereich und dem hierfür gesperrten Raum. Dies führe dazu, dass für den **gesperrten Raum** nach § 35 Abs. 3 Satz 3 BauGB die **Vermutung gelte, dass öffentliche Belange entgegenstehen**. Eine Unterteilung der Funktionen des Eignungsgebiets in „Ziel-Wirkung innen/Grundsatz-Wirkung außen" oder „Ziel-Wirkung innen wie außen" mache daher keinen Sinn.[264] **251**

Mitschang[265] nimmt eine **differenzierende Ansicht** ein und meint, dass **252** die Wirkung des Planvorbehalts nach § 35 Abs. 3 Satz 3 BauGB dadurch erreicht werden könne, dass das Windeignungsgebiet so groß festgelegt werde, dass der Windenergie substanziell Raum eingeräumt werde. Zwar sei ein Eignungsgebiet innergebietlich als Grundsatz der Raumordnung zu bewerten. Das Eignungsgebiet sei innergebietlich damit der Abwägung im Rahmen der Bauleitplanung zugänglich. Dies könnte dazu führen, dass sich andere privilegierte Nutzungen im Einzelfall gegen die Windenergie durchsetzen würden. Daher müsse bei der Festlegung des Gebiets darauf geachtet werden, dass eine ausreichende Flächenkulisse der Windenergie auch dann noch substanziell Raum gebe, wenn sich andere Nutzungen vereinzelt durchsetzen.

---

262 Spannowsky, in: Bielenberg/Runkel/Spannowsky/Reitzig/Schmitz, Raumordnungs- und Landesplanungsrecht des Bundes und der Länder, K § 7, Rn. 105; Runkel, in: Bielenberg/Runkel/Spannowsky/Reitzig/Schmitz, Raumordnungs- und Landesplanungsrecht des Bundes und der Länder, L § 3, Rn. 55; Goppel, in: Spannowsky/Runkel/Goppel, ROG, § 8, Rn. 85; Scheidler, ZfBR 2009, 750, 752; Schmidt-Eichstaedt, LKV 2012, 481, 485; Haselmann, ZfBR 2014, 529, 534; wohl auch Mitschang, BauR 2013, 29, 35, Fn. 73.
263 Goppel, in: Spannowsky/Runkel/Goppel, ROG, § 8, Rn. 85 ff.
264 Schmidt-Eichstaedt, LKV 2012, 481, 485.
265 Mitschang, BauR 2013, 29, 35, Rn. 73.

253 Von *Gatz*[266] wird eine **Ziel/Ziel-Wirkung für das Eignungsgebiet abgelehnt.**[267] Zunächst weist er darauf hin, dass die Hinweise auf die vermeintlichen Motive des Gesetzgebers[268] nicht durchgreifen, wonach dieser angeblich dem Windeignungsgebiet eine doppelte Ziel-Wirkung inner- wie außergebietlich beimessen wollte. Auch wenn der Bundestagsausschuss in seinem Bericht[269] Eignungsgebiete pauschal wie Vorranggebiete als Ziel der Raumordnung eingeordnet wissen wollte, vermittle dies keine Gewissheit darüber, ob sich die Ziel-Wirkung auch auf das Gebiet selbst und nicht nur auf die Ausschlusswirkung außerhalb des Gebiets erstrecke. Darüber hinaus stünden der Wortlaut und die Regelungssystematik der nicht ganz eindeutigen Absicht des Gesetzgebers in den Motiven entgegen.[270]

254 dd) **Bewertung und Empfehlung.** Die Frage des innergebietlichen Ziel-Charakters von Eignungsgebieten ist hoch umstritten. Die besseren Argumente sprechen aber dafür, dass **Eignungsgebiete keine innergebietliche Ziel-Wirkung** haben. Das ergibt sich bereits aus dem Wortlaut von § 8 Abs. 7 Satz 1 Nr. 3 ROG, wonach sich die Windenergie innergebietlich gerade nicht im Sinne eines Ziels der Raumordnung durchsetzen kann, sondern Raum für eine Abwägung auf der nachfolgenden Planungsebene verbleibt.

255 Ein wesentliches Argument ist aber die **Regelungssystematik**. Wenn allein schon das Eignungsgebiet den Planungsvorbehalt nach § 35 Abs. 3 Satz 3 BauGB durchsetzen können soll, ist nicht erklärlich, wieso der Gesetzgeber nach **§ 8 Abs. 7 Satz 2 ROG** ausdrücklich die Kombination von Vorrang- und Eignungsgebiet zulässt. Diese Regelung wäre überflüssig, wenn das Eignungsgebiet inner- und außergebietliche Zielwirkung hätte.

---

266 Gatz, Rn. 155 ff.
267 So wohl auch Erbguth, DVBl. 1998, 209, 212, der dann aber zu dem Schluss kommt, dass § 35 Abs. 3 Satz 3 BauGB – nach teleologischer Reduktion – keine innergebietliche Zielwirkung erfordere; Ehlers/Böhme, NuR 2011, 323, 324.
268 Vgl. Begründung zum Gesetzesentwurf BT-Drs. 13/6392, S. 84; Bericht des zuständigen Bundestagsausschusses zum Gesetzentwurf BT-Drs. 13/7589, S. 24.
269 BT-Drs. 13/7589, S. 23 f.
270 Gatz, Rn. 157 ff., der darauf hinweist, dass der Vorschrift zum Eignungsgebiet in § 8 Abs. 7 Satz 1 Nr. 3 ROG nicht entnommen werden könne, dass sich die geeignete Nutzung gegenüber anderen Nutzungen im Rahmen einer raumordnungsrechtlich getroffenen Letztentscheidung, die vor weiteren planerischen Überlegungen in der Bauleitplanung geschützt ist, durchsetzen soll. In diesem Sinne sei die Wirkung noch schwächer als bei einem Vorbehaltsgebiet, weil keine Gewichtungsvorgabe zugunsten der geeigneten Nutzung getroffen werde. Anders dagegen Goppel, in: Spannowsky/Runkel/Goppel, ROG, § 8, Rn. 87, der meint, die Wirkung sei stärker als bei einem Vorbehaltsgebiet, da bei einem Eignungsgebiet die Abwägung bereits stattgefunden habe und diese bei einem Vorbehaltsgebiet grundsätzlich bei einem bestehenden „Prä" für die Vorbehaltsnutzung noch offen sei.

> Die **Kombination von Vorrang- und Eignungsgebiet** ist daher der **einzig rechtssichere Weg**, um die Ausschlusswirkung des § 35 Abs. 3 Satz 3 BauGB herbeizuführen.

> **Empfehlung**: Erforderliche Gebiets-Festlegungen für die Ziel-Wirkung gemäß § 35 Abs. 3 Satz 3 BauGB gemäß nachfolgender Übersicht 5.

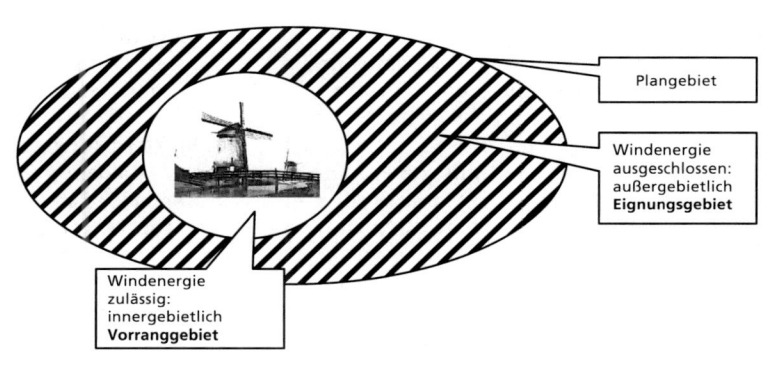

256

[Diagramm mit Beschriftungen: Plangebiet; Windenergie ausgeschlossen: außergebietlich **Eignungsgebiet**; Windenergie zulässig: innergebietlich **Vorranggebiet**]

Übersicht 5: Festlegung von Gebieten

d) **Sonstige Gebiete.** Die Ausschlusswirkung von § 35 Abs. 3 Satz 3 BauGB und die damit verbundene Festlegung von Zielen der Raumordnung setzt nach der Rspr. nicht voraus, dass die Ziele durch Eignungsgebiete i. S. v. § 8 Abs. 7 Satz 1 Nr. 3 ROG oder durch Vorranggebiete mit der Wirkung von Eignungsgebieten i. S. v. § 8 Abs. 7 Satz 2 ROG festgelegt werden.[271] Das BVerwG führt hierzu aus, dass der Gesetzgeber mit dem ROG 1998 die **Gebietskategorien nicht abschließend** festgelegt hat. Den Ländern sollte mit der Festlegung von Gebietskategorien nicht die Befugnis entzogen werden, weitere Gebietskategorien zu entwickeln.

257

Damit kann die **Zielwirkung auch durch sonstige Gebiete** – die landesrechtlich zur Festlegung eines Ziels der Raumordnung führen – erreicht werden. Gegenwärtig hat Bayern von der Abweichungsmöglichkeit Gebrauch gemacht (Art. 14 Abs. 2 des Bayerischen Landesplanungsgesetzes).

258

e) **„Weiße Flächen"**. Fraglich ist, ob die Zielwirkung eines Regionalplans nach § 35 Abs. 3 Satz 3 BauGB auch dann erreicht wird, wenn der Plangeber im Regionalplan „weiße Flächen" gelassen hat, für die weder ein Vorrang- noch ein Eignungsgebiet festgelegt wurde. Die Frage stellt sich

259

---

271 BVerwG, Urteil vom 1.7.2010, Az. 4 C 6/09, Rn. 16.

vor allem auch deshalb, weil die Rspr. für das Eintreten der Ausschlusswirkung ein schlüssiges **gesamträumliches** Konzept fordert.[272]

260 Das BVerwG hat hierzu in seinem Beschluss vom 28. November 2005 entschieden, dass der Plangeber nicht grundsätzlich die gesamten Flächen des Regionalplangebiets „überplanen" muss. Allerdings betont das Gericht in diesem Zusammenhang auch, dass die Ausschlusswirkung des § 35 Abs. 3 Satz 3 BauGB davon abhängig ist, dass der **Windenergie substanziell Raum verschafft** wird.

261 Für den Fall vorhandener „weißen Flächen" im Regionalplan bedeutet dies, dass die Vorranggebiete so „gewählt und zugeschnitten" sein müssen, dass sie für die Windenergie in substanzieller Weise Raum verschaffen. Nur dann tritt die Ausschlusswirkung nach § 35 Abs. 3 Satz 3 BauGB trotz übriggebliebener „weißer Flächen" ein. Die **Ausschlusswirkung erstreckt sich nur auf die Ausschlusszonen**. Die unbeplanten Flächen werden von der Zielwirkung nicht erfasst, weil es insoweit an einer abschließenden raumordnerischen Entscheidung des Trägers der Raumordnung fehlt.[273]

> Die Teilräume der „weißen Flächen" stehen dann der gemeindlichen Steuerung durch einen Flächennutzungsplan zur Verfügung.[274]

III. Anforderungen an die planerische Abwägung

262 Nach § 7 Abs. 2 ROG gelten für die Festlegung eines Regionalplans **ähnliche Anforderungen an die planerische Abwägung wie bei der Bauleitplanung**. So sind bei der Aufstellung der Raumordnungspläne nach § 7 Abs. 2 Satz 1 ROG die öffentlichen und privaten Belange, soweit sie auf der jeweiligen Planungsebene erkennbar und von Bedeutung sind, gegeneinander und untereinander abzuwägen; bei der Festlegung von Zielen der Raumordnung ist abschließend abzuwägen.[275]

263 Ausgehend hiervon gelten nach der Rspr. für die Regionalplanung die im 2. Kapitel dargestellten Anforderungen an den Planvorbehalt gemäß § 35 Abs. 3 Satz 3 BauGB, soweit die Ansiedlung von Windenergieanlagen durch Konzentration und Ausschluss an anderer Stelle planerisch gesteuert werden soll.[276] Damit ist ein **schlüssiges gesamträumliches Konzept**

---

272 Schmehl, Jura 2010, 832, 834.
273 BVerwG, Beschluss vom 28.11.2005, Az. 4 B 66/05, Rn. 7.
274 Gatz, Rn. 163.
275 Vgl. hierzu Spannowsky, in: Bielenberg/Runkel/Spannowsky/Reitzig/Schmitz, Raumordnungs- und Landesplanungsrecht des Bundes und der Länder, K § 7, Rn. 161 f.
276 Vgl. Söfker, in: Ernst/Zinkahn/Bielenberg/Krautzberger, BauGB, § 35, Rn. 127; für die Regionalplanung BVerwG, Urteil vom 11.4.2013, 4 CN 2.12, Rn. 5 (Regionalplan Westsachsen).

erforderlich, in dessen Rahmen die harten und weichen Tabuzonen definiert werden müssen. Die übrig gebliebenen Flächen sind einer Einzelabwägung mit anderen Belangen zu unterziehen. Am Ende müssen so viele Flächen für die Windenergienutzung vorhanden sein, dass dieser substanziell Raum verschafft wird.

264 Die Regionalplanung muss sich nicht von gemeindlichen Grenzen leiten lassen. Nach Ansicht des BVerwG kann es gerechtfertigt sein, dass die Regionalplanung den **Außenbereich einer oder mehrerer Gemeinden sperrt**, um *„die Errichtung von Windkraftanlagen im Planungsraum so zu steuern, dass das übergemeindliche Konzept zum Tragen kommt."*[277]

1. Abwägung privater Belange

265 Wie in der Bauleitplanung müssen auch in der Regionalplanung alle öffentlichen und privaten Belange in die Abwägung eingestellt werden. Bei der Festlegung von Vorranggebieten mit Ausschlusswirkung für die Windenergienutzung müssen auch die **privaten Belange der Grundstückseigentümer** zur Windenergienutzung geeigneter Flächen in die Abwägung eingestellt werden.

266 Der Planungsträger ist wegen der Aufgaben der Raumordnung als einer *„zusammenfassenden, übergeordneten Planung, ihrer weiträumigen Sichtweise und ihrem Rahmencharakter"* berechtigt, das *„Privatinteresse an der Nutzung der Windenergie auf geeigneten Flächen im Planungsraum verallgemeinernd zu unterstellen und als typisierte Größe in die Abwägung einzustellen."*[278]

267 In diesem Zusammenhang weist das Bundesverwaltungsgericht darauf hin, dass der Planungsgeber im Rahmen der Abwägung auch berücksichtigen darf, dass die **Privatnützigkeit der Flächen** durch den Ausschluss der Windenergienutzung zwar eingeschränkt, aber nicht beseitigt sei. Da Art. 14 GG nicht die einträglichste Nutzung des Eigentums schütze, müsse es der Eigentümer hinnehmen, dass ihm eine möglicherweise rentablere Nutzung seines Grundstücks verwehrt werde.[279]

268 Das BVerwG führt weiter aus, dass dem grundrechtlichen Eigentumsschutz mit diesen Vorgaben an die planerische Abwägung Genüge getan ist, weil die Ausschlusswirkung nach § 35 Abs. 3 Satz 3 BauGB *„überdies"* nicht *„strikt und unabdingbar"* einem in der Ausschlusszone beabsichtigten Vorhaben entgegenstehe, sondern nach dem Gesetzeswortlaut nur *„in der Regel"*. Damit stehe der **Planungsvorbehalt unter einem Ausnahmenvorbehalt**, der die Möglichkeit zur Abweichung im Einzelfall zu-

---

277 BVerwG, Urteil vom 13.3.2003, Az. 4 C 4/02, Rn. 42.
278 BVerwG, Urteil vom 13.3.2003, Az. 4 C 4/02, Rn. 33; BVerwG, Beschluss vom 18.1.2011, Az. 7 B 19/10, Rn. 15.
279 BVerwG, Urteil vom 13.3.2003, Az. 4 C 4/02, Rn. 33, 34.

lasse. Dieser Ausnahmenvorbehalt ist nach dem BVerwG ein Korrektiv, um unverhältnismäßigen unzumutbaren Beschränkungen des Grundeigentümers in Sonderfällen vorzubeugen, ohne dass die Grundzüge der Planung in Frage gestellt werden.[280]

269 Ein solcher Ausnahmenvorbehalt soll aber nicht dahingehend missverstanden werden, dass **Abwägungsdefizite zu Lasten des Eigentümers** auf der Ebene der Vorhabenzulassung geheilt werden dürfen. Eher soll sich der Ausnahmenvorbehalt in § 35 Abs. 3 Satz 3 BauGB an der planungsrechtlichen Befreiung gemäß § 31 Abs. 2 BauGB orientieren, was den Blick auf die Einhaltung der Grundzüge der Planung richten lässt.[281]

270 Weiter gilt nach der Rspr. des BVerwG, dass Flächen mit **bereits vorhandenen Standorten** als Tatsachenmaterial bei der Abwägung zu berücksichtigen sind. Will der Planungsträger diese Flächen künftig beim Zuschnitt der Konzentrationszonen nicht mehr berücksichtigen, so ist der Eigentümer auf Bestandsschutz gesetzt. Diese Beschränkung der Nutzungsmöglichkeiten muss der Planungsträger als einen wichtigen privaten Belang der Eigentümer in der Abwägung beachten.

271 Allerdings hat der Planungsträger in diesem Zusammenhang einen weiten **planerischen Gestaltungsspielraum**. So ist er nicht verpflichtet, Standorte für die Windenergienutzung dort festzulegen, wo bereits Windenergieanlagen vorhanden sind. Die Abwägung kann, muss aber nicht von dem planerischen Willen geleitet sein, bereits vorhandene Windenergieanlagen einen gewissen Vorrang dergestalt einzuräumen, dass diese Flächen wegen ihres Repowering-Potenzials nach Möglichkeit erneut als Konzentrationsflächen ausgewiesen werden.[282]

2. Abwägung gemeindlicher Belange

272 Der Planungsträger muss die **Belange** der gegebenenfalls nach § 1 Abs. 4 BauGB anpassungspflichtigen **Gemeinden** im Planungsverfahren erkennen und gewichten.[283]

273 Das Oberverwaltungsgericht Berlin-Brandenburg entnimmt aus dieser Rspr., dass die Ausschlusswirkung nach § 35 Abs. 3 Satz 3 BauGB grundsätzlich nur dann herbeigeführt werden kann, wenn der Planungsträger bei der Ausweisung von Windeignungsgebieten die **kommunalen Belange**, die bereits im Rahmen der Regionalplanung in den Blick genommen und abschließend abgewogen werden können, auch **tatsächlich abwägt** und die Abwägung nicht auf die Ebene der Bauleitplanung verlagert.[284]

---

280 BVerwG, Urteil vom 13.3.2003, Az. 4 C 4/02, Rn. 35.
281 Vgl. Gatz, Rn. 183.
282 BVerwG, Urteil vom 29.3.2010, Az. 4 BN 65/09, Rn. 9.
283 Vgl. BVerwG, Urteil vom 29.3.2010, Az. 4 BN 65/09, Rn. 10.
284 OVG Berlin-Brandenburg, Urteil vom 14.9.2010, Az. 2 A 1/10, Rn. 40.

IV. Sicherung der Planung

Der Plangeber kann die in Aufstellung befindliche Regionalplanung – ähnlich wie in der Bauleitplanung – sichern. So kann die Raumordnungsbehörde nach § 14 Abs. 2 ROG raumbedeutsame Planungen und Maßnahmen sowie Entscheidungen über deren Zulässigkeit gegenüber den in § 4 ROG genannten öffentlichen Stellen **befristet untersagen**, wenn sich ein Raumordnungsplan in Aufstellung befindet und wenn zu befürchten ist, dass die Planung oder Maßnahme die Verwirklichung der vorgesehenen Ziele der Raumordnung unmöglich machen oder wesentlich erschweren würde. In Aufstellung befindet sich ein Raumordnungsplan, wenn ein vom **zuständigen Beschlussorgan gebilligter Ziel-Entwurf** vorliegt.[285] Die Dauer der Untersagung beträgt bis zu zwei Jahre. Die Untersagung kann um ein weiteres Jahr verlängert werden. Rechtsbehelfe haben nach § 14 Abs. 3 ROG keine aufschiebende Wirkung.

4. Kapitel Verhältnis der Bauleitplanung zur Regionalplanung

Für die planerische Steuerung durch den Planvorbehalt nach § 35 Abs. 3 Satz 3 BauGB ist das **Verhältnis der Raumordnung zur Bauleitplanung** von großer Bedeutung. Denn oftmals erlassen Raumordnungsbehörden Regionalpläne und Gemeinden Flächennutzungspläne für dieselben Flächen, so dass sich die Frage stellt, in welchem Verhältnis Raumordnung und Flächennutzungsplanung zueinander stehen.

Die **maßgebliche Vorschrift** für das Verhältnis der Bauleitplanung zur nächsthöheren Planungsebene der Regionalplanung ist § 1 Abs. 4 BauGB. Danach sind Bauleitpläne – also Flächennutzungspläne wie Bebauungspläne – den „Zielen der Raumordnung anzupassen".

Die **Anpassungspflicht** an die Ziele der Raumordnung nach § 1 Abs. 4 BauGB gilt **gleichermaßen für Flächennutzungspläne und Bebauungspläne**.[286] Daher wird das Verhältnis zwischen Bauleitplanung und Raumordnung vorab in diesem Kapitel behandelt. Anschließend wird jeweils einzeln auf Flächennutzungspläne und Bebauungspläne eingegangen.

I. Anpassungspflicht nach § 1 Abs. 4 BauGB

Die Vorschrift in § 1 Abs. 4 BauGB ist Ausdruck eines umfassenden Gebots zu dauerhafter inhaltlicher **Übereinstimmung der kommunalen Bau-**

---
285 Goppel, in: Spannowsky/Runkel/Goppel, ROG, § 14, Rn. 21; vgl. VG Halle, Urteil vom 19.8.2010, Az. 4 A 9/10, Rn. 68 ff.
286 Gierke, in: Brügelmann, BauGB, § 1, Rn. 265.

leitplanung mit den Vorgaben der Raumordnung. Die Regelung soll „dauerhafte Übereinstimmung der beiden Planungsebenen" gewährleisten.[287]

279 Die **Planungspflicht** folgt aus der Grundstruktur des mehrstufigen und auf Kooperation angelegten Systems der räumlichen Gesamtplanung. In diesem System ist die **Bauleitplanung** der Landes- und Regionalplanung **nachgeordnet**. Die Aufgabe der Regelung besteht folglich darin, den Zielen der Raumordnung durch die Mittel der Bauleitplanung (überhaupt erst) **bodenrechtliche Verbindlichkeit gegenüber dem Einzelnen** zu vermitteln.[288]

280 „Anpassen" i. S. d. § 1 Abs. 4 BauGB bedeutet, dass die planerischen Intentionen, die den Zielen der Regionalplanung zu Grunde liegen, zwar in das bauleitplanerische Konzept eingehen müssen und **nicht im Wege der Abwägung überwunden** werden können.[289] Die Gemeinde ist aber frei, die in den Zielen der Raumordnung enthaltenen **Vorgaben zielkonform auszugestalten** und die ihr nach dem Bauplanungsrecht eröffneten Wahlmöglichkeiten voll auszuschöpfen.[290]

281 Ein **Bebauungsplan,** der zwar aus dem Flächennutzungsplan entwickelt wurde, aber dennoch den Zielen der Raumordnung widerspricht, ist nach § 1 Abs. 4 BauGB unwirksam. Das **Entwicklungsgebot des § 8 Abs. 2 Satz 1 BauGB** tritt hinter die Anpassungspflicht nach § 1 Abs. 4 BauGB zurück. Dies gilt auch dann, wenn der Flächennutzungsplan zunächst dem Regionalplan entspricht, später aber nicht mehr, weil der Regionalplan geändert wurde. Der Flächennutzungsplan vermittelt insoweit keinen Bestandsschutz.[291] Folgerichtig gilt, dass ein Bebauungsplan, der sich an die Ziele der Raumordnung eines Regionalplans, damit aber nicht mehr an entgegenstehende Darstellungen des Flächennutzungsplans hält, nicht wegen eines Verstoßes gegen das Entwicklungsgebot nach § 8 Abs. 2 Satz 1 BauGB unwirksam ist.[292]

---

287 BVerwG, Urteil vom 17.9.2003, Az. 4 C 14/01, Rn. 33; Beschluss vom 26.7.2007, Az. 4 BN 17/07, Rn. 9; vgl. Gierke, in: Brügelmann, BauGB, Rn. 413; Runkel, in: Ernst/Zinkahn/Bielenberg/Krautzberger, BauGB, Rn. 1, Rn. 6.
288 Vgl. BVerwG, Urteil vom 17.9.2003, Az. 4 C 14/01, Rn. 32.
289 OVG Greifswald, Urteil vom 20.5.2009, Az. 3 K 24/05, Rn. 73; Gierke, in: Brügelmann, BauGB, § 1, Rn. 272.
290 BVerwG, Urteil vom 30.1.2003, Az. 4 CN 14/01, Rn. 36; vgl. Urteil vom 20.8.1992, Az. 4 NB 20/91, Rn. 13.
291 Vgl. Schmidt-Eichstaedt, NordÖR 2016, 233, 238, zu der Frage, ob der Flächennutzungsplan mit Ausschlusswirkung nach § 35 Abs. 3 Satz 3 BauGB bei entgegenstehenden Regelungen eines zeitlich nachfolgenden Regionalplans ipso jure – also ohne weiteres Zutun – unwirksam wird.
292 BVerwG, Urteil vom 30.1.2003, Az. 4 CN 14/01, Rn. 18 ff.

1. Inhalt der Anpassungspflicht und Konkretisierung durch die Bauleitplanung

Inhaltlich besteht die Anpassungspflicht aus

- der **Pflicht zur Unterlassung**,[293] gegen Ziele der Raumordnung zu verstoßen,
- darüber hinaus aus einer **Handlungspflicht**, die Ziele der Raumordnung mit den Instrumenten der Raumordnung umzusetzen, gegebenenfalls durch eine erstmalige Planung oder durch die Änderung oder Aufhebung bestehender Pläne,[294] sowie
- zuletzt aus einer **Rücksichtnahmepflicht**, Ziele der Raumordnung in der Umgebung einer Planung nicht durch diese zu konterkarieren.[295]

Ziele der Raumordnung dürfen nach § 1 Abs. 4 BauGB **im Rahmen der Bauleitplanung konkretisiert** werden, sie dürfen aber – wie bereits dargelegt – nicht im Wege der planerischen Abwägung überwunden werden.[296] Dabei kommt der Gemeinde **kein Recht zur „Verwerfung"** von ihr für rechtswidrig erachteter Ziele der Raumordnung zu.[297]

Die Ziele der Raumordnung müssen hinreichend **bestimmt, jedenfalls aber bestimmbar** und rechtmäßig sein, um eine Planungspflicht nach § 1 Abs. 4 BauGB auslösen zu können.[298] Ziele der Raumordnung sind auch dann noch bestimmt genug, wenn diese „**in der Regel**" gelten, aber **Ausnahmen zulassen**. Voraussetzung hierfür ist aber, dass neben den Regel- auch die Ausnahmevoraussetzungen mit hinreichender Bestimmtheit oder doch wenigstens Bestimmbarkeit in der Ziel-Bestimmung selbst festgelegt worden sind.[299]

In der Praxis enthalten Ziele der Raumordnung in der Regel **Konkretisierungsmöglichkeiten für nachgeordnete Planungen**. Sie enthalten insoweit regelmäßig einen **verbindlichen** Kern sowie einen **gestaltbaren Rahmen**.[300] Damit hängt die Intensität der Bindung der Gemeinde an die Regionalplanung von der inhaltlichen Formulierung des Ziels der Raumordnung ab.[301]

---

293 Gierke, in: Brügelmann, BauGB, § 1, Rn. 416.
294 BVerwG, Urteil vom 17.9.2003, Az. 4 C 14/01, Rn. 31; vgl. VG Magdeburg, Urteil vom 30.10.2012, Az. 2 A 140/12, Rn. 27.
295 Vgl. hierzu Runkel, in: Ernst/Zinkahn/Bielenberg/Krautzberger, BauGB, § 1, Rn. 63.
296 Runkel, in: Ernst/Zinkahn/Bielenberg/Krautzberger, BauGB, § 1, Rn. 63.
297 Schrödter, ZfBR 2013, 535; Otto, UPR 2015, 244, 247, der meint, eine Verwerfungskompetenz liege zumindest bei Plänen mit offensichtlichen Fehlern vor.
298 BVerwG, Urteil vom 17.9.2003, Az. 4 C 14/01, Rn. 34; zur Frage, wann Bestimmungen mit einer Soll-Vorschrift ein Ziel der Raumordnung sein können BVerwG, Urteil vom 16.12.2010, Az. 4 C 8/10, Rn. 10.
299 BVerwG, Urteil vom 18.9.2003, Az. 4 CN 20/02, Rn. 30; Urteil vom 17.9.2003, Az. 4 C 14/01, Rn. 39.
300 Runkel, in: Ernst/Zinkahn/Bielenberg/Krautzberger, BauGB, § 1, Rn. 50c.
301 BVerwG, Urteil vom 20.8.1992, Az. 4 NB 20/91, Rn. 18; Gatz, Rn. 64.

286 Ziel-Festlegungen, die nachfolgenden Planungen **keinen Gestaltungs- oder Konkretisierungsspielraum** mehr lassen und insoweit eine umfassende Letztentscheidung treffen,[302] müssen hinsichtlich aller betroffenen Belange auf der Ebene der Regionalplanung **abschließend abgewogen** sein. Da dies eine nicht wenig komplexe Aufgabe darstellt, verbleiben der Bauleitplanung regelmäßig noch Konkretisierungsmöglichkeiten.[303]

287 Allerdings gilt für **Regionalpläne mit der Ausschlusswirkung** gemäß § 35 Abs. 3 Satz 3 BauGB, dass diese hinsichtlich der Positiv- und Negativflächen abschließend abgewogen sein müssen. Soweit die Gemeinde zusätzlich einen weiteren Flächennutzungsplan mit Ausschlusswirkung nach § 35 Abs. 3 Satz 3 BauGB aufstellen will, fragt sich, ob hier überhaupt noch genügend Konkretisierungsmöglichkeiten für die nachgeordnete Planung bleiben oder ob der Flächennutzungsplan lediglich den Regionalplan für sein Plangebiet wiedergeben darf.

288 Da die **Regionalpläne** mit Blick auf den räumlichen Maßstab **nicht parzellenscharf** sind,[304] folgt wenigstens hieraus, dass die Gemeinde in der Regel einen gewissen **Spielraum zur planerischen Konkretisierung** hat.[305] Ein Konkretisierungsspielraum kann sich aber auch – mit den oben dargestellten Einschränkungen – inhaltlich aus den **gebietlichen Funktions- oder Nutzungszuweisungen** der Regionalplanung ergeben.[306]

289 Aus den Konkretisierungsmöglichkeiten eines Regionalplans können sich allgemein **zwei grundsätzliche Konstellationen** ergeben: zum einen das Angebot an die Gemeinde, neben der **parzellenscharfen Konkretisierung**[307] auch weitere **sachliche Konkretisierungen** zu treffen; zum anderen kann es auch Konkretisierungspflichten geben, ein Ziel der Raumordnung durch die Bauleitplanung weiter räumlich oder sachlich näher zu bestimmen.[308]

2. Anpassungspflicht mit Blick auf die Windenergienutzung

290 Die Gemeinde ist an die Ziele der Raumordnung gebunden, die **Konzentrationszonen in den Regionalplänen** festlegen. Dies gilt, soweit die Gemeinde erstens Konzentrationszonen **außerhalb** entsprechender Konzentrationszonen des Regionalplans plant und zweitens soweit sie die

---

302 Vgl. Gierke, in: Brügelmann, BauGB, § , Rn. 288.
303 Vgl. hierzu Runkel, in: Ernst/Zinkahn/Bielenberg/Krautzberger, BauGB, § 1, Rn. 51b.
304 Vgl. hierzu näher Schmidt-Eichstaedt, LKV 2012, 49.
305 Vgl. zu den hieraus resultierenden möglichen Konflikten Mitschang/Schwarz/Kluge, UPR 2012, 401, 404 f.
306 Runkel, in: Ernst/Zinkahn/Bielenberg/Krautzberger, BauGB, § 1, Rn. 68.
307 Hierzu näher Schmidt-Eichstaedt, LKV 2012, 49, 51, wonach sich für die Regionalplanung eine parzellenscharfe Planung grundsätzlich verbietet, vgl. hierzu näher auch Gierke, in: Brügelmann, BauGB, § 1, Rn. 351.
308 Runkel, in: Ernst/Zinkahn/Bielenberg/Krautzberger, BauGB, § 1, Rn. 68.

Windenergienutzung **innerhalb** von Konzentrationszonen des Regionalplans ausschließen will:

a) **Gemeindliche Planung von Anlagen außerhalb der Konzentrationszonen.** Plant die Gemeinde Flächen für die **Windenergienutzung außerhalb der Konzentrationszonen des Regionalplans**, verstößt sie gegen die Anpassungspflicht nach § 1 Abs. 4 BauGB.[309]

Der Gemeinde bleibt mit Blick auf die Anpassungspflicht nach § 1 Abs. 4 BauGB daher grundsätzlich **kein Gestaltungs- oder Konkretisierungsspielraum**, wenn sie Flächen für die Windenergie außerhalb entsprechender Vorrang- und Eignungsgebiete des Regionalplans ausweisen will.

b) **Gemeindliche Planung von Anlagen innerhalb der Konzentrationszonen.** Dagegen kann unter bestimmten Voraussetzungen ein gemeindlicher Gestaltungs- und Konkretisierungsspielraum innerhalb der Konzentrationszonen des Regionalplans verbleiben.[310]

Dabei darf die Gemeinde solche Festlegungen des Regionalplans, die als Letztentscheidung abgewogen worden sind, nicht noch einmal einer eigenen gemeindlichen Prüfung und Abwägung unterziehen.[311] Die Gemeinde muss diese beachten und darf den **Gebietsverlauf** nur noch innerhalb des durch den Regionalplan nicht parzellenscharf vorgegebenen Bereichs näher festlegen.[312]

Nur bei einem entsprechenden **regionalplanerischen Vorbehalt** der Konkretisierung durch die Bauleitplanung darf die Gemeinde eigene planerische Überlegungen anstellen. Voraussetzung ist, dass die Regionalplanung über bestimmte Schutzanforderungen wie z. B. den Naturschutz oder zu Schutzabständen zu Siedlungsbereichen[313] noch nicht entschieden und solche Entscheidungen der Bauleitplanung überlassen hat.[314]

Eine weitere **gemeindliche „Beplanung"** der regionalplanerischen Konzentrationszone ist unter Beachtung des Anpassungsgebots nur dann zulässig, wenn die Gemeinde die **raumordnerische Entscheidung akzeptiert** und ihre Aufgabe nur in einer „Feinsteuerung" zum innergebietlichen Interessenausgleich der Windenergieprojekte, aber auch gegenüber den anderen Nutzungen innerhalb und außerhalb des Plangebiets sieht.[315]

---

309 Vgl. OVG Münster, Urteil vom 28.11.2007, Az. 8 A 4744/06, Rn. 76.
310 OVG Greifswald, Urteil vom 9.4.2008, Az. 3 L 84/05, Rn. 45.
311 Vgl. OVG Münster, Urteil vom 22.9.2005, Az. 7 D 21/04.NE, Rn. 40.
312 OVG Greifswald, Urteil vom 9.4.2008, Az. 3 L 84/05, Rn. 45; vgl. Mitschang/Schwarz/Kluge, UPR 2012, 401, 403.
313 OVG Münster, Urteil vom 22.9.2005, Az. 7 D 21/04.NE, Rn. 47.
314 OVG Koblenz, Urteil vom 21.1.2011, Az. 8 C 10850/10, Rn. 39.
315 BVerwG, Urteil vom 19.2.2004, Az. 4 CN 16/03, Rn. 21; OVG Greifswald, Urteil vom 20.5.2009, Az. 3 K 24/05, Rn. 73.

297 Für die verbindliche Bauleitplanung bedeutet dies, dass der Vorrang einer Wind-Konzentrationszone im Regionaplan zu respektieren und eine Feinsteuerung nur insoweit zulässig ist, als noch Festsetzungen über die nähere Ausgestaltung der Windenergienutzung getroffen werden sollen, wie zum Beispiel durch **Höhenbeschränkungen, Beschränkungen der Anzahl der Anlagen durch Festlegung der Standorte**, Sicherheitsabstände zu anderen technischen Infrastrukturen und Grenzabstände.[316]

298 Ein Ansatz für die gemeindliche „Feinsteuerung" kann sich aber auch daraus ergeben, dass **artenschutzrechtliche Besonderheiten** der jeweiligen Standorte zu berücksichtigen sind.[317]

299 Ähnlich kann eine „Feinsteuerung" auch mit Blick auf den **Schutz von Wald** zulässig sein, wenn im Regionalplan festgehalten ist, dass auf der Ebene der Raumordnung nur der Schutz größerer Waldbereiche berücksichtigt wurde und kleinere Waldbereiche in Eignungsbereichen auf den nachfolgenden Planungsstufen zu sichern sind.[318]

300 Unabhängig davon besteht – wie bereits dargelegt – ein **Gestaltungsspielraum der Gemeinde** zumeist insoweit, als dass sie das Gebiet des Regionalplans, in dem eine bestimmte Nutzung stattfinden soll, (auch unter Berücksichtigung sonstiger städtebaulicher Belange) **parzellenscharf festlegen darf**.[319]

301 In der Rspr. finden sich auch Anforderungen an den **Prozentsatz der Konzentrationszonen des Regionalplans**, die auch im Rahmen der Bauleitplanung als Flächen für die Windenergienutzung **übrig bleiben müssen**. Dabei gilt, dass im Einzelfall geprüft werden muss, ob die Reduzierung von Flächen durch die Bauleitplanung auf solchen städtebaulichen Belangen beruht, die auf der Ebene des Regionalplans noch nicht berücksichtigt worden sind.[320] Mit Blick auf die flächenmäßige Anforderungen kommt das OVG Koblenz zu dem Ergebnis, dass ein Bebauungsplan jedenfalls gegen die Anpassungspflicht verstößt, wenn die maßgeblichen Konzentrationszonen des Regionalplans ohne überzeugende Gründe **um ein Drittel** reduziert werden.[321] Allerdings besagt dies nicht, dass die Grenze unterhalb einem Drittel liegt.

---

316 OVG Koblenz, Urteil vom 21.1.2011, Az. 8 C 10850/10, Rn. 41; OVG Greifswald, Urteil vom 20.5.2009, Az. 3 K 24/05, Rn. 74; Mitschang/Schwarz/Kluge, UPR 2012, 401, 404.
317 OVG Koblenz, Urteil vom 21.1.2011, Az. 8 C 10850/10, Rn. 44.
318 Vgl. OVG Münster, Beschluss vom 22.9.2005, Az. 7 D 21/04.NE, Rn. 34.
319 OVG Greifswald, Urteil vom 9.4.2008, Az. 3 L 84/05, Rn. 45 unter Verweis auf BVerwG, Beschluss vom 7.2.2005, Az. 4 BN 1/05, Rn. 7; Urteil vom 20.5.2009, Az. 3 K 24/05, Rn. 74.
320 OVG Berlin-Brandenburg, Urteil vom 26.11.2010, Az. 2 A 32.08, Rn. 39.
321 OVG Koblenz, Urteil vom 9.4.2008, Az. 8 C 1121/07, Rn. 19; a. A. wohl OVG Berlin-Brandenburg, Urteil vom 9.9.2009, Az. 2 S 6/09, Rn. 15, wonach eine Einzelfallprüfung gefordert wird.

> In der Praxis wird die Gemeinde allergrößte Vorsicht walten lassen müssen, will sie mit der eigenen Planung die Konzentrationszonen des Regionalplans reduzieren.

II. Abweichen von der Regionalplanung

302 Will eine Gemeinde von der Regionalplanung entgegen § 1 Abs. 4 BauGB abweichen, gibt es zwei Möglichkeiten.

- Die Gemeinde kann zum einen ein Verfahren zur **Änderung des Regionalplans** nach § 7 Abs. 7 ROG anstreben, was in der Praxis eher wenig Erfolg versprechend wird.
- Zum anderen kann sie ein **Zielabweichungsverfahren** gemäß § 6 Abs. 2 OG beantragen. Eine Anpassung der Regionalplanung an die Bauleitplanung im Wege der Zielabweichung setzt aber voraus, dass die Grundzüge der (Regional-)Planung nicht berührt werden.[322]

5. Kapitel   Flächennutzungsplan

303 Der **Planvorbehalt** des § 35 Abs. 3 Satz 3 BauGB kann auch durch **Darstellungen eines Flächennutzungsplans** erreicht werden. In § 35 Abs. 3 Satz 3 BauGB heißt es:

> „Öffentliche Belange stehen einem Vorhaben nach Absatz 1 Nr. 2 bis 6 in der Regel auch dann entgegen, soweit hierfür durch **Darstellungen im Flächennutzungsplan** oder als Ziele der Raumordnung eine Ausweisung an anderer Stelle erfolgt ist."

304 Auf den ersten Blick stellt sich die Frage, welchen Sinn es für die Gemeinde hat, neben einem bereits bestehenden Regionalplan mit Ausschlusswirkung **zusätzlich einen Flächennutzungsplan mit derselben Wirkung** aufzustellen. Hierfür kann es mehrere Gründe geben.

305 Ein Grund für einen zusätzlichen Flächennutzungsplan kann sein, den **Spielraum** auszunutzen, den das **Anpassungsgebot** an die Regionalplanung nach § 1 Abs. 4 BauGB in Verbindung mit der konkreten Regionalplanung lässt (vgl. hierzu 4. Kapitel). Die Gemeinde wird dann mit dem Flächennutzungsplan den gegebenenfalls bestehenden inhaltlichen Konkretisierungsspielraum nutzen und die Bindungen des Regionalplans auch räumlich schärfer konkretisieren.

306 Eine doppelte Steuerung durch Flächennutzungsplan und Regionalplan kann darüberhinaus auch dann Sinn ergeben, wenn **eine Steuerungsebene**

---
322 Hierzu Mitschang, BauR 2013, S. 29, 38.

„ausfällt". Gerade mit Blick auf die nicht seltene Aufhebung von Regionalplänen durch die Gerichte bietet ein paralleler Flächennutzungsplan die Möglichkeit, jedenfalls für dieses Gebiet die steuernde Wirkung des Planvorbehalts i. S. v. § 35 Abs. 3 Satz 3 BauGB aufrecht zu erhalten.[323]

307 Soweit es bislang an einem Regionalplan mit Ausschlusswirkung fehlt, kann die Aufstellung eines Flächennutzungsplans mit derselben Wirkung aus einem weiteren Grund Sinn ergeben. Verfügt die Gemeinde über einen Flächennutzungsplan mit Ausschlusswirkung, muss der **Planungsträger der Regionalplanung** bei der Aufstellung seines Regionalplans die gemeindliche Planung „vor Ort" nach § 1 Abs. 4 ROG („**Gegenstromprinzip**") berücksichtigen und die öffentlichen Belange des Flächennutzungsplans nach § 7 Abs. 2 ROG abwägen.[324]

I. Arten von Flächennutzungsplänen

308 Zunächst kann ein **Flächennutzungsplan** nach § 5 Abs. 1 Satz 1 BauGB für das „**gesamte Gemeindegebiet**" auch die Windenergienutzung steuern, in dem er den Anforderungen des Planvorbehalts nach § 35 Abs. 3 Satz 3 BauGB gerecht wird.

309 Daneben kann dies auch durch einen **sachlichen Teilflächennutzungsplan** i. S. v. § 5 Abs. 2b BauGB für das gesamte Gemeindegebiet – aber nur in Bezug auf die Regelung der Windenergienutzung – bewirkt werden.[325] Dies hat den Vorteil, den Flächennutzungsplan nicht insgesamt neu aufstellen zu müssen.[326]

310 Möglich ist nach § 5 Abs. 2b Halbsatz 2 BauGB auch die Aufstellung eines **sachlichen Teilflächennutzungsplans** für „**Teile des Gemeindegebiets**". Das erforderliche schlüssige gesamträumliche Konzept bezieht sich dann auf das Gebiet dieses räumlich eingeschränkten Teilflächennutzungsplans; es muss sich nicht auf das gesamte Gemeindegebiet erstrecken. Die begünstigende wie auch die beschränkende Wirkung von § 35 Abs. 3 Satz 3 BauGB gilt damit nur für den Geltungsbereich des räumlich beschränkten Teilflächennutzungsplans.[327]

---

323 Vgl. zu diesem Aspekt, Mitschang, BauR 2013, 29, 37.
324 Vgl. hierzu Mitschang/Schwarz/Kluge, UPR 2012, 401, 404.
325 Gierke, in: Brügelmann, BauGB, § 5, Rn. 207c.
326 Vgl. hierzu Söfker, in: Ernst/Zinkahn/Bielenberg/Krautzberger, BauGB, § 5, Rn. 62 f.
327 Scheidler, GewArch Beilage WiVerw Nr. 03/2011, S. 117, 141 f; Gierke, in: Brügelmann, BauGB, § 1, Rn. 207k; Söfker, in: Ernst/Zinkahn/Bielenberg/Krautzberger, BauGB, § 5, Rn. 62h.

II. Anforderungen an den Flächennutzungsplan

Der Flächennutzungsplan schafft mit der steuernden Wirkung des Planvorbehalts § 35 Abs. 3 Satz 3 BauGB **verbindliches Außenrecht**[328] und bleibt dennoch ein vorbereitender Bauleitplan, für den dieselben inhaltlichen und verfahrensrechtlichen Anforderungen gelten, die allgemein für Flächennutzungspläne gelten.[329] **311**

Die **inhaltlichen Anforderungen** an den Flächennutzungsplan mit Ausschlusswirkung wurden bereits übergreifend für Regionalplanung und Flächennutzungsplanung im 2. Kapitel behandelt. Hierzu gehört auch, dass der Plangeber ein **schlüssiges gesamträumliches Konzept**[330] entwickelt, welches der Windenergienutzung die erforderliche Substanzialität verleiht.[331] Die Anforderungen des Anpassungsgebots nach § 1 Abs. 4 BauGB an die Vorgaben der Regionalplan wurden bereits im 4. Kapitel dargestellt. **312**

III. Darstellungen im Flächennutzungsplan

Die Möglichkeiten von **Darstellungen im Flächennutzungsplan** nach § 5 BauGB sind nicht begrenzt. Bei der Nennung von Darstellungen in § 5 Abs. 2 BauGB handelt es sich **nicht um einen abschließenden Katalog an Darstellungsmöglichkeiten**. Der Plangeber hat die Möglichkeit, weitere Darstellungen zu entwickeln.[332] **313**

1. Darstellung von Bauflächen und Baugebieten

Dies gilt zunächst für die **Darstellung** von **Bauflächen** und **Baugebieten** i. S. v. § 5 Abs. 2 Nr. 1 BauGB, die in der Praxis häufig als *„Konzentrationszonen"* bezeichnet werden. In der Praxis ebenfalls verbreitet sind – offensichtlich in Anlehnung an die Regionalplanung – *„Eignungsgebiete"*, *„Vorranggebiete"* und *„Vorrangzonen"*.[333] Hierbei muss der Plangeber aber sicherstellen, dass auch bei solchen Darstellungen die Rechtswirkung des § 35 Abs. 3 Satz 3 BauGB ausgelöst werden soll. Es empfiehlt sich insoweit eine **Klarstellung in einer textlichen Festsetzung**. Zumindest muss eine solche Absicht des Plangebers aus der Begründung des Flächennutzungsplans deutlich werden.[334] **314**

Neben der Darstellung von Baugebieten und Bauflächen, in denen die Windenergienutzung zulässig ist, ist ferner die **Darstellung von Anlagen,** **315**

---

328 Scheidler, GewArch Beilage WiVerw Nr. 03/2011, S. 117, 139.
329 Vgl. Gatz, Rn. 52.
330 Vgl. nur BVerwG, Beschluss vom 15.9.2009, Az. 4 BN 25/09.
331 Vgl. nur BVerwG, Urteil vom 11.4.2013, Az. 4 VN 2/12.
332 Mitschang, BauR 2013, Seite 29, 40.
333 Gatz, Rn. 111.
334 Vgl. BVerwG, Urteil vom 6.10.1989, Az. 4 C 28/86, Rn. 16.

Einrichtungen und sonstigen Maßnahmen i. S. v. § 5 Abs. 2 Nr. 2b BauGB, die dem Klimawandel entgegen wirken, und von **Flächen für Versorgungsanlagen** i. S. v. § 5 Abs. 2 Nr. 4 BauGB möglich.[335]

2. Sonstige Darstellungsmöglichkeiten

316 Daneben können noch weitere Darstellungen gemäß § 5 Abs. 2 BauGB gewählt werden, so etwa die Darstellung von **Flächen für Nutzungsbeschränkungen oder für Vorkehrungen zum Schutz gegen schädliche Umwelteinwirkungen** i. S. d. BImSchG, i. S. v. § 5 Abs. 2 Nr. 6 BauGB[336] oder von **Flächen für Ausgleichsmaßnahmen** i. S. v. § 5 Abs. 2a BauGB.

317 Dem Plangeber verbleiben darüber hinaus weitere Darstellungsmöglichkeiten. Begrenzt werden diese Möglichkeiten allerdings durch den Festsetzungskatalog des § 9 Abs. 1 BauGB. So sind nach der Rspr. **Darstellungen im Flächennutzungsplan unzulässig**, die **nicht Gegenstand einer Festsetzung im Bebauungsplan sein können**.[337] Der Gedanke, der dieser Rspr. zu Grunde liegt, zielt dahin, dass der Bebauungsplan mit seinen Planungsinstrumenten das umsetzen können muss, was der Flächennutzungsplan vorgibt.

318 Weiter sind die in § 5 Abs. 2 BauGB grundsätzlich nicht abschließend geregelten Darstellungsmöglichkeiten begrenzt, als dass der **Flächennutzungsplan nicht so detailliert** sein darf, dass er den Bebauungsplan ersetzt.[338] Daraus ergibt sich, dass **konkrete Standortvorgaben** für einzelne Windenergieanlagen **nicht im Flächennutzungsplan dargestellt werden können**.[339]

319 a) **Höhe der Anlagen.** Die **Höhe der Windenergieanlagen** darf im Flächennutzungsplan dargestellt werden.[340] Dies ergibt sich aus § 5 Abs. 2 Nr. 1 BauGB („allgemeines Maß der baulichen Nutzung") in Verbindung mit § 16 Abs. 1 BauNVO, wonach für die Darstellung des allgemeinen Maßes der baulichen Nutzung im Flächennutzungsplan die Angabe der Höhe baulicher Anlagen genügt.

320 Will die Gemeinde von einer solchen Darstellung Gebrauch machen – die dann für die gesamte Baufläche oder das Baugebiet gilt –, muss sie im Rahmen der **Abwägung** die mit einer solchen Einschränkung verbundenen Einbußen der Windenergiebetreiber im Blick haben und die betroffenen wirtschaftlichen Belange angemessen gegen die Belange des Landschaftsbildes abwägen.[341]

---

335 Mitschang, BauR 2013, S. 29, 40.
336 Vgl. hierzu näher Gatz, Rn. 119 ff.
337 BVerwG, Urteil vom 18.8.2005, Az. 4 C 13/04, Rn. 28.
338 BVerwG, Urteil vom 18.8.2005, Az. 4 C 13/04; Rn. 33.
339 Gatz, Rn. 112.
340 OVG Münster, Urteil vom 4.7.2010, Az. 10 D 47/10.NE, Rn. 50.
341 Vgl. hierzu näher Gatz, Rn. 113.

> Der Plangeber muss bei der Darstellung einer Höhenbegrenzung in die
> Abwägung einstellen, ob die Konzentrationszone auch nach einer entsprechenden Höhen-Beschränkung noch wirtschaftlich sinnvoll genutzt werden kann.[342]

b) Festschreibung eines gleichen Anlagentyps. Dagegen ist **unzulässig**, im Flächennutzungsplan darzustellen, dass nur **Windenergieanlagen gleichen Typs**, gleicher Höhe oder gleicher Gestalt zulässig sind. Die Vorgabe, dass nur Anlagen gleichen Typs zu errichten sind, scheitert regelmäßig an der erforderlichen Bestimmtheit.[343] Für die Vorgabe gleicher Höhe fehlt es an einer Rechtsgrundlage, da § 16 Abs. 1 BauNVO zwar Höchstwerte, nicht aber zwingende Höhenwerte zulässt.[344] Alle Vorgaben sind auch deswegen unzulässig, weil durch sie ein „Windhundrennen" in Gang gesetzt wird, in dem der erste Vorhabenträger bestimmt, welche Anlagen zulässig sind.[345]

IV. Sicherung der Planung

Abschließend soll noch auf das **Instrument der Plansicherung** eines Flächennutzungsplanentwurfs nach § 15 Abs. 3 BauGB eingegangen werden.

Nach § 15 Abs. 3 Satz 1 BauGB hat die Baugenehmigungsbehörde auf Antrag der Gemeinde einen **Genehmigungsantrag** für die Zulassung unter anderem von Windenergieanlagen für einen Zeitraum von bis zu längstens einem Jahr **zurückzustellen**, wenn die Gemeinde beschlossen hat, einen Flächennutzungsplan mit der Rechtswirkung des § 35 Abs. 3 Satz 3 BauGB aufzustellen, zu ergänzen oder zu aufzuheben und zu befürchten ist, dass die Durchführung der Planung durch das Vorhaben unmöglich gemacht oder wesentlich erschwert würde.

Mit dem Sicherungsinstrument der **Zurückstellung von Baugesuchen** bei Aufstellung von Flächennutzungsplänen mit der Rechtswirkung von § 35 Abs. 3 Satz 3 BauGB sind zwei wesentliche Rechtsfragen angesprochen. Dabei handelt es sich zum einen um die Frage, ob § 15 Abs. 3 BauGB auch auf **immissionsschutzrechtliche Genehmigungsverfahren Anwendung** findet. Zum anderen geht es um die **inhaltlichen Anforderungen an ein sicherungsfähiges Plankonzept**.

---

342 OVG Münster, Urteil vom 27.5.2004, Az. 7a D 55/03.NE, Leitsatz 2.
343 Gatz, Rn. 116.
344 Gatz, Rn. 115 ff.
345 OVG Lüneburg, Urteil vom 29.1.2004, Az. 1 KN 321/02; Rn. 64.

1. Anwendbarkeit auf Genehmigungsverfahren nach dem Bundes-Immissionsschutzgesetz

325 Eine wesentliche Frage ist zunächst, ob § 15 Abs. 3 BauGB auch auf immissionsschutzrechtliche Genehmigungsverfahren Anwendung findet. Dies könnte insoweit zweifelhaft sein, weil § 15 Abs. 3 Satz 1 BauGB nur die Baugenehmigungsbehörde nennt. Sollte dies nicht der Fall sein, würde § 15 Abs. 3 BauGB nur in Baugenehmigungsverfahren und im Fall der Windenergienutzung damit nur für Genehmigungsverfahren für Anlagen bis zu einer Gesamthöhe von 50 Metern gelten,[346] mit der Folge, dass für § 15 Abs. 3 BauGB in der Praxis ein nur geringer Anwendungsspielraum verbliebe.

326 Nach der überwiegenden Rspr.[347] und Literatur[348] wird angenommen, dass § 15 Abs. 3 BauGB auf **immissionsschutzrechtliche Genehmigungsverfahren** zumindest **analog anzuwenden** ist. Allerdings stellt sich die Frage insoweit verschärft, als § 15 Abs. 3 BauGB durch das **BauGB-Änderungsgesetz 2013** um einen Satz 4 – die Regelung zur Verlängerung der Zurückstellung – ergänzt wurde und damit erneut geprüft werden muss, ob für eine analoge Anwendung die **erforderliche planwidrige Regelungslücke** noch besteht oder ob der Gesetzgeber mit der Novelle nicht vielmehr klargestellt hat, dass es sich um eine planmäßige Regelungslücke handelt, so dass eine entsprechende Anwendung von § 15 Abs. 3 BauGB auf immissionsschutzrechtliche Verfahren ausgeschlossen wäre.[349]

327 Die **überwiegende obergerichtliche Rspr.** kommt dabei zu dem Schluss, dass es sich auch nach Inkrafttreten des BauGB-Änderungsgesetzes von 2013 weiter um eine **planwidrige Regelungslücke** handelt, so dass § 15 Abs. 3 BauGB nach wie vor auf immissionsschutzrechtliche Verfahren angewendet werden kann. Zur Begründung wird angeführt, dass die Klarstellung hinsichtlich der Anwendbarkeit der Regelung auf immissionsschutzrechtliche Verfahren versehentlich unterblieben ist. So sei die Vorschrift zur Verlängerung der Zurückstellung in § 15 Abs. 3 Satz 4 BauGB auf Vorschlag des Bundesrats aufgenommen worden. Dass die gesamte Vorschrift des § 15 Abs. 3 BauGB auf ihren Änderungsbedarf hin untersucht worden sei, könne den Gesetzesmaterialien nicht entnommen

---

346 Vgl. § 2 i. V. m. Anhang Ziffer 1.6 Spalte 2 der 4. BImSchV.
347 OVG Münster, Beschluss vom 18.12.2014, Az. 8 B 646/14, Rn. 4; Beschluss vom 11.3.2014, Az. 8 B 1339/13, Rn. 4; VGH München, Beschluss vom 5.12.2013, Az. 22 CS 13.1757, Rn. 19; Beschluss vom 24.10.2013, Az. 22 CS 13.1775, Rn. 18; OVG Koblenz, Beschluss vom 22.11.2006, Az. 8 B 11378/06, Rn. 7 ff.
348 Rieger, ZfBR 2012, 430, 432; Scheidler, GewArch Beilage WiVerw Nr. 3/2011, 117, 158; Ders., ZfBR 2012, 123, 124; Frey/Bruckert, BauR 2015, 201, 205 f.; Raschke, ZfBR 2015, 119, 120; a. A. Hinsch, NVwZ 2007, 770, 772.
349 Vgl. hierzu OVG Münster, Beschluss vom 18.12.2014, Az. 8 B 646/14, Rn. 4.

werden.³⁵⁰ Gegen die entsprechende Anwendbarkeit spreche auch nicht die Konzentrationswirkung des § 13 BImSchG. Danach gelte nur das BImSchG-Verfahrensrecht, nicht aber das Verfahrensrecht für die Genehmigungen, die in die BImSchG-Genehmigung eingeschlossenen sind (z. B. Landesbauordnung bei Baugenehmigungen). Denn § 15 Abs. 3 BauGB sei keine Verfahrensvorschrift im engeren Sinne, sondern ein verfahrensbezogener Annex zur materiellen Regelung der Sicherung der Planungshoheit, so dass § 15 Abs. 3 BauGB auch im immissionsschutzrechtlichen Verfahren Anwendung finden könne.³⁵¹

328 Allerdings bleibt auch darauf hinzuweisen, dass das **OVG Berlin-Brandenburg** eine entsprechende **Anwendung des § 15 Abs. 3 BauGB** auf immissionsschutzrechtliche Verfahren **offengelassen** hat – präziser: im Eilverfahren als *„nicht offensichtlich rechtmäßig"* – angesehen hat.³⁵² Das OVG Berlin-Brandenburg zweifelt zumindest daran, ob nicht doch die Konzentrationswirkung des § 13 BImSchG die Anwendung des Verfahrensrechts des § 15 Abs. 3 BauGB in immissionsschutzrechtlichen Verfahren sperrt.³⁵³

329 Allerdings ist der **überwiegenden Rspr. der Obergerichte zu folgen**. Es hat keinen Sinn, weshalb der Gesetzgeber die Zurückstellung von Anträgen bei solchen Windenergieanlagen zulassen will, die nicht dem BImSchG-Genehmigungsrecht unterliegen und folglich mit ihrer Gesamthöhe niedriger als 50 Meter sind, dies aber für höhere Anlagen ausschließen möchte. Denn gerade bei den heute weit überwiegend vertretenen höheren Anlagen besteht der Bedarf einer Steuerung durch den Planvorbehalt – und damit auch der entsprechenden Sicherung.

2. Materielle Anforderungen an die Zurückstellung

330 Weiter umstritten ist, welche **Anforderungen an eine sicherungsfähige Planung** bestehen. Eine Diskussion hierüber ist vor allem wegen der bayerischen Rspr.³⁵⁴ entstanden.

331 Wie bei den übrigen Plansicherungsinstrumenten nach § 14 und § 15 Abs. 1 BauGB darf nur eine solche Planung gesichert werden, die **hinreichend konkretisiert** ist und sich **nicht nur als reine Negativplanung** dar-

---

350 OVG Münster, Beschluss vom 18.12.2014, Az. 8 B 646/14, Rn. 4 ff; so im Ergebnis auch VGH München, Urteil vom 5.12.2013, Az. 22 CS 13.1757, Rn. 19.
351 OVG Koblenz, Beschluss vom 22.11.2006, Az. 8 B 11378/06, Rn. 7 ff.
352 OVG Berlin-Brandenburg, Beschluss vom 15.9.2006, Az. 11 S 57/06, Rn. 4 ff.
353 OVG Berlin-Brandenburg, Beschluss vom 15.9.2006, Az. 11 S 57/06, Rn. 6.
354 VGH München, Beschluss vom 22.3.2012, Az. 22 CS 12.349/22 CS 12.356, Rn. 10; Beschluss vom 20.4.2012, Az. 22 CS 12.310, Rn. 16; Beschluss vom 16.7.2012, Az. 1 CS 12.830, Rn. 13; Beschluss vom 21.1.2013, Az. 22 CS 12.2297, Rn. 22; Beschluss vom 24.10.2013, Az. 24.10.2013, Rn. 19.

stellt.[355] Der Mindestinhalt der Planung ist dabei in § 15 Abs. 3 Satz 1 BauGB bereits gesetzlich vorgezeichnet.

> So muss die Planung darauf abstellen, privilegierte Außenbereichsvorhaben wie die Windenergienutzung darzustellen, verbunden mit dem Ziel, sie an anderer Stelle auszuschließen und damit die Rechtswirkung des § 35 Abs. 3 Satz 3 BauGB herbeizuführen.[356]

332 An einer sicherungsfähigen Planung fehlt es dagegen, wenn die Gemeinde erst prüfen will, ob Darstellungen i. S. v. § 35 Abs. 3 Satz 3 BauGB in Betracht kommen.[357]

333 Der **VGH München** will es bei diesen Anforderungen – wie sie allgemein für Plansicherungsinstrumente gelten – nicht bewenden lassen. So fordert das Gericht, im **Zeitpunkt der Zurückstellung** müsse **absehbar** sein, dass die Windenergienutzung im Wege der Konzentrationsplanung *„in substanzieller Weise Raum gegeben werden soll"*.[358] Dies legt nahe, dass bereits im Aufstellungsbeschluss ein Konzept mit der Festlegung der harten und weichen Tabuzonen enthalten sein muss, damit eingeschätzt werden kann, ob der Windenergienutzung im weiteren Planungsverfahren voraussichtlich substanziell Raum eingeräumt wird.

334 Die Anforderungen des VGH München **überdehnen jedoch die Anforderungen an eine konkretisierte, sicherungsbedürftige Planung.** Denn der Planungsprozess zielt auf ein rechtmäßiges Planungsergebnis ab, was nicht bedeutet, dass in jedem Planungsstadium der jeweilige Planungsstand rechtmäßig sein muss.[359] Auch kann nicht schon im Zeitpunkt des Aufstellungsbeschlusses verlangt werden, dass bereits konkrete Vorstellungen darüber bestehen, welche Flächen als Konzentrationsflächen in Betracht kommen und welche nicht. Dies würde dem Charakter eines Planaufstellungsverfahrens zuwiderlaufen, den Flächennutzungsplan unter Beachtung des Abwägungsgebots erst noch zu erarbeiten.[360]

335 Aus diesen Gründen ist die Rspr. des **VGH München** zu den inhaltlichen Anforderungen an die Planungsabsichten **abzulehnen.** Denn sie würde darauf hinauslaufen, dass die Gemeinde bereits mit ihrem Aufstellungsbeschluss einen fast fertigen Flächennutzungsplanentwurf vorlegen müsste.

---

355 Schmidt-Eichstaedt, in: Brügelmann, BauGB, § 15, Rn. 77.
356 Scheidler, ZfBR 2012, 123, 125.
357 Stock, in: Ernst/Zinkahn/Bielenberg/Krautzberger, BauGB, § 15, Rn. 71j.
358 VGH München, Beschluss vom 20.4.2012, Az. 22 CS 12.310, Rn. 16; Beschluss vom 21.1.2013, Az. 22 CS 12.2297, Rn. 22.
359 Schmidt-Eichstaedt, in: Brügelmann, BauGB, § 15, Rn. 77.
360 VG Stade, Beschluss vom 2.6.2008, Az. 2 B 475/08, Rn. 23; so auch Scheidler, ZfBR 2012, 123, 125.

3. Verlängerung der Zurückstellung

336 Nach § 15 Abs. 3 Satz 4 BauGB kann die Baugenehmigungsbehörde auf Antrag der Gemeinde die Zurückstellung um **höchstens ein weiteres Jahr aussetzen**, wenn besondere Umstände dies erfordern.

337 Nach der Rspr. soll das Erfordernis der „**besonderen Umstände**" identisch mit der Formulierung in § 17 Abs. 2 BauGB sein.[361] Danach ist ein Planungsverfahren durch besondere Umstände gekennzeichnet, wenn es sich von dem allgemeinen Rahmen der üblichen städtebaulichen Planungstätigkeit wesentlich abhebt. Dies ist der Fall, wenn das Planungsverfahren Besonderheiten des Umfangs, des Schwierigkeitsgrades oder des Verfahrensablaufs aufweist.[362] Auch im Rahmen des § 15 Abs. 3 BauGB sollen Vergleichsmaßstab hierfür die allgemeinen städtebaulichen Planungen und nicht nur andere Planungen für Konzentrationsflächen sein.[363]

6. Kapitel Bebauungsplan

338 Die planerische Steuerung durch einen Regionalplan und/oder Flächennutzungsplan bietet mit dem Planvorbehalt nach § 35 Abs. 3 Satz 3 BauGB die Möglichkeit, Windenergieanlagen außerhalb von Konzentrationszonen auszuschließen. Der **Bebauungsplan** ermöglicht diese **Ausschlusswirkung nicht**.

339 Allerdings kann die Gemeinde mit Hilfe des Bebauungsplans innerhalb seines Plangebiets eine **Feinsteuerung** vornehmen. Unter Wahrung des Entwicklungsgebots nach § 8 Abs. 2 BauGB darf die Gemeinde durch Bebauungsplan z. B. die **Anlagenhöhe** begrenzen oder **einzelne Standorte** für die Anlagen festsetzen,[364] was durch Regionalplan oder Flächennutzungsplan in der Regel nicht möglich ist.[365] Gerade die Festsetzung von Standorten kann für den Schutz der Belange des Orts- und Landschaftsbildes oder des vorsorgenden Lärmschutzes von großer Bedeutung sein.[366]

---

361 OVG Münster, Beschluss vom 25.11.2014, Rn. 9 f.; OVG Saarland, Beschluss vom 25.7.2014, Az. 2 B 288/14, Rn. 26; einschränkend Stock, in: Ernst/Zinkahn/Bielenberg/Krautzberger, BauGB, § 15, Rn. 71j
362 Vgl. Frey/Bruckert, BauR 2015, 201, 208.
363 OVG Münster, Beschluss vom 25.11.2014, Rn. 11; für den Vergleichsmaßstab der Konzentrationsflächenplanung Rieger, ZfBR 2014, 535, 537.
364 BVerwG, Beschluss vom 27.11.2003, Az. 4 BN 61/03, Rn. 8; OVG Berlin-Brandenburg, Urteil vom 25.2.2011, Az. 2 A 18/07, Rn. 36.
365 Schmidt-Eichstaedt, LKV 2012, 49.
366 Vgl. Söker, in: Ernst/Zinkahn/Bielenberg/Krautzberger, § 35, Rn. 123.

I. Abwägung

340 Mit Blick auf die Planungspraxis erscheint geboten, auf die Anforderungen der Abwägung **entgegengesetzter privater Belange** von Eigentümern bzw. Vorhabenträgern im Bebauungsplan einzugehen. So neigen manche Gemeinden dazu, die Standorte für die Windenergienutzung in einem Bebauungsplan in erster Linie **anhand des Konzepts eines Vorhabenträgers** festzusetzen, wobei Standorte für **Konkurrenten** außer Betracht bleiben, obwohl diese im Plangebiet ebenfalls Nutzungsverträge mit Grundstückseigentümern abgeschlossen haben und Windenergieanlagen errichten wollen.

341 Ein solches Vorgehen kann dazu führen, dass im schlimmsten Falle ein **Abwägungsausfall** vorliegen kann. Es kann jedenfalls sein, dass die privaten Belange untereinander fehlgewichtet und **fehlerhaft abgewogen** werden.[367] So liegt regelmäßig ein Abwägungsausfall vor, wenn sich die Gemeinde an die Vorgaben eines bestimmten Vorhabenträgers gebunden sieht.[368]

342 Eine solche Selbstbindung der Gemeinde ist nur dann zulässig, wenn die **Vorwegnahme einer Entscheidung sachlich gerechtfertigt** ist. Eine sachliche Rechtfertigung ist vor allem dann erforderlich, wenn ein weiterer Vorhabenträger Interesse an der Ausweisung anderer Standorte geäußert hat, entsprechende Nutzungsverträge abgeschlossen und Genehmigungsanträge gestellt hat. Eine sachliche Rechtfertigung ergibt sich dabei nicht schon aus dem Verweis der Gemeinde, dass mehrere Vorhabenträger bzw. Interessenten nicht zur Zusammenarbeit bereit waren. Eine sachliche Rechtfertigung kann aber dann gegeben sein, wenn die Auswahlentscheidung der Gemeinde für einen Investor den **Anforderungen des Abwägungsgebots** genügt **und** sich die mit der Planung angestrebte **Ordnung und Entwicklung der Windenergienutzung im Plangebiet** nicht anders erreichen lässt.[369]

343 Unabhängig davon kann eine solche planerische „Anlehnung" an das Konzept nur eines Vorhabenträgers auch im Übrigen zu einer **Fehlerhaftigkeit der Abwägung der verschiedenen privaten Belange** führen. Zwar gewährleistet das Eigentumsgrundrecht nach Art. 14 GG nicht die einträglichste Nutzung des Eigentums, so dass es ein Eigentümer grundsätzlich hinnehmen muss, dass ihm eine rentablere Nutzung eines Grundstücks verwehrt wird.[370]

---

367 OVG Berlin-Brandenburg, Urteil vom 17.12.2010, Az. 2 A 1/09, Rn. 30 ff., 39 ff.
368 OVG Berlin-Brandenburg, Urteil vom 17.12.2010, Az. 2 A 1/09, Rn. 31.
369 OVG Berlin-Brandenburg, Urteil vom 17.12.2010, Az. 2 A 1/09, Rn. 37 f.
370 BVerwG, Urteil vom 13.2.2003, Az. 4 C 4/02, Rn. 33.

344 Allerdings sollte dies nicht so missverstanden werden, dass private Belange von einzelnen Grundstückseigentümern und nutzungsinteressierten Vorhabenträgern vernachlässigt und weggewogen werden dürfen. Das Interesse an der Windenergienutzung muss vielmehr dann als **privater Belang mit gesteigertem Gewicht** in die Abwägung eingestellt werden, wenn dem Plangeber bekannt oder erkennbar ist, dass die konkreten Nutzungsinteressen eines betroffenen Eigentümers oder Betreibers, der im Vertrauen auf die bestehende Rechtslage bereits einen Genehmigungsantrag gestellt und Aufwendungen zur Errichtung von Windenergieanlagen getroffen hat, vollständig entwertet werden.[371]

> Für die Abwägung der **privaten Belange konkurrierender Vorhabenträger** bedeutet dies, dass die Gemeinde sich mit der Ausweisung von Baufenstern **nicht einseitig am Konzept eines einzigen Vorhabenträgers ausrichten** darf. Sie muss die Nutzungsinteressen anderer Investoren vor allem dann angemessen bei der Festsetzung von Standorten berücksichtigen, wenn diese ein schützenswertes Vertrauen nachweisen können. Ein Bebauungsplan nach dem „Alles-und-Nichts"-Prinzip wird in diesem Fall regelmäßig rechtswidrig sein. Eine **angemessene, faire Aufteilung der Nutzungsmöglichkeiten** ist in diesem Fall geboten.

II. Festsetzungen

345 Als Gebietstyp für die Windenergienutzung kommt im Wesentlichen die **Festsetzung eines Sondergebiets** gemäß § 9 Abs. 1 Nr. 1 BauGB i. V. m. § 11 Abs. 2 Satz 2 BauGB für Anlagen in Betracht, die der Erforschung, Entwicklung oder Nutzung der Windenergie dienen.[372]

346 Die Gemeinde kann zudem die Standorte durch **Baugrenzen** nach § 23 Abs. 1 BauNVO genau festlegen. Dies gilt nicht nur für Baugrenzen für **Fundament und Turm,** sondern auch für Baugrenzen für die **Fläche, die von dem Rotor der Windenergieanlage überstrichen** wird. Zulässig ist auch, für Fundament und Turm sowie für die Rotor-Fläche unterschiedliche Baugrenzen festzusetzen.[373]

347 Schließlich kann nach § 16 Abs. 2 Nr. 4 BauNVO die **Höhe der Anlagen** festgesetzt werden. Dies erscheint mit Blick auf die erforderliche ordnungsgemäße Abwägung der Belange des Ortsbildes einerseits und der wirtschaftlichen Belange des Eigentümers andererseits zumindest einfacher zu rechtfertigen sein als bei einer entsprechenden Darstellung in einem Flächennutzungsplan.

---

371 OVG Berlin-Brandenburg, Urteil vom 17.12.2010, Az. 2 A 1/09, Rn. 40.
372 Hierzu näher Gatz, Rn. 188.
373 BVerwG, Urteil vom 21.10.2004, Az. 4 C 3/04, Rn. 41.

III. Sicherung der Planung

348 Auf die Instrumente der **Plansicherung** bei Aufstellung eines Bebauungsplans wird nicht näher eingegangen, da sich hier im Gegensatz zur Flächennutzungsplans **keine Besonderheiten** ergeben.

7. Kapitel Repowering

349 Unter **Repowering**[374] wird die Ersetzung älterer, oft vereinzelt stehender Windenergieanlagen durch moderne, leistungsfähigere Windenergieanlagen, vorzugsweise in Windparks, verstanden, durch welche die Landschaft „aufgeräumt" wird.[375] Hierbei sind mehrere Varianten denkbar, so etwa der Austausch einer Anlage gegen eine neue Anlage am selben Standort, der Rückbau von mehr Anlagen als neu errichteten, aber leistungsstärkeren Anlagen oder der Rückbau an der einen Stelle und der Bündelung von Anlagen an ganz anderer Stelle.[376]

350 Zur Unterstützung des Repowering wurde im Jahr 2011 die Vorschrift des § 249 BauGB eingeführt.[377] Hierdurch sollten **planungsrechtliche Unsicherheiten**[378] beseitigt werden, die beim Repowering bestehen können. Nachfolgend werden die einzelnen Regelungen in § 249 Abs. 1 bis 3 BauGB vorgestellt, die Regelungen zum Repowering (nur) im **Flächennutzungsplan** und **Bebauungsplan** zulassen.[379]

I. Zusätzliche Flächen und zusätzliches Nutzungsmaß für die Windenergienutzung

351 Die zusätzliche Ausweisung von Flächen für die Windenergienutzung ist in § 249 Abs. 1 BauGB geregelt. § 249 Abs. 1 Satz 1 BauGB stellt klar, dass aus der **Darstellung zusätzlicher Flächen** für die Nutzung von Windenergie im Flächennutzungsplan **nicht folgt,** dass die vorhandenen Darstellungen des Flächennutzungsplan zur Erzielung der Rechtswirkungen des § 35 Abs. 3 Satz 3 BauGB nicht ausreichend sind. Nach § 249 Abs. 1 Satz 2 BauGB gilt dies entsprechend auch bei der Änderung oder der Auf-

---
374 Vgl. hierzu Köck, ZUR 2010, 507, 510 f.
375 BT-Drs. 17/6076, S. 6.
376 Vgl. Mitschang, BauR 2013, 29, 41.
377 Gesetz zur Förderung des Klimaschutzes bei der Entwicklung in den Städten und Gemeinden vom 22. Juli 2011 (BGBl. I S. 1509).
378 BT-Drs. 17/6076, S. 12 f.
379 Eine Ermächtigungsregelung für Repowering-Regelungen im Regionalplan gibt es (jedenfalls nach Bundesrecht) nicht, Abweichungen im Landesraumordnungsrecht sind dagegen zulässig, so Albrecht/Zschiegner, UPR 2015, 128, 131; für die allgemeine Zulässigkeit solcher Regelungen im Regionalplan Schmidt-Eichstaedt, ZfBR 2013, 639, 642; Otto, UPR 2015, 244, 248.

hebung von **Darstellungen zum Maß der baulichen Nutzung.** Schließlich bestimmt § 249 Abs. 1 Satz 3 BauGB, dass die vorgenannten Regelungen entsprechend auch für **Bebauungspläne** gelten.

1. Zusätzliche Flächen im Flächennutzungsplan (§ 249 Abs. 1 Satz 1 BauGB)

Die Vorschrift in § 249 Abs. 1 Satz 1 BauGB geht davon aus, dass im Rahmen des Repowerings **zusätzliche Flächen im Flächennutzungsplan** ausgewiesen werden sollen. Die Vorschrift setzt dabei voraus, dass es bereits einen Flächennutzungsplan gibt, dem die Ausschlusswirkung nach § 35 Abs. 3 Satz 3 BauGB zukommt. **352**

Soweit der Plangeber in diesem Zusammenhang zusätzliche Flächen für die Windenergienutzung ausweist – wovon auch der Verzicht auf alte Standorte umfasst sein kann, solange nur wegen der zusätzlichen Ausweisung die Gesamtflächenbilanz positiv ist[380] –, könnte **zweifelhaft** sein, ob der bisherige Flächennutzungsplan mit der Rechtswirkung des § 35 Abs. 3 Satz 3 BauGB inhaltlich überhaupt der Windenergie **substanziell Raum verschafft** hat. Mit anderen Worten: Die Ausweisung neuer Flächen durch Repowering könnte das Eingeständnis des Plangebers sein, dass der bisherige Flächennutzungsplan den Anforderungen an die Substanzialität nicht gerecht worden ist.[381] Diese Unsicherheit soll § 249 Abs. 1 Satz 1 BauGB beseitigen. **353**

In diesem Sinn streitet sich die Literatur, ob es sich bei § 249 Abs. 1 Satz 1 BauGB um eine **Vermutung**[382] dahin gehend handelt, dass auch der bisherige Flächennutzungsplan der Windenergie substanziell Raum verschafft hat, oder ob es sich hierbei sogar um eine **gesetzliche Fiktion**[383] handelt. **354**

Dieser Streit kann aber dahin gestellt bleiben. Die Literatur ist sich insoweit einig, dass die Regelung in § 249 Abs. 1 Satz 1 BauGB **nicht** dazu führt, dass sich der Plangeber völlig sicher sein kann, dass die bisherige Planung bei zusätzlicher Ausweisung von Flächen in keinem Fall noch einmal der Prüfung unterzogen werden muss. So soll § 249 Abs. 1 Satz 1 BauGB zunächst einmal dafür sorgen, dass der bisherige Flächennutzungsplan bei zusätzlicher Ausweisung von Flächen **nicht automatisch und ohne nähere Prüfung in Frage gestellt** wird.[384] **355**

Allerdings ist die **Gemeinde** auch bei Berufung auf § 249 Abs. 1 Satz 1 BauGB dazu **aufgefordert**, im Rahmen des Abwägungsgebots bei Neuaus- **356**

---
380 So Battis/Krautzberger/Mitschang/Reidt, NVwZ 2011, 897, 903.
381 Vgl. Mitschang, BauR 2013, 29, 43.
382 So Mitschang, BauR 2013, 29, 43; Battis/Krautzberger/Mitschang/Reidt, NVwZ 2011, 897, 903; so wohl auch Scheidler, UPR 2012, 411, 414; die (schwächere Wirkung der) Vermutung ablehnend wie auch die Fiktion Gatz, S. 205, Rn. 502.
383 Roeser, in: Berliner Kommentar zum BauGB, § 249, Rn. 4.
384 Gatz, Rn. 502.

weisung von Flächen im Einzelfall **die Abwägung der bisherigen Konzentrationszonen zu prüfen**.[385] Werden dabei Abwägungsfehler aufgedeckt, kann § 249 Abs. 1 Satz 1 BauGB nicht weiterhelfen.[386] Auch wird vertreten, dass die zusätzlichen Flächen **allenfalls in Potenzialflächen**, nicht aber in weichen Tabuzonen liegen dürfen, weil die Gemeinde ansonsten ihr schlüssiges, gesamträumliches Konzept in Frage stellen würde und damit eine neue Gesamtabwägung zwingend erforderlich wird.[387]

> Daraus folgt letztlich eine **Prüfpflicht**, inwieweit einerseits in das schlüssige gesamträumliche Konzept der Ursprungsplanung eingegriffen wird und andererseits dem **Substanzialitäts-Merkmal** noch Rechnung getragen ist.[388] Soweit die konzeptionellen Grundlagen des bisherigen Plans durch die Änderungen verlassen werden oder sich herausstellt, dass der bisherige Plan der Windenergie nicht substanziell Raum verschafft hat, sollte die Gemeinde ein **grundlegend neues Konzept** erarbeiten.[389]

2. Änderung des Nutzungsmaßes im Flächennutzungsplan (§ 249 Abs. 1 Satz 2 BauGB)

357 Die Regelung in § 249 Abs. 1 Satz 1 BauGB wird nach § 249 Abs. 1 Satz 2 BauGB auch auf die Änderung oder Aufhebung von **Darstellungen zum Maß der baulichen Nutzung** erstreckt. Damit wird es bei Windenergieanlagen regelmäßig nur um die Höhe der zu errichtenden Masten gehen.[390] Die rechtlichen Bedenken zu § 249 Abs. 1 Satz 1 BauGB sollen nach der Literatur auch für § 249 Abs. 1 Satz 2 BauGB gelten. So sollte das Gesamtkonzept auch bei Änderung oder Aufhebung von Darstellungen zum Maß der baulichen Nutzung überprüft werden.[391]

3. Zusätzliche Flächen oder Änderung des Nutzungsmaßes im Bebauungsplan (§ 249 Abs. 1 Satz 3 BauGB)

358 Die Regelungen zum Repowering in § 249 Abs. 1 Satz 1 und 2 BauGB gelten nach Satz 3 entsprechend auch für Bebauungspläne, die aus Flächennutzungsplänen mit Ausschlusswirkung gemäß § 35 Abs. 3 Satz 3

---

385 Fest, NVwZ 2012, 1129, 1131.
386 Gatz, Rn. 502; Schmidt-Eichstaedt, in: Brügelmann, BauGB, § 249, Rn. 5; Mitschang, BauR 2013, 29, 43; Roeser, in: Berliner Kommentar zum BauGB, § 249, Rn. 4.
387 Scheidler, UPR 2012, 411, 414.
388 Mitschang, BauR 2013, S. 29, 43.
389 Vgl. hierzu näher anhand anschaulicher Modelle Mitschang, BauR 2013, 29, 44, 47 ff.; strenger Gatz, Rn. 502, der grundsätzlich die Notwendigkeit sieht, (noch einmal) in die Abwägung der Gesamtplanung und nicht nur der zusätzlichen Flächen einzutreten; so wohl auch Roeser, in: Berliner Kommentar zum BauGB, § 249, Rn. 4.
390 Vgl. BT-Drs. 17/6076, S. 13.
391 Roeser, in: Berliner Kommentar zum BauGB, § 249, Rn. 5; zurückhaltender wohl Mitschang, BauR 2013, 29, 50.

BauGB entwickelt werden. Die **Unsicherheit** mit Blick auf den Bestand eines **Flächennutzungsplans** soll sich nicht auf die hieraus entwickelten Bebauungspläne erstrecken.[392]

II. Bedingte Baurechte (§ 249 Abs. 2 BauGB)

Daneben gibt § 249 Abs. 2 BauGB den Gemeinden die Möglichkeit, im Rahmen des Repowerings den **Rückbau von Anlagen** sicherzustellen. **359**

So fängt § 249 Abs. 2 Satz 1 und Satz 2 BauGB zunächst mit dem **Bebauungsplan** an, um diese Regelung dann in Satz 3 auch auf den **Flächennutzungsplan** zu erstrecken. **360**

1. Bedingte Baurechte im Bebauungsplan (§ 249 Abs. 2 Satz 1 und 2 BauGB)

Nach § 249 Abs. 2 Satz 1 BauGB darf in Bebauungsplänen unter Bezugnahme auf § 9 Abs. 2 Satz 1 Nr. 2 BauGB (Festsetzung unter einer aufschiebenden Bedingung) die **Festsetzung** aufgenommen werden, dass neue Windenergieanlagen nur zulässig sind, wenn sichergestellt ist, dass nach ihrer Errichtung andere im Bebauungsplan bezeichnete Anlagen innerhalb einer im Bebauungsplan zu bestimmenden angemessenen Frist **zurückgebaut** werden. **361**

Mit „Rückbau" ist nicht die Einstellung des Betriebs, sondern die **Beseitigung der Anlage** gemeint.[393] Die Sicherstellung des Rückbaus kann zum Beispiel durch eine entsprechende **Auflage im Genehmigungsbescheid** geregelt werden.[394] Hinsichtlich der Angemessenheit der Frist ist in § 249 Abs. 2 Satz 1 BauGB keine bestimmte Zeitspanne gesetzt. Mit Blick auf eine ähnliche Regelung in § 30 Abs. 2 Satz 1 EEG 2012 kann jedoch davon ausgegangen werden, dass der Rückbau **spätestens innerhalb eines halben Jahres** nach Inbetriebnahme der Anlage noch angemessen ist.[395] **362**

Weiter regelt § 249 Abs. 2 Satz 2 BauGB, dass die **Standorte der zurückbauenden Anlagen** auch außerhalb des Bebauungsplangebiets oder außerhalb des Gemeindegebiets liegen können. Soweit die Anlagen aber außerhalb des Gemeindegebiets liegen, wird ein räumlicher Zusammenhang zu den bestehenden Anlagen gefordert, weil anderenfalls dem Ziel des „Aufräumens der Landschaft" nicht mehr Genüge getan werden kann.[396] **363**

---

[392] Mitschang, BauR 2013, 29, 50.
[393] Vgl. BT-Drs. 17/6076, S. 13.
[394] Roeser, in: Berliner Kommentar zum BauGB, § 249, Rn. 8.
[395] Roeser, in: Berliner Kommentar zum BauGB, § 249, Rn. 8, so wohl auch Söfker, in: Ernst/Zinkahn/Bielenberg/Krautzberger, BauGB, § 249, Rn. 21; Scheidler, UPR 2012, 411, 417.
[396] Roeser, in: Berliner Kommentar zum BauGB, § 249, Rn. 9.

2. Bedingte Baurechte im Flächennutzungsplan (§ 249 Abs. 2 Satz 3 BauGB)

364 Die Regelung in § 249 Abs. 2 Satz 1 und 2 wird durch § 249 Abs. 2 Satz 3 BauGB auch auf **Flächennutzungspläne** erstreckt. Danach können Darstellungen eines Flächennutzungsplans mit Ausschlusswirkung mit „Bestimmungen" entsprechend den Sätzen 1 und 2 (des § 249 Abs. 2 BauGB) verbunden werden.

365 Mit der Verwendung des Begriffs „Bestimmung" wird verdeutlicht, dass es sich hierbei nicht um Darstellungen des § 5 Abs. 2 BauGB mit seinen flächenbezogenen Bodennutzungen handeln kann, da diese nicht die Rechtswirkung des § 249 Abs. 2 BauGB herbeiführen können. Erforderlich ist eine **zusätzliche „Bestimmung" im Flächennutzungsplan**, in der die zurückzubauenden Anlagen angegeben werden.[397]

8. Kapitel Planentschädigungsansprüche

366 Teilweise umstritten ist die Frage, ob und in welchen Fällen **Planentschädigungsansprüche** geltend gemacht werden können, wenn durch einen Regionalplan, einen Flächennutzungsplan oder einen Bebauungsplan Aufwendungen vergeblich oder Baurechte entzogen werden. Dabei ist zwischen dem **Anspruch nach § 39 BauGB** auf Ersatz des Vertrauensschadens und den **Anspruch nach § 42 BauGB** auf Entschädigung wegen der Änderung oder Aufhebung einer zulässigen Nutzung zu unterscheiden.

I. Ansprüche nach § 39 BauGB

367 Nach § 39 BauGB gilt, dass der Eigentümer oder in Ausübung seiner Nutzungsrechte sonstige Nutzungsberechtigte, der im **berechtigten Vertrauen** auf den **Bestand eines rechtsverbindlichen Bebauungsplans** Vorbereitungen für die Verwirklichung von Nutzungsmöglichkeiten getroffen hat, die sich aus dem Bebauungsplan ergeben, eine angemessene **Entschädigung** in Geld verlangen können, soweit die Aufwendungen durch die Änderung, Ergänzung oder Aufhebung des Bebauungsplans an Wert verlieren. Z. B. können dies Planungs- und Vorbereitungskosten für einen Bauantrag sein, die vor Änderung des Bebauungsplans entstanden sind.

368 Unstreitig ist, dass Eigentümer eine Entschädigung für ihre **frustrierten Aufwendungen** verlangen können, wenn ein **bestehendes Baurecht** in einem Bebauungsplan durch eine Änderung des Bebauungsplans reduziert

---

[397] Mitschang, BauR 2013, 29, 51; Söfker, in: Ernst/Zinkahn/Bielenberg/Krautzberger, BauGB, § 249, Rn. 24.

oder aufgehoben wird. § 39 BauGB schützt damit das Vertrauen in den Bestand der Festsetzungen des bisherigen Bebauungsplans.[398]

369 Für **Flächennutzungspläne** und **Regionalpläne** stellt sich die Frage, ob § 39 BauGB zwar nicht nach dem Wortlaut, aber analog anwendbar ist. Der klare Wortlaut von § 39 BauGB, wonach auf „rechtsverbindliche Bebauungspläne" Bezug genommen wird, lässt zunächst wenig Raum für eine entsprechende Anwendung.[399] Trotzdem wird in **Rspr. und Literatur diskutiert**, ob nicht dennoch § 39 BauGB entsprechend gilt.

370 Im Rahmen dieser Debatte ist wiederum zwischen zwei Sachverhalten zu unterscheiden: zum einen zwischen dem, dass einem Eigentümer durch die Flächennutzungs- oder Regionalplanung ein „**Standort**" **für die Windenergienutzung entzogen** wird, der zuvor **innerhalb des Vorrang- und Eignungsgebiets** lag; zum anderen der Situation, dass die neue Planung einen „Standort" entzieht, an dem die Windenergienutzung zwar als „**normales**" **Außenbereichsvorhaben** nach § 35 Abs. 1, Abs. 3 Satz 1 BauGB zulässig war, eine Ausweisung als Konzentrationszone durch einen Flächennutzungs- oder Regionalplan aber bislang fehlte.

1. Analoge Anwendung von § 39 BauGB bei Entzug eines durch eine Planung zuvor ausgewiesenen „Wind-Standorts"

371 Beim **Entzug eines durch die Planung ausgewiesenen „Wind-Standorts"** ist die analoge Anwendung von § 39 BauGB in der Literatur umstritten und in der Rspr. noch nicht abschließend geklärt.

372 So führt *Gatz* für die analoge Anwendung an, dass § 39 BauGB Ausdruck des Plangewährleistungsprinzips und damit auch des Vertrauensschutzprinzips sei.[400] Soweit der Flächennutzungsplan keine die Zulässigkeit des Vorhabens begründende Wirkung habe, sei eine entsprechende Anwendung von § 39 BauGB ausgeschlossen. Anders verhalte es sich bei **Flächennutzungsplänen mit der Rechtswirkung von § 35 Abs. 3 Satz 3 BauGB**, da sich solche Pläne unmittelbar auf die Vorhabenzulassung auswirken und bebauungsplanähnliche Wirkung entfalten würden.[401] Daher sei bei Entzug von Konzentrationszonen eines Flächennutzungsplans § 39 BauGB entsprechend anzuwenden.[402]

---

398 Runkel, in: Ernst/Zinkahn/Bielenberg/Krautzberger, BauGB, § 39, Rn. 12.
399 Vgl. Gatz, Rn. 127.
400 Gatz, Rn. 129.
401 Paetow, in: Berliner Kommentar zum BauGB, § 39, Rn. 7, vgl. hierzu BVerwG, Urteil vom 26.4.2007, Az. 4 CN 3/06, Rn. 16; Urteil vom 20.5.2010, Az. 4 C 7/09, Rn. 49.
402 Für die Flächennutzungsplanung: Gatz, Rn. 129, der sich nicht ausdrücklich zur analogen Anwendung auch im Fall der Regionalplanung äußert. So auch Paetow, in: Berliner Kommentar zum BauGB, § 39, Rn. 7.

373 Andere Stimmen in der Literatur lehnen eine analoge Anwendung von § 39 BauGB bei Entzug von Konzentrationszonen ab.[403] Zur Begründung wird ausgeführt, dass es **Sache des Gesetzgebers** sei, eine solche Ausweitung des Planschadensrechts auch auf Flächennutzungspläne (und Regionalpläne) zu erstrecken.

374 Die **Rspr.** scheint in dieser Frage **im Wandel** begriffen zu sein. Das BVerwG hat noch im Jahr 2005 die entsprechende Anwendung von § 39 BauGB auf den Fall der Aufhebung von Konzentrationsflächen in Flächennutzungsplänen mit der kurzen Begründung abgelehnt, dass § 39 BauGB einen Bebauungsplan voraussetze.[404]

375 Nunmehr scheint sich das Gericht in dieser Frage zu bewegen, was angesichts der eindeutigen Ansicht von Bundesverwaltungsrichter *Gatz* nicht verwunderlich ist. So hat das **BVerwG** im Jahr 2013 die **Revision** zur Klärung der Frage **zugelassen**, ob im Falle der Aufhebung eines durch ein regionales Raumordnungsprogramm festgesetzten Vorrangstandorts für Windenergie Entschädigungsansprüche nach § 39 BauGB und § 42 BauGB ausgelöst werden, die im Rahmen der Abwägung zu berücksichtigen sind (nur deswegen hatte das BVerwG zu entscheiden, ansonsten würde letztinstanzlich der BGH als zuständiges Gericht entscheiden, vgl. §§ 217 ff. BauGB).[405] Das könnte darauf hindeuten, dass dem BVerwG zumindest Zweifel gekommen sind, eine analoge Anwendung in solchen Fällen kategorisch auszuschließen.[406] Eine Entscheidung in dieser Sache wird nicht folgen, da die Beteiligten die Streitsache in der Hauptsache für erledigt erklärt haben.

376 Wegen der besseren Argumente der Literatur unter Hinweis auf die **Ähnlichkeit eines Flächennutzungsplans** mit Ausschlusswirkung mit einem **Bebauungsplan** und der sich möglicherweise bald ändernden Rspr. spricht überwiegendes dafür, dass der **Entzug von Standorten in Konzentrationszonen** im Flächennutzungsplan oder Regionalplan dem Eigentümer einen Planentschädigungsanspruch vermittelt und § 39 BauGB auf solche Fälle entsprechend anzuwenden ist.

2. **Analoge Anwendung von § 39 BauGB bei Entzug eines (schlicht) nach § 35 BauGB zuvor zulässigen „Wind-Standorts"**

377 Für Standorte, auf denen die Windenergienutzung nach § 35 Abs. 1 BauGB bislang zulässig ist und die nun durch die Flächennutzungspla-

---

[403] Runkel, in: Ernst/Zinkahn/Bielenberg/Krautzberger, BauGB, § 39, Rn. 19; Stüer, ZfBR 2004, 338, 341.
[404] BVerwG, Urteil vom 27.1.2005, Az. 4 C 5/04, Rn. 24.
[405] BVerwG, Beschluss vom 5.3.2013, Az. 4 B 40/12.
[406] Vgl. auch das Urteil des BVerwG vom 11.4.2013, Az. 4 CN 2/12.

nung oder Regionalplanung gesperrt werden, besteht nach herrschender Meinung **kein Raum für eine entsprechende Anwendung** von § 39 BauGB.[407]

II. Ansprüche nach § 42 BauGB

Nach § 42 Abs. 1 BauGB haben Eigentümer einen **Anspruch auf Entschädigung** in Geld nach Maßgabe weiterer Bestimmungen des § 42 BauGB, wenn die **zulässige Nutzung eines Grundstücks aufgehoben oder geändert** wird und dadurch eine nicht nur unwesentliche Wertminderung eintritt. Damit schützt § 42 BauGB nicht die Aufwendungen, die infolge des Vertrauens in eine Planung getätigt werden, sondern den **Wertverlust** des Grundstücks wegen einer Reduzierung oder Aufhebung von Baurechten. **378**

Soweit sich die zulässige Nutzung aus dem Bebauungsplan ergibt, ist § 42 BauGB ohne weiteres anwendbar. Ähnlich wie bei § 39 BauGB stellt sich aber auch hier die Frage, ob dies auch für den Fall gilt, dass die bisherige Zulässigkeit als Außenbereichsvorhaben aufgehoben wird oder aber Standorte innerhalb eines Flächennutzungsplans oder Regionalplans aufgegeben werden. **379**

1. Analoge Anwendung des § 42 BauGB bei Entzug eines (schlicht) nach § 35 BauGB zuvor zulässigen „Wind-Standorts"

Fraglich ist zunächst, ob § 42 BauGB entsprechend Anwendung findet, wenn eine Windenergienutzung vor Inkrafttreten der neuen Planung als „normales" **Außenbereichsvorhaben** nach § 35 Abs. 1 Nr. 5, Abs. 3 Satz 1 BauGB zulässig war und diese geändert oder aufgehoben werden soll.[408] **380**

Ein Teil der Literatur spricht sich für die **entsprechende Anwendung** aus, da sich die Frage der „Zulässigkeit einer Nutzung" i. S. v. § 42 BauGB materiell auch nach § 35 BauGB beurteilen kann[409] und nicht an eine bereits zugelassene Nutzung anknüpft.[410] **381**

Die Gegenansicht kommt zu dem Schluss, dass zur „zulässigen Nutzung" i. S. v. § 42 BauGB keine Nutzungen im Außenbereich gehören, weil bei Vorhaben i. S. v. § 35 Abs. 1 BauGB keine abstrakt-generelle Aussage über die Zulässigkeit von Vorhaben im Außenbereich getroffen werden **382**

---

407 Runkel, in: Ernst/Zinkahn/Bielenberg/Krautzberger, BauGB, § 39, Rn. 19; Paetow, in: Berliner Kommentar zum BauGB, § 39, Rn. 7; wohl auch Gatz, Rn. 129; in dieser Hinsicht weiterhin zu berücksichtigen BVerwG, Urteil vom 27.1.2005, Az. 4 C 5/04, Rn. 24.
408 Gatz, Rn. 133;
409 So auch Battis, in: Battis/Krautzberger/Löhr, § 42, Rn. 4.
410 Gatz, Rn. 134.

könne.⁴¹¹ Danach soll erst eine **Baugenehmigung für ein solches Vorhaben im Außenbereich** eine zulässige Nutzung i. S. v. § 42 Abs. 1 BauGB sein.⁴¹²

383 Das **BVerwG** lehnt auch nach neuerer Rspr. die Gewährung eines Planschadensanspruchs nach § 42 BauGB analog ab. Als Grund wird angeführt, dass § 35 BauGB **keine eigentumsrechtliche Rechtposition** gewähre, was für einen Anspruch nach § 42 BauGB allerdings erforderlich sei.⁴¹³

384 Nach der eindeutigen Rspr. des BVerwG und einer entsprechenden Äußerung des Gesetzgebers⁴¹⁴ muss davon ausgegangen werden, dass **§ 42 BauGB keine Anwendung auf Außenbereichsvorhaben** findet, die allgemein nach § 35 Abs. 1 BauGB zulässig sind.

2. Analoge Anwendung des § 42 BauGB bei Entzug eines durch eine Planung zuvor ausgewiesenen „Wind-Standorts"

385 Anders wird die Situation beurteilt, wenn sich die zulässige Nutzung des Außenbereichsvorhabens aus den Darstellungen eines Flächennutzungsplans oder den Festlegungen eines Regionalplans mit Ausschlusswirkung ergibt.

386 In diesem Fall wird argumentiert, dass der **Flächennutzungsplan eine ähnliche Rechtswirkung wie der Bebauungsplan** hat und § 42 BauGB daher zumindest analog anzuwenden ist.⁴¹⁵

387 Auch scheint möglich, dass sich diese Ansicht in der Rspr. durchsetzt. So hat das **BVerwG** – wie schon oben dargelegt – im Jahr 2013 die Revision in einem Verfahren zugelassen, um als Vorfrage für die Prüfung der Abwägung zu klären, ob Planentschädigungsansprüche nach § 42 BauGB analog bestehen, wenn die im regionalen Raumordnungsprogramm festgesetzten Vorrangstandorte geändert werden.⁴¹⁶

388 Danach sprechen auch hier die besseren Argumente dafür, dass **Planentschädigungsansprüche** nach § 42 BauGB auf den Entzug von Standorten in Konzentrationszonen eines Flächennutzungsplan oder Regionalplans **entsprechend anzuwenden** sind. In der Praxis könnte sich der Streit mögli-

---

411 Jäde, in: Jäde/Dirnberger/Weiß, BauGB/BauNVO, § 42, Rn. 4; Paetow, in: Berliner Kommentar zum BauGB, § 42, Rn. 12; Schmitz/Haselmann, NVwZ 2015, 846, 850; ähnlich auch Schrödter, ZfBR 2013, 535, 536 f.
412 Paetow, in: Berliner Kommentar zum BauGB, § 42, Rn. 12.
413 BVerwG, Urteil vom 11.4.2013, Az. 4 CN 2/12, Rn. 12, unter Verweis auf die Gesetzesbegründung, BT-Drs. 15/2996, S. 62 und Urteil vom 27.1.2005, Az. 4 C 5/04, Rn. 24.
414 BT-Drs. 15/2996, S. 62.
415 Paetow, in: Berliner Kommentar zum BauGB, § 42, Rn. 12; Runkel, in: Ernst/Zinkahn/Bielenberg/Krautzberger, BauGB, § 42, Rn. 56; a. A. Schmitz/Haselmann, NVwZ 2015, 846, 851; Gatz, jM 2015, 465, 470.
416 BVerwG, Beschluss vom 5.3.2013, Az. 4 B 40/12.

388

cherweise nur geringfügig auswirken. Bei der „Herabzonung" von bisherigen Standorten für die Windenergienutzung zu einer meist landwirtschaftlichen Nutzung könnte es an einer „**wesentlichen** Wertminderung" i. S. v. § 42 Abs. 1 BauGB fehlen. In diesem Fall wären die tatbestandlichen Voraussetzungen des Anspruchs nicht erfüllt.[417]

---

417 So Gatz, Rn. 138.

2. Teil: Materielles Genehmigungsrecht

Im 2. Teil werden die materiell-rechtlichen Anforderungen an die Genehmigung von Windenergieanlagen dargestellt. Im **1. Kapitel** wird die bauplanungsrechtliche Zulässigkeit von **privilegierten Windenergieanlagen** im **Außenbereich** behandelt. In diesem Kapitel wird auch auf die Anforderungen des Fachrechts wie z. B. das Immissionsschutzrecht oder das Naturschutzrecht eingegangen. Im **2. Kapitel** geht es um die bauplanungsrechtliche Zulässigkeit von **nicht privilegierten Windenergieanlagen** im **Außenbereich**. Das **3. Kapitel** beschäftigt sich mit der bauplanungsrechtlichen Zulässigkeit von Anlagen im **Geltungsbereich eines Bebauungsplans**. Im **4. Kapitel** wird zur bauplanungsrechtliche Zulässigkeit von Windenergieanlagen im **unbeplanten Innenbereich** ausgeführt. Das **5. Kapitel** schließt mit einer Darstellung der **bauordnungsrechtlichen Zulässigkeit** von Windenergieanlagen.

389

1. Kapitel Bauplanungsrechtliche Zulässigkeit nach § 35 Abs. 1 Nr. 5 BauGB

Windenergieanlagen sind als Vorhaben, die nach § 35 Abs. 1 Nr. 5 BauGB der Nutzung von Windenergie dienen, im Außenbereich **privilegiert** zulässig und unterscheiden sich damit von den sonstigen, nicht in § 35 Abs. 1 BauGB genannten Vorhaben im Außenbereich.[1] Dieser Privilegierungstatbestand wurde im Jahr 1996 geschaffen.

390

Nach Ansicht von *Gatz* sind Windenergieanlagen nach § 35 Abs. 1 Nr. 5 BauGB nur dann privilegiert, wenn sie der **öffentlichen Energieversorgung dienen** und den selbst erzeugten Strom prinzipiell an eine größere Anzahl von Abnehmern abgeben. Er stützt dies auf frühere Rspr. zur Privilegierung der öffentlichen Energieversorgung gemäß § 35 Abs. 1 Nr. 3

391

---

1 Söfker, in: Ernst/Zinkahn/Bielenberg/Krautzberger, BauGB, § 35, Rn. 58. Daneben können Windenergieanlagen auch als *untergeordneter* Bestandteil landwirtschaftlicher oder forstwirtschaftlicher Betriebe gemäß § 35 Abs. 1 Nr. 1 BauGB privilegiert sein, vgl. zu den Voraussetzungen BVerwG, Urteil vom 4.11.2008, Az. 4 B 44/08, Rn. 8 ff.

BauGB.[2] Allerdings findet sich eine solche Einschränkung in der Rspr. des BVerwG zum Umfang der Privilegierung von Windenergieanlagen nicht.[3]

392 Privilegierte Windenergieanlagen i. S. v. § 35 Abs. 1 Nr. 5 BauGB sind **bauplanungsrechtlich zulässig**, wenn öffentliche Belange nicht entgegenstehen und die Erschließung gesichert ist.

I. Keine entgegenstehenden öffentlichen Belange

393 Erste Voraussetzung für die planungsrechtliche Zulässigkeit von Windenergieanlagen nach § 35 Abs. 1 BauGB ist, dass dem Vorhaben **keine öffentlichen Belange entgegenstehen**.

1. Prüfungsprogramm

394 a) **Maßgebliche öffentliche Belange.** Hierbei sind vor allem die **in § 35 Abs. 3 BauGB genannten öffentlichen Belange** zu beachten, die nachfolgend näher dargestellt werden.

395 Zunächst sind die in § 35 Abs. 3 BauGB **namentlich aufgeführten öffentlichen Belange** zu prüfen. Der Wortlaut „insbesondere" in § 35 Abs. 3 BauGB macht aber auch deutlich, dass darüber hinaus auch weitere, dort **nicht genannte öffentliche Belange** der Ansiedlung von Windenergieanlagen entgegenstehen können.[4]

> Nachfolgend werden nicht alle öffentlichen Belange dargestellt, die in § 35 Abs. 3 Satz 1 Nr. 1 bis 8 BauGB genannt werden. Das vorliegende Handbuch konzentriert sich auf die **für Windenergieanlagen relevanten Belange**. Dabei handelt es sich um die Belange i. S. v. § 35 Abs. 3 Satz 1 Nr. 1 (**Flächennutzungsplan**), Nr. 2 (**Schädliche Umwelteinwirkungen**), Nr. 5 (**Naturschutz**, Landschaftspflege, Denkmalschutz, Orts- und Landschaftsbild) und Nr. 8 BauGB (**Radaranlagen, Luftverkehr**). Darüber hinaus sind einige, in § 35 Abs. 3 Satz 1 BauGB nicht ausdrücklich genannte – sog. ungenannte – öffentlichen Belange sowie die Ausschlusswirkung des Planvorbehalts nach § 35 Abs. 3 Satz 3 BauGB zu beachten.

---

2 Gatz, Rn. 35 ff. unter Verweis darauf, dass der Gesetzgeber mit der Aufnahme des Privilegierungstatbestands des § 35 Abs. 1 Nr. 5 BauGB im Jahr 1996 nur das Defizit beseitigen wollte, welches mit der Rechtsprechung des BVerwG, Urteil vom 16.6.1994, Az. 4 C 20/93, entstanden war, wonach Windenergieanlagen nicht von der Privilegierung gemäß § 35 Abs. 1 Nr. 4 BauGB a. F. (heute § 35 Abs. 1 Nr. 3 BauGB, öffentliche Energieversorgung) umfasst war. Sein Argument ist, dass der Gesetzgeber die Windenergieanlagen wegen dieser Rechtsprechung durch eine eigene Privilegierung regeln wollte, dabei aber nur im Umfang von § 35 Abs. 1 Nr. 4 BauGB a. F. im Rahmen der öffentlichen Energieversorgung.
3 Vgl. BVerwG, Urteil vom 4.11.2008, Az. 4 B 44/08, Rn. 9.
4 Vgl. Dürr, in: Brügelmann, BauGB, § 35, Rn. 76.

Bauplanungsrechtliche Zulässigkeit nach § 35 Abs. 1 Nr. 5 BauGB   **396–398**

396

Flächennutzungsplan (§ 35 Abs. 3 S. 1 Nr. 1 BauGB)

Schädliche Umwelteinwirkungen (§ 35 Abs. 3 S. 1 Nr. 3 BauGB)
• Lärm • Infraschall • Schattenwurf • Lichteffekte

Naturschutz und Landschaftspflege (§ 35 Abs. 3 S. 1 Nr. 5 BauGB)
• Schutzgebiete nach BNatSchG • Artenschutzrechtliche Verbote • Eingriffsregelung

Denkmalschutz/Orts- und Landschaftbild (§ 35 Abs. 3 S. 1 Nr. 5 BauGB)

Funktionsfähigkeit von Funkstellen und Radaranlagen (§ 35 Abs. 3 S. 1 Nr. 8 BauGB)

Ungenannte öffentliche Belange (§ 35 Abs. 3 S. 1 BauGB)
• Rücksichtnahmegebot (optische Wirkung, Turbulenzen, Windentzug) • Kommunales Abstimmungsgebot/Planerfordernis • Ziel der RaumO in Aufstellung

Planvorbehalt gem. § 35 Abs. 3 S. 3 BauGB (Ausschlusswirkung wegen Regionalplan/FNP)

Gesetzliche Vorgaben (die ebenfalls zu prüfen sind, wenn auch nicht nach § 35 Abs. 3 BauGB)
• Luftverkehrsrecht • Militärische Schutzbereiche • Straßenrecht

Übersicht 6: Checkliste für die maßgeblichen öffentlichen Belange i. S. v. § 35 Abs. 3 BauGB bei der Zulassung von Windenergieanlagen

b) **Privilegierung.** Bei der Prüfung der Zulässigkeit ist vor allem die **Privilegierung von Windenergieanlagen** nach § 35 Abs. 1 Nr. 5 BauGB zu berücksichtigen.   **397**

Für alle nicht privilegierten Vorhaben im Außenbereich spricht § 35 Abs. 3 BauGB davon, dass die dort genannten **öffentlichen Belange** nicht „**beeinträchtigt**" werden dürfen. Dagegen regelt § 35 Abs. 1 BauGB für die privilegierten Anlagen, dass öffentliche Belange nicht „**entgegenstehen**" dürfen. Dieser Unterschied macht die Privilegierung der in § 35 Abs. 1 BauGB geregelten Vorhaben aus. Denn das Vorhaben ist nicht schon dann unzulässig, wenn öffentliche Belange beeinträchtigt, d. h. negativ berührt sind,[5] sondern erst dann, etwas robuster, wenn sie nicht entgegenstehen.   **398**

---

5 Müller, in: Maslaton, Kapitel 1, Rn. 76.

399 Diese Prüfung macht eine **nachvollziehende Abwägung** zwischen dem jeweils betroffenen öffentlichen Belang und dem Vorhaben erforderlich, wobei die gesetzliche Privilegierung des Vorhabens in der nachvollziehenden Abwägung zu berücksichtigen ist.[6] In diesem Zusammenhang führt die gesetzliche **Privilegierung** zu einem **gesteigerten Durchsetzungsvermögen** des Vorhabens gegenüber den öffentlichen Belangen. Demnach können Vorhaben auch dann noch zulässig sein, wo sonstige – nicht privilegierte – Vorhaben i. S. v. § 35 Abs. 2 BauGB schon an der „Beeinträchtigung" öffentlicher Belange scheitern.[7]

400 c) **Freistellung vom Prüfprogramm bei Planvorbehalt-Gebieten.** Eine wichtige Frage ist, in welchem Umfang die öffentlichen Belange nach § 35 Abs. 3 Satz 1 BauGB auch in **Gebieten eines Flächennutzungsplans oder Regionalplans mit Wirkung des Planvorbehalts** nach § 35 Abs. 3 Satz 3 BauGB zu prüfen sind. Denn in diesen Gebieten sollen Windenergieanlagen nach dem Planvorbehalt innerhalb der Konzentrationszonen errichtet werden. Rechtlich maßgeblich ist dabei, ob der **Planvorbehalt** nach § 35 Abs. 3 Satz 3 BauGB die **Anwendung des Prüfprogramms der öffentlichen Belange** gemäß § 35 Abs. 3 Satz 1 BauGB **sperrt**.

401 Stimmen der Literatur lehnen eine **Ausnahme vom Prüfprogramm** des § 35 Abs. 3 Satz 1 BauGB zu Gunsten von Windenergieanlagen jedenfalls dann ab, wenn die in § 35 Abs. 3 Satz 1 BauGB genannten Belange im Rahmen des Flächennutzungsplans oder Regionalplan gar nicht abgewogen worden sind.[8]

402 Diese Sichtweise wird wiederum von *Gatz* abgelehnt, da der **Planvorbehalt** mit der Möglichkeit, die Windnutzung außerhalb der hierfür zugewiesenen Gebiete auszuschließen, nur dann gerechtfertigt sei, wenn ein **abschließend abgewogenes schlüssiges gesamträumliches Planungskonzept** vorliegt, das der Windnutzung innerhalb dieser Gebiete auch tatsächlich in substanzieller Weise Raum verschafft.[9] Dies führe, so *Gatz*, zwangsläufig dazu, dass sich das Zulassungsregime für Windenergieanlagen innerhalb dieser Gebiete nicht mehr am „strengen" Programm des § 35 Abs. 3 Satz 3 BauGB messen lassen muss. Daher seien Anlagen in Gebieten, die der Planvorbehalt für die Windenergienutzung vorsehe, von dem **Prüfungsprogramm des § 35 Abs. 3 Satz 1 BauGB freigestellt**.

403 Für eine **grundsätzliche Freistellung vom Prüfprogramm** des § 35 Abs. 3 Satz 1 BauGB bei Gebieten mit positiver Ausweisung für die Windenergie gemäß § 35 Abs. 3 Satz 3 BauGB spricht vieles. Denn das für den Planvor-

---

6 Vgl. BVerwG, Urteil vom 19.7.2001, Az. 4 C 4/00.
7 BVerwG, Urteil vom 14.3.1975, Az. 4 C 41/73.
8 Söfker, in: Ernst/Zinkahn/Bielenberg/Krautzberger, BauGB, § 35, Rn. 130.
9 Gatz, Rn. 200.

behalt erforderliche schlüssige gesamträumliche Konzept liegt tatsächlich nur dann vor, wenn die Belange gemäß § 35 Abs. 3 Satz 1 BauGB bereits im Planverfahren geprüft und abgewogen worden sind.

Daher kann eine erneute Prüfung im Genehmigungsverfahren (theoretisch) zu keinem anderen Ergebnis führen. Im **Einzelfall** ist dennoch **Vorsicht geboten.** So kann trotz artenschutzrechtlicher Prüfung im Planverfahren eine nochmalige Prüfung im Genehmigungsverfahren (als Belang des Naturschutzes i. S. v. § 35 Abs. 3 Satz 1 Nr. 5 BauGB) geboten sein, etwa weil sich der Standort von Arten zwischenzeitlich verändert hat.

2. Belange des Flächennutzungsplans

Dem Vorhaben kann nach § 35 Abs. 3 Satz 1 Nr. 1 BauGB zunächst entgegenstehen, dass es den **Darstellungen des Flächennutzungsplans** widerspricht. Relevant sind nur die Darstellungen nach § 5 BauGB und der Baunutzungsverordnung.[10]

Maßstab für die Beurteilung des „**Widerspruchs**" zu Darstellungen des Flächennutzungsplans sind grundsätzlich alle Darstellungen. Voraussetzung ist aber nicht, dass das Vorhaben den Darstellungen entsprechen muss.[11] Dies gilt vor allem für die Darstellung von **Flächen für die Landwirtschaft** nach § 5 Abs. 1 Nr. 9a BauGB, da diese Darstellung dem Außenbereich nur die Funktion zuweist, die ihm in erster Linie zukommt, nämlich die Land- und Forstwirtschaft.[12] Die Darstellung „Landwirtschaft" oder „Forst" im Flächennutzungsplan wird einem Windenergievorhaben damit in der Regel nicht entgegenstehen, da diese Nutzungen unterhalb der Windenergieanlagen weiterhin möglich bleiben und es insoweit an einem Widerspruch zum Flächennutzungsplan fehlt.

Ein „Widerspruch" zu Darstellungen des Flächennutzungsplans ist vor allem dann festzustellen, wenn der Flächennutzungsplan eine **konkrete,** der Zulässigkeit des Vorhabens entgegenstehende **standortbezogene Darstellung** enthält.[13] Dies betrifft Standortausweisungen durch Darstellungen für **bestimmte Vorhaben** und **Baugebiete**.[14] Gleiches gilt für solche Flächen, die **von Bebauung freigehalten** werden sollen,[15] wie z. B. Flächen für den Schutz, die Pflege und die Entwicklung von Natur und Landschaft i. S. v. § 5 Abs. 2 Nr. 10 BauGB.

---
10 Söfker, in: Ernst/Zinkahn/Bielenberg/Krautzberger, BauGB, § 35, Rn. 79.
11 Söfker, in: Ernst/Zinkahn/Bielenberg/Krautzberger, BauGB, § 35, Rn. 80.
12 BVerwG, Urteil vom 22.5.1987, Az. 4 C 57/84; Söfker, in: Ernst/Zinkahn/Bielenberg/Krautzberger, BauGB, § 35, Rn. 80.
13 Vgl. BVerwG, Urteil vom 20.7.1990, Az. 4 N 3/88; Urteil vom 18.8.2005, Az. 4 C 13/04.
14 Gatz, Rn. 202; Söfker, in: Ernst/Zinkahn/Bielenberg/Krautzberger, BauGB, § 35, Rn. 80.
15 Söfker, in: Ernst/Zinkahn/Bielenberg/Krautzberger, BauGB, § 35, Rn. 80.

407 Auch wenn eine Darstellung eines Flächennutzungsplans den fraglichen Windenergieanlagen widerspricht, ist dennoch weiter im Rahmen der **nachvollziehenden Abwägung** zu prüfen, ob diese Darstellung dem Vorhaben als öffentlicher Belang entgegensteht. Eine solche nachvollziehende Abwägung ist möglich und geboten.[16]

408 Für die Gewichtung der Planungsvorstellungen der Gemeinde kann dabei unter anderem bedeutsam sein, ob die Darstellung durch **tatsächliche Entwicklungen zwischenzeitlich überholt** ist. Dann etwa würde der Widerspruch des Vorhabens zu den Darstellungen des Flächennutzungsplans nicht zur Unzulässigkeit des Vorhabens führen.[17] Ebenso kann im Rahmen der nachvollziehenden Bedeutung von Gewicht sein, ob die Gemeinde Nutzungsbeschränkungen für ganz konkrete Flächen abgewogen hat – was dann für ein Entgegenstehen dieses Belangs spricht – oder ob es sich um **großflächige Nutzungsbeschränkungen** handelt, was eher Raum für eine nachvollziehende Abwägung zu Gunsten der Belange der Windenergienutzung lässt.[18]

3. Belange der schädlichen Umwelteinwirkungen

409 Dem Vorhaben kann auch der öffentliche Belang i. S. v. § 35 Abs. 3 Satz 1 Nr. 3 BauGB entgegenstehen, wenn es **schädliche Umwelteinwirkungen** hervorrufen kann (oder ihnen ausgesetzt ist, was für Windenergieanlagen wohl nicht relevant sein wird).

410 Der **Begriff der schädlichen Umwelteinwirkungen** wird im Baugesetzbuch nicht definiert. Es kann dabei aber auf den gleichnamigen Begriff in § 3 Abs. 1 BImSchG zurückgegriffen werden.[19] Danach handelt es sich um schädliche Umwelteinwirkungen bei **Immissionen**, die nach Art, Ausmaß oder Dauer geeignet sind, Gefahren, erhebliche Nachteile oder erhebliche Belästigungen für die Allgemeinheit oder die Nachbarschaft herbeizuführen. Nach § 3 Abs. 2 BImSchG sind Immissionen im Sinne dieses Gesetzes die auf Menschen, Tiere und Pflanzen, den Boden, das Wasser, die Atmosphäre sowie Kultur- und sonstige Sachgüter einwirkenden Luftverunreinigungen, Geräusche, Erschütterungen, Licht, Wärme, Strahlen und ähnliche Umwelteinwirkungen. Mit dieser Regelung hat der Gesetzgeber zugleich das Maß der gebotenen Rücksichtnahme allgemein und auch mit Wirkung für das Baurecht festgeschrieben.[20]

411 Von der Windenergie können vor allem schädliche Umwelteinwirkungen in Form von **Lärm, Infraschall, Schattenwurf und Lichteffekte** ausgehen.

---

16 BVerwG, Urteil vom 18.8.2005, Az. 4 C 13/04.
17 BVerwG, Beschluss vom 1.4.1997, Az. 4 B 11/97.
18 Gatz, Rn. 204.
19 BVerwG, Urteil vom 25.2.1977, Az. 4 C 22/75; Urteil vom 29.8.2007, Az. 4 C 2/07, Rn. 11; Dürr, in: Brügelmann, BauGB, § 35, Rn. 84.
20 Gatz, Rn. 205; Müller, in: Maslaton, Kapitel 1, Rn. 97.

Auch der **Entzug von Wind** könnte als „negative" Immission eine schädliche Umwelteinwirkung sein.[21] Bei der Problematik der **optisch bedrängenden Wirkung** von Windenergieanlagen handelt es sich dagegen nicht um eine Frage der schädlichen Umwelteinwirkung, sie wird daher nachfolgend unter den ungenannten öffentlichen Belangen behandelt.

a) **Lärmimmissionen.** Die Zumutbarkeit und damit Zulässigkeit von **Geräuscheinwirkungen** durch Windenergieanlagen werden anhand der Technischen Anleitung zum Schutz vor Lärm (kurz: TA Lärm) vom 26. August 1998 bewertet. Bei der **TA Lärm** handelt es sich um eine auf Grund von § 48 BImSchG erlassene Verwaltungsvorschrift.

Nach der Rspr. kommt den nach § 48 BImSchG erlassenen Verwaltungsvorschriften wie der TA Lärm, soweit sie unbestimmte Rechtsbegriffe konkretisieren, eine auch im gerichtlichen Verfahren zu beachtende **Bindungswirkung** zu. Danach **konkretisiert** die TA Lärm den **gesetzlichen Maßstab für die Schädlichkeit von Geräuschen** jedenfalls insoweit abschließend, als sie bestimmte Gebietsarten und Tageszeiten entsprechend ihrer Schutzbedürftigkeit bestimmten **Immissionsrichtwerten** zuordnet und das Verfahren zur Ermittlung und Beurteilung der Geräuschimmissionen vorschreibt.

Für eine **einzelfallbezogene Beurteilung der Schädlichkeitsgrenze** aufgrund tatrichterlicher Würdigung ist insoweit nur wenig Raum, als die TA Lärm insbesondere durch Kann-Vorschriften (z. B. Nr. 6.5 Satz 3 und 7.2 TA Lärm) und Bewertungsspannen (z. B. Anhang A. 2.5.3) Spielräume eröffnet, was wiederum nahelegt, dass ansonsten die Vorgaben der TA Lärm verbindlich sind.[22]

Die TA Lärm gilt für Anlagen, die den Anforderungen des Bundes-Immissionsschutzgesetzes unterliegen, sei es für dienach BImSchG genehmigungsbedürftigen wie auch für die hiernach nicht genehmigungsbedürftigen Anlagen. Demnach gilt die TA Lärm auch für die heute gängigen **Windenergieanlagen**, die wegen einer Gesamthöhe von mehr als 50 Metern nach Nr. 1.6 des Anhangs 1 zur 4. BImSchV nach dem BImSchG zu genehmigen sind, wie auch für die Anlagen, die nach § 22 BImSchG (nur) den „inhaltlichen" Anforderungen des BImSchG folgen müssen.[23]

Nach Nr. 3.2.1 Abs. 6 TA Lärm setzt die Prüfung der Genehmigungsvoraussetzungen in der Regel eine **Prognose** (und keine Messung) der Geräuschimmissionen voraus.[24]

---

21 Gatz, Rn. 205.
22 BVerwG, Urteil vom 29.8.2007, Az. 4 C 2/07, Rn. 12.
23 So auch BVerwG, Urteil vom 29.8.2007, Az. 4 C 2/07, Rn. 11.
24 Hansmann, in: Landmann/Rohmer, Umweltrecht, TA Lärm, Nr. 3 Allgemeine Grundsätze für genehmigungsbedürftige Anlagen, Rn. 10.

417 Nachfolgend werden **einige gängige Probleme** im Umgang mit der Anwendung der TA Lärm erläutert.

418 aa) Einordnung der Immissionsorte in die Gebiets-Kategorie. Nach Nr. 3.2.1 TA Lärm ist der Schutz vor schädlichen Umwelteinwirkungen durch Geräusche sichergestellt (vorbehaltlich der Regelungen in Nr. 3.2.1 Abs. 2 und 5 TA Lärm), wenn die Gesamtbelastung am maßgeblichen **Immissionsort** die Immissionsrichtwerte nach Nr. 6 TA Lärm nicht überschreitet.

419 In Nr. 6.1 TA Lärm sind die Immissionsrichtwerte für den Beurteilungspegel für die einzelnen **Baugebiete** und ferner auch bestimmte **Einrichtungen** festgelegt. Für die Bestimmung des einschlägigen Immissionsortes ist auf den **Gebietstyp** abzustellen, der an den jeweiligen Immissionsorten gegeben ist.[25]

420 Für die Zuordnung von Immissionsorten zu Baugebieten regelt Nr. 6.6 TA Lärm, dass sich die in Nr. 6.1 TA Lärm definierten Gebiete aus den **Festsetzungen der Bebauungspläne** ergeben. Bestehen keine solchen Festsetzungen, sind die Gebiete und Einrichtungen nach Nr. 6.1 TA Lärm anhand der **Schutzwürdigkeit** zu beurteilen.

421 Der einzuhaltende Immissionsrichtwert beträgt z. B. in **Dorf- und Mischgebieten** tags 60 dB(A) und nachts 45 dB(A) und in **allgemeinen Wohngebieten** tags 55 dB(A) und nachts 40 dB(A). Wird einer dieser Immissionsrichtwerte überschritten, liegen in der Regel schädliche Umwelteinwirkungen vor.[26]

422 Da Windenergieanlagen grundsätzlich nur im **Außenbereich** betrieben werden, ist vor allem von Interesse, welche Schutzwürdigkeit **Wohnsiedlungen mitten im Außenbereich** und in (meist) reinen Wohngebieten am Rand zum Außenbereich zukommen. Hierfür hat die Rspr. entschieden, dass die **Schutzwürdigkeit** solcher Wohnnutzungen anhand der Gebietskategorie **Mischgebiet, Kerngebiet oder Dorfgebiet** zu beurteilen ist.[27] Ein Bewohner des Außenbereichs, so die Rspr., könne nicht die Schutzmaßstäbe des allgemeinen oder sogar reinen Wohngebiets für sich in Anspruch nehmen. Der Außenbereich sei kein Baugebiet – selbst nicht für die im

---

25 Müller, in: Maslaton, Kapitel 2, Rn. 253.
26 OVG Münster, Beschluss vom 16.5.2013, Az. 8 A 2893/12, Rn. 16.
27 Allgemein zur Zwischenwertbildung in Gemengelagen BVerwG, Beschluss vom 12.9.2007, Az. 7 B 24/07, Rn. 4; konkret zu Windenergieanlagen im Außenbereich OVG Münster, Urteil vom 18.11.2002, Az. 7 A 2127/00, Rn. 32 ff.; VGH München, Urteil vom 24.6.2002, Az. 26 CS 02.809, Rn. 24; wohl auch BVerwG, Urteil vom 29.8.2007, Az. 4 C 2/07, Rn. 2, in dem die Annahme der Vorinstanz eines maßgeblichen Immissionsrichtwerts von nachts 45 dB(A) – also für Mischgebiete – von der Revision offenbar nicht gerügt und vom Bundesverwaltungsgericht auch mit keinen weiteren Ausführungen bedacht wurde.

Außenbereich privilegierten Nutzungen –, sondern soll von Bebauung tendenziell freigehalten werden.[28] Andererseits sei auch nicht völlig ausgeschlossen, dass im Außenbereich gewohnt werden dürfe, so dass Wohnnutzungen nicht völlig schutzlos seien. Solche Nutzungen müssten allerdings damit rechnen, dass sich in ihrer unmittelbaren Nachbarschaft privilegierte Nutzungen ansiedelten, zu denen sowohl land- und forstwirtschaftliche, als auch gewerbliche Nutzungen zählen können.

Aus diesen Gründen können Bewohner des Außenbereichs nach der Rspr. nur die Schutzmaßstäbe für gemischte Nutzungen, also für **Misch-, Kern- oder Dorfgebiete**, beanspruchen.[29]

Soweit **reine Wohngebiete an den Außenbereich angrenzen**, können sich solche Gebiete nicht auf die Schutzwürdigkeit reiner Wohngebiete, sondern nur auf eine solche von allgemeinen Wohngebieten berufen. Zur Begründung wird ausgeführt, dass den Bewohnern solcher Wohngebiete ein wegen der besonderen Lage des Grundstücks vermindertes Schutzbedürfnis haben, dem durch den **Immissionsrichtwert für allgemeine Wohngebiete** genügt wird.[30]

bb) **Berücksichtigung von Zuschlägen.** Nicht höchstrichterlich entschieden ist bislang, ob die Lästigkeit der Geräusche neben der Berechnung des Beurteilungspegels durch Berechnung des Mittelungspegels[31] zusätzlich durch einen **Zuschlag für Ton- und Informationshaltigkeit**[32] oder einen **Zuschlag für Impulshaltigkeit**[33] zu berücksichtigen ist.

In der obergerichtlichen Rspr. gibt es unterschiedliche Entscheidungen, wonach die Berücksichtigung eines Zuschlags wegen der **Schlaggeräusche der Rotorblätter** befürwortet[34] oder abgelehnt wird.[35]

Das BVerwG hat die Entscheidung über einen Zuschlag in die **Hände der Tatsachengerichte** gelegt und nicht entschieden, dass ein solcher Zuschlag grundsätzlich anzusetzen ist. Ein **genereller Zuschlag**, so das BVerwG,

---

28 BVerwG, Beschluss vom 28.7.1999, Az. 4 B 38/99.
29 OVG Münster, Urteil vom 18.11.2002, Az. 7 A 2127/00, Rn. 36.
30 VGH Kassel, Beschluss vom 21.1.2010, Az. 9 B 2936/09, Rn. 14; OVG Saarlouis, Beschluss vom 11.9.2012, Az. 3 B 103/12, Rn. 23.
31 Bei Ermittlung der Geräuschimmissionen durch Prognose Anhang 2.5.1 TA Lärm.
32 Bei Ermittlung der Geräuschimmissionen durch Prognose Anhang 2.5.2 TA Lärm, durch Messung Anhang 3.3.5 TA Lärm.
33 Bei Ermittlung der Geräuschimmissionen durch Prognose Anhang 2.5.3 TA Lärm, durch Messung Anhang 3.3.6 TA Lärm.
34 OVG Koblenz, Urteil vom 3.8.2006, Az. 1 A 10216/03, nicht veröffentlicht, zitiert bei Gatz, Rn. 210.
35 OVG Münster, Urteil vom 18.11.2002, Az. 7 A 2127/00, Rn 86 ff.

verbiete sich, weil die TA Lärm 1998 im Vergleich zur Vorgängerregelung keine Vergabe eines allgemeinen Lästigkeitszuschlags erlaube.[36]

426 Allerdings trage der Zuschlag für Impulshaltigkeit dem Umstand Rechnung, dass in ihrer Lautstärke kurzzeitig stark zu- und wieder abnehmende Geräusche als deutlich störender empfunden werden als Geräusche mit weitgehend gleich bleibender Lautstärke. Auslegungsmaßstab ist somit der im Hinblick auf die besonders hohe Pegeländerung außergewöhnliche Grad an Störung, der von den Geräuschen ausgeht. Daher sei der Zuschlag für Impulshaltigkeit nicht nur in den schlagwortartig erwähnten Fällen eines Hammerschlags, Peitschenknalls oder Pistolenschusses anzunehmen. Dies führe dazu, dass es **Aufgabe der Tatsachengerichte** sei, zu überprüfen, ob Windenergieanlagen – oder bestimmte Typen von Windenergieanlagen – Geräusche hervorrufen, die *„im Hinblick auf ihre außergewöhnliche Störwirkung die Vergabe eines Impulszuschlags rechtfertigen."*[37]

427 cc) **Sicherheitszuschlag bei der Lärm-Prognose.** Soweit im Genehmigungsverfahren die Ermittlung der Geräuschimmissionen durch **Prognose** und nicht durch Messung durchgeführt wird, stellt sich die Frage, ob ein **Sicherheitszuschlag** auf den vom Hersteller angegebenen Schallleistungspegel als Nennleistung der Windenergieanlage und damit als Emissionswert anzusetzen ist. Hintergrund dieser Überlegung ist, dass solche Angaben nicht das Ergebnis einer konkreten sachverständigen Prüfung am vorgesehenen Standort unter Zugrundelegung der dort herrschenden Bedingungen (Windstärke/Windrichtung) sind.[38]

428 Das **OVG Münster** hält es daher für erforderlich, bei der Lärm-Prognose einen **Sicherheitszuschlag** anzusetzen, um in jedem Fall „auf der sicheren Seite" zu sein.[39] Bei der Prognose sei daher der Schallleistungspegel, der sich bei einer Referenzmessung einer vergleichbaren Anlage desselben Typs ergeben habe und welcher der Prognose zu Grunde liege, wegen der herstellungsbedingten Serienstreuungen um einen **Sicherheitszuschlag von 2 dB(A)** zu erhöhen.[40] Der **VGH Kassel** lehnt dagegen einen Sicherheitszuschlag ab, wenn bereits drei Lärmvermessungen für denselben Anlagentyp vorliegen.[41]

---

36 BVerwG, Urteil vom 29.8.2002, Az. 4 C 2/07, Rn. 29.
37 BVerwG, Urteil vom 29.8.2002, Az. 4 C 2/07, Rn. 30, 31.
38 Gatz, Rn. 213.
39 OVG Münster, Beschluss vom 16.5.2013, Az. 8 A 2893/12, Rn. 19.
40 OVG Münster, Urteil vom 18.11.2002, Az. 7 A 2127/00, Rn. 61, 63.
41 VGH Kassel, Urteil vom 25.7.2011, Az. 9 A 103/11, Rn. 63; wohl ähnlicher Ansicht VGH München, Beschluss vom 10.8.2015, Az. 22 ZB 15.1113, Rn. 16.

> Im Ergebnis ist die Ansicht des OVG Münster abzulehnen, weil die TA Lärm für die Hinzurechnung eines Sicherheitszuschlags keine Regelung vorsieht.

dd) Vorbelastung durch andere Windenergieanlagen. Nach Nr. 2.3 und 3.2.1 TA Lärm ist auch die **Vorbelastung bestehender Windenergieanlagen** in die Ermittlung der Geräuschimmissionen mit einzubeziehen.

In diesem Zusammenhang kann in der Verwaltungspraxis streitig sein – und ist soweit ersichtlich durch die Rspr. noch nicht entschieden –, ob nicht nur die **Vorbelastung durch vorhandene Windenergieanlagen**, sondern auch so genannte **plangegebene Vorbelastungen** zu berücksichtigen sind, also solche Vorbelastungen, die noch nicht bestehen, aber nach den planungsrechtlichen Ausweisungen zulässig sind und für die eine Genehmigung erteilt wurde oder – noch umfassender: für die noch keine Genehmigung beantragt wurde oder die sich noch im Genehmigungsverfahren befindet.[42]

Nach der wohl eher in der **Minderheit** befindlichen Ansicht **der Literatur** sollen auch **Vorbelastungen von geplanten Vorhaben zu berücksichtigen** sein, wenn die Planung ausreichend konkretisiert ist, insbesondere dann, wenn hierfür ein Genehmigungsantrag gestellt worden ist.[43]

Dagegen meinen mehr Stimmen in der Literatur, dass **bloße plangegebene Vorbelastungen nicht zu berücksichtigen** sind, die sich allein aus den planungsrechtlichen Ausweisungen als zulässig erweisen. Allenfalls können die Vorbelastungen einer geplanten Anlage zugerechnet werden, wenn für diese eine **Genehmigung oder zumindest ein Vorbescheid** erteilt worden ist.[44]

> Dieser Ansicht ist zuzustimmen. Danach ist zumindest die Erteilung einer **Genehmigung oder eines Vorbescheids für die Annahme plangegebener Vorbelastungen erforderlich**. Denn es würde zu weit reichen, auch schon solche Vorbelastungen zu berücksichtigen, die planungsrechtlich zulässig sind und für die lediglich ein Genehmigungsantrag gestellt worden ist.

In einem immissionsrechtlichen Genehmigungsverfahren für Windenergieanlagen lässt sich mit Blick auf die vielfältigen möglichen Probleme

---

[42] Hansmann, in: Landmann/Rohmer, Umweltrecht, TA Lärm, Nr. 2 Begriffsbestimmungen, Rn. 32; Feldhaus/Tegeder, TA Lärm, Kommentar, S. 95, Rn. 49.
[43] Hansmann, in: Landmann/Rohmer, Umweltrecht, TA Lärm, Nr. 2 Begriffsbestimmungen, Rn. 32.
[44] Feldhaus/Tegeder, TA Lärm, Kommentar, S. 95, Rn. 49 mit weiteren Nachweisen aus der Literatur.

noch nicht absehen, ob die Genehmigung am Ende erteilt werden kann. Daher kann **allein die Stellung eines Genehmigungsantrags** für die Annahme einer plangegebenen Vorbelastung **nicht ausreichen**. Ein weiteres Argument ist, dass nach dem **Wortlaut von Nr. 2.4 TA Lärm** eigentlich nur auf die *vorhandenen* Geräusche – und damit auf die schon errichteten und betriebenen Anlagen – abzustellen ist.[45]

434 ee) Messabschlag. Soweit früher zweifelhaft war, ob der **Messabschlag von 3 dB(A)** gemäß Nr. 6.9 TA Lärm Messungen im Genehmigungsverfahren zu Gute kommt, hat das BVerwG entschieden, dass dies nicht der Fall ist und der **Messabschlag nur bei Überwachungsmessungen** anzusetzen ist.[46]

435 Zur Begründung führt das Gericht aus, dass sich die Regelung in Nr. 6.9 TA Lärm zum Messabschlag im Gegensatz zur TA Lärm 1968 ausdrücklich nur auf die Überwachung, nicht aber auf Genehmigungsverfahren bezieht. Die **Messung im Rahmen eines Genehmigungsverfahrens** sei jedoch **keine Messung im Zuge der Überwachung**. Der sachliche Grund für die unterschiedliche Handhabung liege darin, dass die Regelung dazu dienen soll, dass die Behörde mit Blick auf die Beweislast von Maßnahmen und Anordnungen im Rahmen der Überwachung jegliches Risiko eines rechtswidrigen Eingriffs vermeiden soll. Dagegen ist der Vorhabenträger im Rahmen des Genehmigungsverfahren zum Nachweis verpflichtet, dass das Vorhaben keine schädlichen Umwelteinwirkungen hervorruft. Dies gelte selbst dann, wenn Messungen in einem gerichtlichen Verfahren zur Überprüfung der Rechtmäßigkeit der Genehmigung vorgenommen werden, da es sich auch in diesem Fall um einen weiteren Schritt im Genehmigungsverfahren und nicht um eine (nachträgliche) Maßnahme zur Überwachung der Anlage handelt.[47]

436 ff) Immissionswerte als Kontrollwerte. In der Verwaltungspraxis des Immissionsschutzrechts werden so genannte **Kontrollwerte** als Nebenbestimmungen in die Genehmigung aufgenommen. Solche Kontrollwerte beziehen sich auf **Einrichtungen, die z. B. den Schadstoffausstoß einer Anlage reduzieren** (z. B. Filtereinrichtungen oder Rauchgasreinigungsanlagen). Wenn die Kontrollwerte solcher Einrichtungen überschritten werden, indiziert dies zugleich, dass die Emissionen das bisher zulässige Maß übersteigen und die Anlage somit nicht mehr genehmigungskonform betrieben wird. Daher ist es zulässig, solche Kontrollwerte nach § 12 Abs. 1 Satz 1 i. V. m. § 6 Abs. 1 Nr. 1 BImSchG als Nebenbestimmung zur Sicherstel-

---

45 Vgl. Hansmann, in: Landmann/Rohmer, Umweltrecht, TA Lärm, Nr. 2 Begriffsbestimmungen, Rn. 32.
46 BVerwG, Urteil vom 29.8.2007, Az. 4 C 2/07, Rn. 17 ff.
47 BVerwG, Urteil vom 29.8.2007, Az. 4 C 2/07, Rn. 19 f.

lung eines ordnungsgemäßen Anlagenbetriebs in die Genehmigung aufzunehmen.[48]

Auch bei der Genehmigung von Windenergieanlagen kann es vorkommen, dass Behörden **Immissionswerte als Kontrollwerte** für den genehmigungskonformen Anlagenbetrieb als Nebenbestimmung in die Genehmigung aufnehmen. Allerdings ist dies nach der Rspr. des BVerwG **unzulässig**. Danach steht nicht fest, dass Windenergieanlagen im Dauerbetrieb dazu neigen, ihr akustisches Verhalten zu ändern, so dass ein entsprechender Kontrollbedarf eine solche Nebenbestimmung rechtfertigen könne. Letztendlich sei die Festlegung von Immissionswerten aber auch unzulässig, da Kontrollwerte einen **unmittelbaren Anlagenbezug** aufweisen müssten. Dies sei bei Emissionswerten, nicht aber bei Immissionswerten der Fall, da sich **nur Emissionswerte auf das Emissionsverhalten der einzelnen Anlage** beziehen, während hingegen Immissionswerte die Immissionsbelastung eines konkreten Einwirkungsorts abbilden.[49] **437**

b) **Infraschall**. In neuer Zeit spielen in der Rspr. auch **Infraschallemissionen** von Windenergieanlagen eine Rolle. Dabei handelt es sich um von Windenergieanlagen erzeugten tieffrequenten Schall im nicht hörbaren Frequenzbereich.[50] **438**

Bei Infraschall handelt es sich gemäß Nr. 7.3 TA Lärm und dem dortigen Verweis auf die **DIN 45680** um eine schädliche Umwelteinwirkung, wenn die in der DIN 45680 genannten **Anhaltswerte** überschritten sind. Die Anhaltswerte werden eingehalten, wenn eine Windenergieanlage einen Abstand zur nächsten Wohnbebauung von 500 Metern einhält.[51] Dabei betont die Rspr. auch, dass Infraschall nach gegenwärtigem Forschungsstand unterhalb der Hör- und Wahrnehmungsgrenze liege, so dass es sich eigentlich nicht um eine schädliche Umwelteinwirkung handeln könne.[52] **439**

In diesem Zusammenhang ist aber auch zu berücksichtigen, dass es bei der Problematik des Infraschalls derzeit noch Forschungsbedarf gibt.[53] **440**

Nach gegenwärtigen Sachstand ist jedenfalls davon auszugehen, dass bei einem Abstand zur Wohnbebauung von 500 Metern, der regelmä-

---

48 BVerwG, Urteil vom 21.2.2013, Az. 7 C 22/11, Rn. 20 ff.
49 BVerwG, Urteil vom 21.2.2013, Az. 7 C 22/11, Rn. 24, 26.
50 Vgl. OVG Greifswald, Beschluss vom 21.5.2014, Az. 3 M 236/13, Rn. 20; Müller, in: Maslaton, Kapitel 1, Rn. 110.
51 VGH München, Beschluss vom 10.8.2015, Az. 22 ZB 15.1113, Rn. 24.
52 OVG Saarlouis, Beschluss vom 27.5.2013, Az. 2 A 361/11, Rn. 25; so wohl auch OVG Greifswald, Beschluss vom 21.5.2014, Az. 3 M 236/13, Rn. 20;
53 VGH München, Beschluss vom 10.8.2015, Az. 22 ZB 15.1113, Rn. 24; vgl. auch Hinweise bei Müller, in: Maslaton, Kapitel 1, Rn. 112.

> ßig schon aus anderen Gründen wie dem Lärmschutz einzuhalten ist, keine schädlichen Umwelteinwirkungen durch Infraschall entstehen.

441 **c) Schattenwurf.** Die hinter den Rotorblättern von Windenergieanlagen stehende Sonne kann zu einem **Wechsel von Licht und Schatten** führen, der als bewegter (oder periodischer) Schatten über die Nachbargrundstücke läuft. Dieser bewegte Schatten wird häufig als belästigend wahrgenommen.[54]

442 Für die Bewertung, inwieweit ein solcher **Schattenwurf** als schädliche Umwelteinwirkung einzuordnen ist, gibt es **keine gesetzlichen Grenzwerte**. Es bedarf daher stets einer **wertenden Betrachtung**, die die Umstände des Einzelfalls in den Blick nimmt.[55] Auch wenn es auf die Einzelfallbewertung ankommt, haben sich in der Rspr. **maximale Einwirkzeiten** herausgebildet, die als Anhaltspunkte für die Bewertung des Schattenwurfs als schädliche Umwelteinwirkung dienen. So soll der periodische Schattenwurf dann grundsätzlich unschädlich und zumutbar sein, wenn Benutzer von Wohn- und Büroräumen mit Blick auf eine „worst-case"-Betrachtung bei maximal möglicher Einwirkungsdauer im Sinne der astronomisch maximal möglichen Beschattungsdauer am jeweiligen Immissionsort **nicht länger als 30 Minuten je Tag und maximal 30 Stunden je Jahr** (Gesamteinwirkung) durch Schattenwurf beeinträchtigt werden.[56]

443 In diesem Zusammenhang ist aber zu berücksichtigen, dass es sich bei dieser „Faustformel" aus der Praxis, die von der Rspr. übernommen wurde, um einen Anhaltspunkt für die Bewertung schädlicher Umwelteinwirkungen und nicht um einen Rechtssatz handelt. So kann es durchaus sein, dass es sich bei dem periodischen Schatten um keine schädlichen Umwelteinwirkungen handelt, auch wenn es zu einer Überschreitung der oben genannten Werte kommt. Insoweit ist stets eine **wertende Betrachtung der tatsächlichen Umstände des Einzelfalls** erforderlich.[57] Daher können die Immissionen durch den periodischen Schattenwurf noch zumutbar sein, weil im Rahmen der Einzelfallbewertung festgestellt wird, dass eine Einwirkdauer des Schattens zwar astronomisch möglich ist, die tatsächliche Einwirkzeit wegen der typischen Wetterlagen im Herbst und Winter geringer ist.[58]

---

54 Gatz, Rn. 216: Müller, in: Maslaton, Kapitel 1, Rn. 101.
55 OVG Münster, Beschluss vom 14.6.2004, Az. 10 B 2151/03, Rn. 15.
56 OVG Greifswald, Beschluss vom 08.3.1999, Az. 3 M 85/98, Rn. 35; OVG Lüneburg, Urteil vom 18.5.2007, Az. 12 LB 8/07, Rn. 55; Beschluss vom 15.3.2004, Az. 1 ME 45/04, Rn. 9; OVG Münster, Beschluss vom 14.3.2012, Az. 8 A 2716/10, Rn. 17.
57 OVG Lüneburg, Urteil vom 18.5.2007, Az. 12 LB 8/07, Rn. 55.
58 OVG Lüneburg, Urteil vom 18.5.2007, Az. 12 LB 8/07, Rn. 59.

Sofern das **Kontingent für die zumutbare Beschattung** ausgeschöpft ist, **444**
kommt die **Abschaltung der Windenergieanlage** in Betracht. Daher kann
es sein, dass die Installation einer solchen Abschaltautomatik als **Nebenbestimmung in die Genehmigung** mit aufgenommen wird.[59]

d) **Lichteffekte.** Rotorblätter können ferner durch Reflektion des Sonnen- **445**
lichts zu einem sog. „**Disko-Effekt**" führen, die an den Immissionsorten
als belästigend wahrgenommen werden. Allerdings stammt diese Problematik eher aus der **Anfangszeit der Windenergieanlagen**, als die Rotorblätter glänzend lackiert worden sind. Mittlerweile werden die Anlagen
mit matten, nicht glänzenden Lackierungen versehen, so dass es weitgehend nicht mehr zu solchen „Disko-Effekten" kommt. Es kann daher
grundsätzlich davon ausgegangen werden, dass schädliche Umwelteinwirkungen
durch solche Effekte bei entsprechender Lackierung der Anlagen heute
nicht mehr entstehen.[60]

e) **Entzug von Wind.** Der **Entzug von Wind** durch eine Windenergiean- **446**
lage, die sich in Nähe zu einer weiteren Windenergieanlage befindet,
könnte als **„negative" Immission** ebenfalls eine schädliche Umwelteinwirkung i. S. v. § 3 Abs. 2 BImSchG sein. Allerdings verlangt die überwiegende Ansicht ein „Zuführen" von Stoffen, nicht das Vorenthalten von
natürlichen Zuführungen. Daher kann es sich bei dem Entzug von Wind
nicht um eine schädliche Umwelteinwirkung i. S. v. § 3 Abs. 2 BImSchG
und damit auch nicht i. S. v. § 35 Abs. 3 Satz 1 Nr. 3 BauGB handeln.[61]

4. Belange des Naturschutzes und der Landschaftspflege

Im Genehmigungsverfahren werden die Belange des Naturschutzes und **447**
der Landschaftspflege i. S. v. § 35 Abs. 3 Satz 1 Nr. 5 BauGB sicherlich zu
den problematischsten Hürden für die Zulassung von Windenergieanlagen gehören. Sie verursachen im Genehmigungsverfahren regelmäßig den
größten Prüfungsaufwand.

Die öffentlichen Belange von Naturschutz und Landschaftspflege i. S. v. **448**
§ 35 Abs. 3 Satz 1 Nr. 5 BauGB werden **durch das Naturschutzrecht konkretisiert**, wie es maßgeblich im **BNatSchG** geregelt ist.[62] Damit gehören
die Regelungen über Landschafts- und Naturschutzgebiete, über Natura
2000-Gebiete (FFH- und Vogelschutzgebiete), die artenschutzrechtlichen
Verbote und die Anforderungen der naturschutzrechtlichen Eingriffsrege-

---

59 Müller, in: Maslaton, Kapitel 2, Rn. 270.
60 Vgl. VG Oldenburg, Urteil vom 18.3.2015, Az. 5 A 2516/11, Rn. 129; Gatz, Rn. 220; Müller, in: Maslaton, Kapitel 1, Rn. 103.
61 Thiel, in: Landmann/Rohmer, Umweltrecht, BImSchG, § 3, Rn. 69; Gatz, Rn. 222 f.; vgl. auch OVG Koblenz, Beschluss vom 24.6.2004, Az. 8 A 10809/04, Rn. 3 zur Annahme, dass die Abschattung von Rundfunkwellen keine schädliche Umwelteinwirkung darstellt.
62 BVerwG, Urteil vom 27.6.2013, Az. 4 C 1/12, Rn. 6.

lung auch nach § 35 Abs. 3 Satz 1 Nr. 5 BauGB zum zentralen Prüfprogramm im Genehmigungsverfahren.

449 Das BVerwG hat in diesem Zusammenhang entschieden, dass es sich bei den **Vorgaben des Naturschutzrechts** *„zugleich"* um die **planungsrechtlichen Belange des Naturschutzes** i. S. d. § 35 Abs. 3 Satz 1 Nr. 5 BauGB handelt. Ist über die planungsrechtliche Zulässigkeit eines solchen Vorhabens zu entscheiden, muss die Behörde daher auch die naturschutzrechtliche Zulässigkeit des Vorhabens prüfen. Ist ein **Vorhaben nach Naturschutzrecht unzulässig, so ist es auch planungsrechtlich unzulässig.** Daher verbiete sich auch die ansonsten im Rahmen von § 35 BauGB gebotene *„nachvollziehende Abwägung"*, weil hierfür Wertungsspielräume erforderlich seien, die bei der Prüfung zwingender gesetzlicher Verbote wie im Naturschutzrecht fehlen.[63] Allerdings gelte auch, dass wenn etwa in einem Bauvorbescheid über die Belange i. S. v. § 35 Abs. 1 Satz 3 Nr. 5 BauGB bereits abschließend entschieden worden sei, die naturschutzrechtlichen Vorgaben im späteren Genehmigungsverfahren nicht mehr erneut geprüft werden.[64]

450 Ob den **Belangen von Naturschutz und Landschaftspflege eine eigenständige Auffangfunktion neben dem Naturschutzrecht** zukommt,[65] mag mit Blick auf die Aussagen des BVerwG in dem vorgenannten Urteil zweifelhaft sein. Jedenfalls wird in der Genehmigungspraxis kaum vorstellbar sein, dass das Vorhaben die Hürden des Naturschutzrechts meistert und dennoch naturschutzrechtliche Belange i. S. v. § 35 Abs. 3 Satz 1 Nr. 5 BauGB entgegenstehen sollen. Maßgeblich wird sein, ob die Vorgaben des Naturschutzrechts eingehalten werden.

451 a) **Schutzgebiete des BNatSchGes.** Das BNatSchG regelt u. a. den „Flächennaturschutz" und bietet die Möglichkeit der Unterschutzstellung von Gebieten in Form eines verbindlichen Rechtsakts, in der Regel durch Rechtsverordnung. Hierzu gehören – für Windenergieanlagen von zentraler praktischer Bedeutung – **Naturschutzgebiete** i. S. v. § 23 BNatSchG, **Landschaftsschutzgebiete** i. S. v. § 26 BNatSchG und **Natura 2000-Gebiete** (FFH- und Vogelschutzgebiete) gemäß den § 31 ff. BNatSchG.[66]

> Die Errichtung von Windenergieanlagen wird **innerhalb der Schutzgebiete** wegen der Bau- und Errichtungsverbote in den Schutzgebietsverordnungen grundsätzlich ausgeschlossen sein. Ähnliches wird auch für Windenergieanlagen **innerhalb von FFH- und Vogelschutzgebieten** gelten.

---

63 Vgl. zu den danach noch übriggebliebenen Spielräumen für die nachvollziehende Abwägung Decker, UPR 2015, 207, 209 f.
64 BVerwG, Urteil vom 27.6.2013, Az. 4 C 1/12, Rn. 5, 6.
65 vgl. Söfker, in: Ernst/Zinkahn/Bielenberg/Krautzberger, BauGB. § 35, Rn. 92.
66 Kupke, in: Maslaton, Kapitel 1, Rn. 115 f.

Nachfolgend wird dennoch dargestellt, welche Möglichkeiten der Zulassung innerhalb der Gebiete bestehen. Darüber hinaus stellt sich gerade bei Natura 2000-Gebieten die Frage, inwieweit Anlagen **außerhalb der Gebiete** zu Beeinträchtigungen der Gebiete führen können, die naturschutzrechtlich relevant sein können.

452

aa) Naturschutz- und Landschaftsschutzgebiete. – (1) Naturschutzgebiete.

453

Naturschutzgebiete werden in § 23 BNatSchG geregelt. Nach § 23 Abs. 1 BNatSchG sind Naturschutzgebiete rechtsverbindlich festgesetzte Gebiete, in denen ein besonderer Schutz von Natur und Landschaft in ihrer Ganzheit oder in einzelnen Teilen erforderlich ist zur Erhaltung, Entwicklung oder Wiederherstellung von Lebensstätten, Biotopen oder Lebensgemeinschaften bestimmter wildlebender Tier- und Pflanzenarten, zur wissenschaftlichen, naturgeschichtlichen oder landeskundlichen Gründen oder wegen ihrer Seltenheit, besonderen Eigenart oder hervorragenden Schönheit.

454

Nach § 23 Abs. 2 BNatSchG sind **alle Handlungen,** die zu einer **Zerstörung, Beschädigung oder Veränderung des Naturschutzgebiets** oder seiner Bestandteile führen können, nach Maßgabe näherer Bestimmungen – also der konkreten Schutzgebietsverordnung – **verboten.**

455

Maßgeblich für die Zulässigkeit von Windenergieanlagen ist, ob sie **innerhalb der Naturschutzgebiete** liegen. Windenergieanlagen befinden sich schon dann innerhalb des Geltungsbereichs des Schutzgebiets, wenn ein Rotorblatt in den Geltungsbereich hineinragt. Es reicht also nicht aus, dass sich der Mast außerhalb des Schutzgebiets befindet.[67]

456

In den **Schutzgebietsverordnungen** sind i. S. d. Veränderungsverbots nach § 23 Abs. 2 BNatSchG meist konkretere **Bauverbote** geregelt, was auch die Errichtung von Windenergieanlagen in Naturschutzgebieten (zunächst) ausschließt.[68] Es kommt dann auf die konkrete Schutzgebietsverordnung an, ob dort **Ausnahme- oder Befreiungsvoraussetzungen** geregelt sind, wonach die Errichtung von Anlagen genehmigt werden kann, wenn dies mit den Schutzzwecken des Naturschutzgebiets vereinbar ist. Es kann sein, dass in der Schutzgebietsverordnung nur **Schutzzwecke zugunsten bestimmter Pflanzenarten** definiert worden sind, so dass die Errichtung von Windenergieanlagen solchen Schutzzwecken nicht widerspricht.[69]

457

Regeln die Schutzgebietsverordnungen **keine Ausnahme- und Befreiungsmöglichkeiten,** verbleibt die Möglichkeit der **Befreiung** nach § 67 Abs. 1 Nr. 1 und 2 BNatSchG. Danach kann auf Antrag die Befreiung von den

458

---

[67] VG Minden, Urteil vom 06.3.2015, Az. 11 K 1268/13, Rn. 49.
[68] Scheidler, NuR 2011, 848, 850.
[69] Vgl. Kupke, in: Maslaton, Kapitel 1, Rn. 120; VG Minden, Urteil vom 6.3.2015, Az. 11 K 1268/13, Rn. 55.

Verboten der Schutzgebietsverordnung erteilt werden, wenn dies aus Gründen des überwiegenden öffentlichen Interesses, einschließlich solcher sozialer und wirtschaftlicher Art, notwendig ist, oder die Durchführung der Vorschriften im Einzelfall zu einer unzumutbaren Belastung führen würde und die Abweichung mit den Belangen von Naturschutz und Landschaftspflege vereinbar ist.

459 Ob eine **Befreiung** erteilt werden kann, kann nur anhand des Einzelfalls bewertet werden. Eine Befreiung kann zunächst nach § 67 Abs. 1 Nr. 1 BNatSchG wegen eines **überwiegenden öffentlichen Interesses** erteilt werden. In diesem Tatbestandsmerkmal kommt ein Bilanzierungsgedanke zum Ausdruck. „Überwiegen" bedeutet demnach, dass die Gründe des öffentlichen Interesses im Einzelfall so gewichtig sind, dass sie sich gegenüber den mit der Verordnung verfolgten Belangen durchsetzen. Ob dies der Fall ist, ist anhand einer Abwägung zu ermitteln.[70] Bei der **Windenergienutzung** handelt es sich um ein **öffentliches Interesse** von hohem Gewicht, da die Nutzung regenerativer Energiequellen einem wichtigen Ziel der Umweltpolitik dient.[71] Ob sich dieses öffentliche Interesse von hohem Gewicht durchsetzen kann, ist im Einzelfall gegen die Belange der Schutzgebietsverordnung abzuwägen. Dies hängt von der Schutzwürdigkeit der Natur am konkreten Standort ab, insbesondere vom Grad der Beeinträchtigung durch Windenergieanlagen, und kann nicht pauschal beantwortet werden.[72]

460 Die Erteilung einer **Befreiung** nach § 67 Abs. 1 Nr. 2 BNatSchG wegen unzumutbarer Belastungen wird in der Regel **nicht in Betracht kommen**. Das Bauverbot löst regelmäßig keine unzumutbaren Belastungen aus, sondern ist im Schutzgebiet vom Normgeber regelmäßig ausdrücklich gewollt, so dass eine Befreiung nur in atypischen Fällen erteilt werden kann.[73] Bei Windenergieanlagen wird die Möglichkeit der Befreiung nach § 67 Abs. 1 Nr. 2 BNatSchG regelmäßig ausscheiden.[74]

461 (2) **Landschaftsschutzgebiete.** Ähnliches gilt auch für die Zulassung von Windenergieanlagen in **Landschaftsschutzgebieten**.

462 Nach § 26 Abs. 1 BNatSchG sind **Landschaftsschutzgebiete** rechtsverbindlich festgesetzte Gebiete, in denen ein **besonderer Schutz von Natur und Landschaft** erforderlich ist zur Erhaltung, Entwicklung und Widerherstellung der Leistungs- und Funktionsfähigkeit des Naturhaushalts

---

70 VG Aachen, Urteil vom 7.5.2012, Az. 6 K 1140/10, Rn. 70 ff.
71 VG Aachen, Urteil vom 7.5.2012, Az. 6 K 1140/10, Rn. 79; VG Minden, Urteil vom 6.3.2015, Az. 11 K 1268/13, Rn. 62.
72 Vgl. VG Minden, Urteil vom 6.3.2015, Az. 11 K 1268/13, Rn. 62.
73 Vgl. VG Schleswig, Urteil vom 8.2.2013, Az. 1 A 287/11, Rn. 78 ff; VG Aachen, Urteil vom 7.5.2012, Az. 6 K 1140/10, Rn. 61 ff.
74 VG Aachen, Urteil vom 7.5.2012, Az. 6 K 1140/10, Rn. 65; Gatz, Rn. 302.

oder der Regenerationsfähigkeit und nachhaltigen Nutzungsfähigkeit der Naturgüter, einschließlich des Schutzes von Lebensstätten und Lebensräumen bestimmter wildlebender Tier- und Pflanzenarten, wegen der Vielfalt, Eigenart und Schönheit oder der besonderen kulturhistorischen Bedeutung der Landschaft oder wegen ihrer besonderen Bedeutung für die Erholung.

Nach § 26 Abs. 2 BNatSchG sind in einem Landschaftsschutzgebiet nach Maßgabe näherer Bestimmungen **alle Handlungen verboten**, die den **Charakter des Gebiets verändern** oder dem besonderen Schutzzweck zuwiderlaufen. Im Vergleich zum Naturschutzgebiet wird deutlich, dass das Veränderungsverbot in Landschaftsschutzgebieten weniger strikt gilt,[75] da insoweit nicht jeder Zugriff auf das Gebiet, sondern nur Einwirkungen unterbunden sein sollen, welche die Wesensart des Gebiets in Mitleidenschaft ziehen.[76] Auch wenn das Veränderungsverbot weniger streng sein mag als in Naturschutzgebieten, bewertet die Rspr. Windenergieanlagen dennoch – nach jeweiliger Abwägung mit den Schutzzwecken der Landschaftsschutzverordnung – als eine verbotene Veränderung i. S. v. § 26 Abs. 2 BNatSchG,[77] wenn nicht ohnehin die Landschaftsschutzgebietsverordnung ausdrücklich sämtliche bauliche Anlagen oder speziell Windenergieanlagen verbietet.

In diesem Fall gilt auch hier, dass in einem weiteren Schritt die **Ausnahme- und Befreiungstatbestände** der Landschaftsschutzverordnung geprüft werden müssen. Sind solche Ausnahme- und Befreiungsvoraussetzungen nicht geregelt, besteht auch bei Landschaftsschutzgebieten die Möglichkeit der Befreiung nach § 67 Abs. 1 BNatSchG. Hier kann auf die entsprechenden Ausführungen zum Naturschutzgebiet verwiesen werden. Maßgeblich ist auch hier, dass eine Befreiung nach § 67 Abs. 1 Nr. 2 BNatSchG wegen einer unbeabsichtigten Härte in der Regel nicht in Betracht kommt.[78]

Bei der **Befreiung** nach § 67 Abs. 1 Nr. 1 BNatSchG wegen eines **überwiegenden öffentlichen Interesses** ist wiederum abzuwägen, ob das öffentliche Interesse das Interesse am Schutz des Landschaftsschutzgebiets überwiegt, was im Einzelfall insbesondere anhand der Schutzwürdigkeit des Landschaftsbildes am Standort und der Beeinträchtigung durch die beantragte Windenergieanlage zu prüfen ist.[79] Dabei ist ferner mit in die Abwägung aufzunehmen, ob die Anlagen an alternativen Standorten außer-

---

75 Kupke, in: Maslaton, Kapitel 1, Rn. 123.
76 Gellermann, in: Landmann/Rohmer, Umweltrecht, BNatSchG, § 26, Rn. 18.
77 Vgl. VG Minden, Urteil vom 6.3.2015, Az. 11 K 1268/13, Rn. 60 (dort wird jedenfalls nur die Befreiung geprüft und die Verbotswirkung nicht in Frage gestellt); VG Bayreuth, Urteil vom 22.3.2011, Az. B 2 K 10.1027, Rn. 36.
78 Gatz, Rn. 302.
79 VGH Mannheim, Urteil vom 13.10.2005, Az. 3 S 2521/04, Rn. 52.

halb des Landschaftsgebiets realisiert werden können. Dies ist eher möglich, je kleiner das Schutzgebiet ist. Dagegen wird es an Ausweichmöglichkeiten fehlen, wenn nahezu der **gesamte Außenbereich** einer Gemeinde **unter Landschaftsschutz** gestellt wird. Dies wäre dann im Rahmen der Entscheidung über die Befreiung zu Gunsten der Ansiedlung von Windenergieanlagen zu bewerten. In diesem Fall bedarf es einer eingehenden Begründung, weshalb die Erteilung einer Befreiung nach § 67 BNatSchG dennoch nicht in Betracht kommen kann.[80]

466 bb) Natura 2000-Gebiete. Ferner kann auch die Vereinbarkeit von Windenergieanlagen mit den **Natura 2000-Gebieten** zum Prüfprogramm der entgegenstehenden Belange von Natur und Landschaft gehören. Die Prüfung, ob Windenergieanlagen mit den Natura 2000-Gebieten vereinbar sind, richtet sich nach § 31 BNatSchG.

467 Bei den Natura 2000-Gebieten handelt es sich nach § 7 Abs. 1 Nr. 8 BNatSchG um die Gebiete von gemeinschaftlicher Bedeutung (**FFH-Gebiete** gemäß FFH-Richtlinie) und um **Europäische Vogelschutzgebiete** (gemäß Vogelschutz-Richtlinie). Diese Richtlinien verpflichten die Mitgliedsstaaten zum Aufbau und zum Schutz eines zusammenhängenden europäischen ökologischen Schutzgebiets-Netzes „Natura 2000" (vgl. § 31 BNatSchG). Es handelt sich hierbei um Gebiete, die dem Schutz von Tier- und Pflanzenarten und Lebensraumtypen dienen und nach Maßgabe der Richtlinien schutzwürdig sind.[81]

468 Die **zentrale Verbotsnorm** findet sich in § 33 Abs. 1 BNatSchG. Danach sind alle Veränderungen und Störungen unzulässig, die zu einer **erheblichen Beeinträchtigung eines Natura 2000-Gebiets** führen können. Ohne der weiteren Darstellung vorzugreifen, wird nach § 33 Abs. 1 BNatSchG in aller Regel davon auszugehen sein, dass **Windenergieanlagen innerhalb solcher Schutzgebiete**, vor allem innerhalb von Vogelschutzgebieten, **nicht zulässig sind**, weil sie zu einer erheblichen Beeinträchtigung führen.

469 Von Relevanz im Genehmigungsverfahren ist das Prüfprogramm der Vereinbarkeit von Windenergieanlagen mit Natura 2000-Gebieten aber deshalb, weil sich die Unzulässigkeit auch daraus ergeben kann, dass sich die **Anlagen in naher Distanz zu den Schutzgebieten** befinden. Denn mit Blick auf Natura 2000-Gebiete gilt, dass Windenergieanlagen als bauliche Anlagen auch dann unzulässig sein können, wenn sie sich in unmittelbarer Nähe zu den Gebieten befinden und zu erheblichen Beeinträchtigungen der Natura 2000-Gebieten führen.[82] Bei Windenergieanlagen soll dies in

---

80 VG Minden, Urteil vom 6.3.2015, Az. 11 K 1268/13, Rn. 61.
81 Vgl. Gellermann, in: Landmann/Rohmer, Umweltrecht, BNatSchG, § 32, Rn. 5.
82 OVG Lüneburg, Urteil vom 14.9.2000, Az. 1 L 2153/99, Rn. 42; Scheidler, NuR 2011, 848, 853.

der Regel erst ab einer **Entfernung von 2.000 Metern zum Schutzgebiet** ausgeschlossen werden können.[83]

(1) Verträglichkeitsprüfung nach § 34 BNatSchG. Das BNatSchG schreibt in § 34 BNatSchG eine **Verträglichkeitsprüfung** vor. Danach sind „Projekte" vor ihrer Zulassung oder Durchführung auf ihre Verträglichkeit mit den Erhaltungszielen eines Natura 2000-Gebiets zu überprüfen, wenn sie einzeln oder im Zusammenwirken mit anderen Projekten oder Plänen geeignet sind, das Gebiet erheblich zu beeinträchtigen. Unter einem „**Projekt**" werden die Errichtung von baulichen und sonstigen Anlagen sowie sonstige Eingriffe in Natur und Landschaft verstanden, die die Erhaltungsziele, weshalb ein Gebiet als Schutzgebiet ausgewiesen wurde, erheblich beeinträchtigen können.[84] Bei Windenergieanlagen wird in aller Regel davon auszugehen sein, dass es sich damit um ein solches „Projekt" i. S. v. § 34 Abs. 1 BNatSchG handelt.

(a) Vorprüfung. Ob solche erheblichen Beeinträchtigungen tatsächlich vorliegen können, soll anhand einer **Vorprüfung** (Screening) festgestellt werden. Damit soll geprüft werden, ob überhaupt eine Verträglichkeitsprüfung durchgeführt werden muss.[85] Bei der Vorprüfung ist zu klären, ob erhebliche Gebietsbeeinträchtigungen entweder offensichtlich ausgeschlossen oder keine ernstzunehmenden Anhaltspunkte hierfür vorliegen.[86]

Die bei der Vorprüfung anzulegenden **Maßstäbe** sind nicht identisch mit den Maßstäben für die Verträglichkeitsprüfung selbst. Bei der Vorprüfung ist nur zu untersuchen, ob **erhebliche Beeinträchtigungen** des Schutzgebiets ernsthaft zu besorgen sind. Erst wenn das zu bejahen ist, schließt sich die Verträglichkeitsprüfung mit ihren Anforderungen an den diese Besorgnis ausräumenden naturschutzfachlichen Gegenbeweis an.[87] In diesem Zusammenhang handelt es sich um eine **Beeinträchtigung**, wenn der Status Quo mit Blick auf den Erhaltungszustand der im Gebiet vorhandenen Arten und Lebensräume negativ verändert wird. **Erheblich** ist die Beeinträchtigung, wenn die für das Gebiet festgelegten Erhaltungsziele gefährdet sind.[88] Ein Projekt lässt erhebliche Beeinträchtigungen befürchten, wenn sich diese anhand objektiver Umstände nicht ausschließen las-

---

83 OVG Magdeburg, Beschluss vom 21.3.2013, Az. 2 M 154/12, Rn. 26.
84 Vgl. EuGH, Urteil vom 7.9.2004, Rs. C-127/02, Rn. 22 bis 26; für bauliche Anlagen VG Düsseldorf, Urteil vom 11.7.2013, Rn. 52.
85 Kupke, in: Maslaton, Kapitel 1, Rn. 135.
86 BVerwG, Urteil vom 26.11.2007, Az. 4 BN 46/07, Rn. 7; Urteil vom 14.4.2010, Az. 9 A 5/08, Rn. 99.
87 OVG Magdeburg, Beschluss vom 21.3.2013, Az. 2 M 154/12, Rn. 21.
88 BVerwG, Urteil vom 17.1.2007, Az. 9 A 20/05, Rn. 41.

sen.[89] Die Rspr. sieht dabei auch in **kleineren Flächeneinbußen** eine erhebliche Beeinträchtigung.[90]

473 Wenn eine Windenergieanlage zwar **in einem Schutzgebiet, aber außerhalb der natürlichen Lebensräume und Habitate**, also in Rand- und Pufferzonen liegt, oder außerhalb des Schutzgebiets realisiert werden soll, soll die Erheblichkeitsschwelle erst dann überschritten sein, wenn die eigentlichen Schutzobjekte allein oder im Zusammenwirken mit Beeinträchtigungen durch andere Projekte nachteilig beeinflusst werden.[91]

474 Für die **Vogelschutzgebiete** bedeutet dies nach *Gatz* je nach Standort der Anlage innerhalb der Kernzonen oder Puffer- und Randzonen innerhalb eines Schutzgebiets oder aber außerhalb des Schutzgebiets Folgendes:

– Bei Anlagen **innerhalb der Kernzonen eines Schutzgebiets** wird außer Zweifel stehen, dass sie zu erheblichen Beeinträchtigungen führen werden.[92] Zu den Kernzonen gehören jene Flächen, die unter Schutz gestellt sind, um eine erfolgreiche Brut und Aufzucht von Jungvögeln zu gewährleisten. Hierzu gehören auch die Nahrungsflächen und die geschützten Rast- und Überwinterungsgebiete.[93]

– Sollen die Anlagen in einer **Puffer- oder Randzone** errichtet werden, bedarf die Eigenschaft der Anlagen als „Projekt" i. S. v. § 34 BNatSchG einer näheren Betrachtung. In diesen Zonen sind das Kollisionsrisiko und das dadurch bedingte Meideverhalten der Vögel in den Blick zu nehmen. Dies wiederum rechtfertigt die **Durchführung einer Verträglichkeitsprüfung**.[94]

– Für Windenergieanlagen **am Rand oder in der Nähe zu solchen Gebieten** sollte eine Verträglichkeitsprüfung durchgeführt werden, wenn ihr Abstand zu den Grenzen der Schutzgebiete innerhalb der Distanz liegt, welche die betroffenen Vogelarten zu Windenergieanlagen halten. Diese sollen je nach Vogelart bei kleineren Vogelarten zwischen 200 bis 400 Metern, bei den großen Vogelarten zwischen 600 Metern und bis zu 3 Kilometern liegen.[95] Nach der Rspr. des OVG Magdeburg ist bei einem Abstand der Windenergieanlagen von **2 Km** zu Vogelschutzgebieten in der Regel eine erhebliche Beeinträchtigung der Schutzgebiete auszuschließen,[96] nach Ansicht einer älteren Rspr. des OVG Lüneburg in der Regel ab einer Distanz von 500 Metern zum Schutzgebiet.[97]

---

89 EuGH, Urteil vom 7.9.2004, Rs. C-127/02, Rn. 45.
90 BVerwG, Urteil vom 12.3.2008, Az. 9 A 3/06, Rn. 124.
91 Gatz, Rn. 237.
92 OVG Magdeburg, Beschluss vom 21.3.2013, Az. 2 M 154/12, Rn. 25.
93 Gatz, Rn. 239.
94 Gatz, Rn. 240.
95 Gatz, Rn. 241.
96 OVG Magdeburg, Beschluss vom 21.3.2013, Az. 2 M 154/12, Rn. 26.
97 Vgl. OVG Lüneburg, Urteil vom 14.9.2000, Az. 1 L 2153/99, Rn. 42.

- Für **Fledermäuse** gelten ähnliche Maßstäbe, wenn die Schutzgebiete in ihren Schutzzwecken auch zugunsten von Fledermäusen ausgewiesen worden sind.
- Für **FFH-Gebiete**, die nur zum Schutz von Pflanzen ausgewiesen worden sind, wird die Ansiedlung von Windenergieanlagen nur dann Projektqualität haben, wenn die Anlagen auf Flächen errichtet werden sollen, auf denen geschützte Pflanzen vorkommen. Ansonsten wirken sich Windenergieanlagen nicht schadhaft auf die Pflanzenwelt aus, so dass solche Anlagen hier grundsätzlich zu keinen Beeinträchtigungen führen kann.[98]

(b) **Verträglichkeitsprüfung.** Nach § 34 Abs. 2 BNatSchG ist ein „Projekt" unzulässig, wenn die **Prüfung der Verträglichkeit** ergibt, dass es zu erheblichen Beeinträchtigungen des Gebiets in seinen für die Erhaltungsziele oder den Schutzzweck maßgeblichen Bestandteilen führen kann. Bei den Erhaltungszielen handelt es sich nach der gesetzlichen Definition in § 7 Abs. 1 Nr. 9 BNatSchG um die Ziele, die im Hinblick auf die Erhaltung oder Wiederherstellung eines günstigen Erhaltungszustands eines natürlichen Lebensraums von gemeinschaftlichem Interesse, einer in Anhang II der Richtlinie 92/43/EWG (Fauna-Flora-Habitat-Richtlinie) oder in Art. 4 Abs. 2 oder Anhang I der Richtlinie 2009/147/EG (Vogelschutz-Richtlinie) aufgeführten Art für ein Natura 2000-Gebiet festgelegt sind.

Ist ein Natura 2000-Gebiet ein geschützter Teil von Natur und Landschaft i. S. d. § 20 Abs. 2 BNatSchG, ergeben sich die **Maßstäbe für die Verträglichkeit aus dem Schutzzweck und den dazu erlassenen Vorschriften**, wenn hierbei die jeweiligen Erhaltungsziele berücksichtigt wurden. Das bedeutet z. B., dass im Rahmen der Verträglichkeitsprüfung nur noch die von den Schutzzwecken erfassten Vogelarten abzuprüfen sind.[99] Nur wenn ein Gebiet noch nicht als Schutzgebiet ausgewiesen ist, ist auf die Erhaltungsziele i. S. v. § 7 Abs. 1 Nr. 9 BNatSchG abzustellen.[100]

Mit der Verträglichkeitsprüfung muss die Gewissheit verschafft werden, dass nachhaltige Auswirkungen auf das Schutzgebiet vermieden werden. Eine solche Gewissheit liegt nur vor, wenn aus **wissenschaftlicher Sicht keine vernünftigen Zweifel an den fehlenden Auswirkungen des Vorhabens** bestehen.[101] Kann dieser Beweis nicht geführt werden und führt ein Projekt demnach zu erheblichen Beeinträchtigungen des Schutzgebiets, ist es unzulässig.

---

[98] Gatz, Rn. 243.
[99] BVerwG, Urteil vom 14.4.2010, Az. 9 A 5/08, Rn. 30; VG Arnsberg, Urteil vom 22.11.2012, Az. 7 K 2633/10, Rn. 56.
[100] BVerwG, Urteil vom 14.4.2010, Az. 9 A 5/08, Rn. 30; VG Arnsberg, Urteil vom 22.11.2012, Az. 7 K 2633/10, Rn. 57.
[101] BVerwG, Beschluss vom 26.2.2008, Az. 7 B 67/07, Rn. 7.

478 In Bezug auf eine von den Erhaltungszielen eines Vogelschutzgebiets erfasste Tierart soll langfristig gesehen eine **Qualitätseinbuße vermieden** werden. Stressfaktoren, die mit der Errichtung, aber insbesondere dem Betrieb einer Windenergieanlage einhergehen, dürfen die artspezifische Populationsdynamik nicht so intensiv stören, dass die betroffene Tierart kein lebensfähiges Element des natürlichen Lebensraums mehr sein kann. Die so beschriebene Belastungsschwelle durch den Betrieb einer Windenergieanlage kann dabei unter Berücksichtigung der konkreten Gegebenheiten des Einzelfalls gewisse Einwirkungen zulassen, solange dieses Erhaltungsziel nicht beeinträchtigt wird.[102]

479 Soweit Anlagen **innerhalb der Lebensräume oder Habitate** errichtet werden sollen, ist allerdings davon auszugehen, dass sie zu erheblichen Beeinträchtigungen der Erhaltungsziele oder des Schutzzwecks eines Gebiets führen. Die Verträglichkeitsprüfung wird hier in der Regel mit negativem Ergebnis zu Ende sein.[103]

480 Eine Bedeutung kann die Verträglichkeitsprüfung aber bei der Ansiedlung von Windenergieanlagen in Rand- und Pufferzonen oder außerhalb, aber in der Nähe von Schutzgebieten haben. Hierbei gilt Folgendes:
– Das Konzept des Gebietsschutzes ist auf die Errichtung eines Schutzgebietsnetzes richtet. Der angestrebten Vernetzung liegt die Erkenntnis zugrunde, dass geschützte Arten in isolierten Reservaten insbesondere wegen des notwendigen genetischen Austauschs, oft aber auch wegen ihrer Lebensgewohnheiten im Übrigen nicht auf Dauer erhalten werden können. Deshalb ist der Schutz der **Austauschbeziehungen zwischen verschiedenen Gebieten und Gebietsteilen** unverzichtbar. Beeinträchtigungen dieser Austauschbeziehungen, z. B. durch Unterbrechung von Flugrouten und Wanderkorridoren, unterfallen mithin dem Schutzregime des Gebietsschutzes.[104]
– Für Windenergieanlagen **außerhalb von Schutzgebieten** bedeutet dies, dass im Regelfall anzunehmen ist, dass ihre Emissionen zu keinen erheblichen Beeinträchtigungen von Bestandteilen des Schutzgebiets führen.[105]
– Allerdings können auch Anlagen außerhalb von Schutzgebieten zu einem Funktionsverlust des Schutzgebiets führen, etwa wenn sie die **Gefahr einer möglichen Verriegelung** des Gebiets mit sich bringen oder wenn sie eine solche Barriere-Wirkung entfalten, dass die Vögel daran gehindert werden, das Schutzgebiet zu erreichen oder zwischen Nah-

---

102 BVerwG, Beschluss vom 26.2.2008, Az. 7 B 67/07, Rn. 10.
103 Gatz, Rn. 249.
104 BVerwG, Urteil vom 14.4.2010, Az. 9 A 5/08, Rn. 33.
105 OVG Münster, Urteil vom 3.8.2010, Az. 8 A 4062/04, Rn. 120; VG Arnsberg, Urteil vom 22.11.2012, Az. 7 K 2633/10, Rn. 66; VG Düsseldorf, Urteil vom 11.7.2013, Az. 11 K 2057/11, Rn. 54.

rungs- und Ratsplätzen, die sich jeweils in einem Schutzgebiet befinden, zu wechseln.[106] Die bloße Erschwerung, das Schutzgebiet zu erreichen, kann demgegenüber aber nicht ausreichen.[107]
- Bei **Fledermäusen** ist vor allem das Kollisionsrisiko von Bedeutung. Dies macht Anlagen innerhalb eines Schutzgebiets unzulässig. Aber auch Anlagen außerhalb des Schutzgebiets können gebietsschutzrechtlich relevant sein, etwa mit Blick auf die Arten, die über größere Strecken ziehen.[108]

Durch **Schutz- und Kompensationsmaßnahmen** kann eine Beeinträchtigung unter Erheblichkeitsschwelle gesenkt werden, mit der Folge, dass es an einer nach § 34 Abs. 2 BNatSchG – unzulässigen – erheblichen Beeinträchtigung fehlt und das Projekt zulässig ist.[109] Allerdings kommen bei **Vogelschutzgebieten** kaum solche Maßnahmen in Betracht, da auf die negativen Wirkfaktoren der Windenergieanlagen kein Einfluss genommen werden kann. Anders kann sich dies beim **Fledermausschutz** darstellen, da hier eine befristete Abschaltung der Anlagen an bestimmten Tagen unter bestimmten Bedingungen von Klima und Wetter zu einer Reduzierung der Schlagopfer führen kann.[110]

(2) Ausnahme nach § 34 Abs. 3 BNatSchG. Ist das Projekt nach § 34 Abs. 2 BNatSchG unzulässig, kann es **ausnahmsweise** nach § 34 Abs. 3 BNatSchG zugelassen werden. Danach darf ein Projekt nur zugelassen werden, soweit es aus zwingenden Gründen des überwiegenden öffentlichen Interesses, einschließlich solcher sozialer oder wirtschaftlicher Art, notwendig ist und zumutbare Alternativen, den mit dem Projekt verfolgten Zweck an anderer Stelle ohne oder mit geringeren Beeinträchtigungen zu erreichen, nicht gegeben sind.

Sind von dem Projekt im Gebiet vorkommende **prioritäre natürliche Lebensraumtypen oder prioritäre Arten** betroffen, können als zwingende Gründe des überwiegenden öffentlichen Interesses nur solche im Zusammenhang mit der Gesundheit des Menschen, der öffentlichen Sicherheit, einschließlich der Verteidigung und des Schutzes der Zivilbevölkerung, oder den maßgeblich günstigen Auswirkungen des Projekts auf die Umwelt geltend gemacht werden. Als prioritäre Lebensraumtypen sind nach § 7 Abs. 1 Nr. 5 BNatSchG die in Anhang I der FFH-Richtlinie mit dem Zeichen (*) gekennzeichneten Lebensraumtypen, unter prioritären Arten sind nach § 7 Abs. 2 Nr. 11 BNatSchG die in Anhang II der FFH-Richtli-

---

106 OVG Münster, Urteil vom 3.8.2010, Az. 8 A 4062/04, Rn. 122 ff.; VG Arnsberg, Urteil vom 22.11.2012, Az. 7 K 2633/10, Rn. 68 ff.; VG Düsseldorf, Urteil vom 11.7.2013, Az. 11 K 2057/11, Rn. 54.
107 VG Arnsberg, Urteil vom 22.11.2012, Az. 7 K 2633/10, Rn. 72.
108 Vgl. Gatz, Rn. 252.
109 Vgl. OVG Münster, Urteil vom 3.8.2010, Az. 8 A 4062/04, Rn. 156.
110 Gatz, Rn. 255.

nie mit dem Zeichen (*) gekennzeichneten Tier- und Pflanzenarten zu verstehen.

484 Mit Blick auf die **restriktiven Abweichungsvoraussetzungen** in § 34 Abs. 3 BNatSchG (und noch strenger in § 34 Abs. 4 BNatSchG) bleibt kaum Spielraum für die ausnahmsweise Zulassung von Windenergieanlagen. Denn zwingende Gründe des überwiegenden öffentlichen Interesses i. S. v. § 34 Abs. 3 Nr. 1 BNatSchG liegen bei wirtschaftlichen Interessen von Investoren nicht vor.[111] Ob die Ansiedlung von Windenergieanlagen neben dem Investoreninteresse wegen der Förderung der Wirtschaft oder des Klimaschutzes zugleich einem überragenden öffentlichen Interesse dient, wird in der Literatur höchst skeptisch bewertet.[112] Die **Erteilung von Abweichungen** nach § 34 Abs. 3 BNatSchG – geschweige denn soweit einschlägig nach § 34 Abs. 4 BNatSchG – wird daher in aller Regel nicht in Betracht kommen.

485 b) **Artenschutzrecht.** Im Genehmigungsverfahren stellen die in § 44 BNatSchG geregelten **artenschutzrechtlichen Verbote** ein regelmäßig auftretendes und oft nur schwer zu lösendes Problem dar. Diese **gelten „überall"**. Sie beschränken sich damit nicht auf bestimmte geschützte Gebiete wie etwa die Natura 2000-Gebiete.

486 Nach der Rspr.[113] handelt es sich bei **artenschutzrechtlichen Verboten zugleich auch um bauplanungsrechtliche Belange des Naturschutzes** i. S. d. § 35 Abs. 3 Satz 1 Nr. 5 BauGB, die diese damit konkretisieren. Soweit die artenschutzrechtlichen Verbote verletzt werden, stehen dem Vorhaben zugleich auch die Belange des Naturschutzes i. S. v. § 35 Abs. 3 Satz 1 Nr. 5 BauGB entgegen.

487 aa) **Übersicht über die artenschutzrechtlichen Zugriffsverbote.** Die **artenschutzrechtlichen Verbote** sind gemeinschaftsrechtlich in Art. 12 FFH-RL und Art. 5 VS-RL geregelt und wurden nach den Zielen des Gesetzgebers in einem „1:1-Verhältnis" umgesetzt, so dass die Hinzuziehung der **europäischen Rechtsgrundlagen** grundsätzlich entbehrlich ist.[114] Gleichwohl stellt sich im national geregelten Artenschutzrecht mit Blick auf einzelne Regelungen die Frage der gemeinschaftsrechtkonformen Umsetzung des europäischen Rechts. Soweit diese Frage jeweils streitig behandelt wird, wird dies nachfolgend gesondert dargestellt.

488 Für die Zulässigkeit von Errichtung und den Betrieb von Windenergieanlagen sind die in § 44 Abs. 1 BNatSchG geregelten **Zugriffsverbote** relevant. Danach gilt Folgendes:

---

111 Gatz, Rn. 261 mit Verweis auf VG Stade, Urteil vom 27.1.1999, Az. 2 A 772/97.
112 Gatz, Rn. 260, 261; Kupke, in: Maslaton, Kapitel 1, Rn. 141.
113 BVerwG, Urteil vom 27.6.2013, Az. 4 C 1/12, Rn. 6.
114 Blessing/Scharmer, Der Artenschutz im Bebauungsplanverfahren, Rn. 19.

„(1) Es ist verboten,
1. wild lebenden Tieren der besonders geschützten Arten nachzustellen, sie zu fangen, zu verletzen oder zu **töten** oder ihre Entwicklungsformen aus der Natur zu entnehmen, zu beschädigen oder zu zerstören,
2. wild lebende Tiere der streng geschützten Arten und der europäischen Vogelarten während der Fortpflanzungs-, Aufzucht-, Mauser-, Überwinterungs- und Wanderungszeiten **erheblich zu stören**; eine erhebliche Störung liegt vor, wenn sich durch die Störung der Erhaltungszustand der lokalen Population einer Art verschlechtert,
3. **Fortpflanzungs- oder Ruhestätten** der wild lebenden Tiere der besonders geschützten Arten aus der Natur zu entnehmen, zu **beschädigen** oder zu zerstören,
4. wild lebende Pflanzen der besonders geschützten Arten oder ihre Entwicklungsformen aus der Natur zu entnehmen, sie oder ihre Standorte zu beschädigen oder zu zerstören

(Zugriffsverbote)."

Die Verbotstatbestände nach § 44 Abs. 1 Nr. 1, 3 und 4 BNatSchG verweisen auf die besonders geschützten **Arten**. Einzig das Verbot gemäß § 44 Abs. 1 Nr. 2 BNatSchG bezieht sich u. a. auf die streng geschützten Arten. Welche **Tier- und Pflanzenarten** entweder zu den geschützten oder zu den streng geschützten Arten gehören, lässt sich der Begriffsbestimmung in § 7 BNatSchG entnehmen. Danach sind die besonders geschützten Arten in § 7 Abs. 2 Nr. 13 BNatSchG, die streng geschützten Arten in § 7 Abs. 2 Nr. 14 BNatSchG gesetzlich definiert. Die weitergehende Bestimmung soll an dieser Stelle nicht behandelt werden, da mit Blick auf die Genehmigung von Windenergieanlagen besonders relevanten europäischen Vogelarten wie auch die Fledermausarten zu den geschützten Tierarten gehören und von der Verbotwirkung nach § 44 Abs. 1 BNatSchG umfasst sind.

Das artenschutzrechtliche Prüfungsprogramm sieht ein **vierstufiges System** vor.[115] Auf der **ersten Stufe** ist zu untersuchen, ob ein Vorhaben gegen die vier in § 44 Abs. 1 Nr. 1 bis 4 BNatSchG geregelten „Zugriffsverbote" verstößt. Danach sind

- die **Tötung geschützter Tierarten** (§ 44 Abs. 1 Nr. 1 BNatSchG),
- die **Störung** geschützter Tierarten während bestimmter Schutzzeiten (§ 44 Abs. 1 Nr. 2 BNatSchG),
- die Beschädigung ihrer geschützten Lebensstätten (§ 44 Abs. 1 Nr. 3 BNatSchG) sowie
- der Zugriff auf geschützte **Pflanzenarten** (§ 44 Abs. 1 Nr. 4 BNatSchG)

verboten.

---

115 Dolde, NVwZ 2008,121,122; Stüer, DVBl. 2009, 1, 8.

491 Für die Genehmigung von Windenergieanlagen hat zunächst das artenschutzrechtliche **Tötungsverbot** gemäß § 44 Abs. 1 Nr. 1 BNatSchG große Bedeutung. Bestimmte Vogelarten (zum Beispiel Rotmilan, Mäusebussard, Seeadler) und Fledermausarten zeigen bezüglich Windenergieanlagen **kein Meideverhalten**, so dass es zu einer Kollision oder jedenfalls einem **Kollisionsrisiko** in der Nähe von Anlagen kommt, was gegen das Tötungsverbot verstoßen würde.[116]

492 Aber auch das **Verbot der Schädigung geschützter Lebensstätten** kann bei Windenergieanlagen einschlägig sein, wenn Lebensstätten zwar nicht durch den (relativ kleinen) unmittelbaren Zugriff durch das „Baufenster" der Anlage, aber durch die **betrieblichen Auswirkungen** wie Lärm, Schattenwurf oder deren optische Wirkung mittelbar beeinträchtigt werden, weil die geschützten Arten ihre Lebensstätten wegen dieser Belastungen aufgeben.[117]

493 Auf der **zweiten Stufe** ist zu prüfen, ob das Vorhaben unter den Voraussetzungen des § 44 Abs. 5 BNatSchG dennoch zulässig ist, weil von der Verbotswirkung „**freigestellt**"[118] werden kann. In diesem Fall ist eine solche Freistellung gesetzessystematisch nicht mit der Erteilung einer Ausnahme zu verwechseln. Es handelt sich um die Aufhebung der Verbotswirkung.

494 Ergibt die Prüfung auf zweiter Stufe, dass das fragliche Vorhaben gegen artenschutzrechtliche Verbote verstößt, ist schließlich auf **dritter Stufe** zu klären, ob die Voraussetzungen für die Erteilung einer **Ausnahme** durch die zuständige Naturschutzbehörde vorliegen. Hierbei sieht das BNatSchG mehrere Ausnahmetatbestände vor. Für die Genehmigung von Windenergieanlagen kann allenfalls die Ausnahmevorschrift des § 45 Abs. 7 Satz 1 Nr. 5 und 2 BNatSchG maßgeblich sein. Die Voraussetzungen für die Annahme nach § 45 Abs. 7 Satz 1 Nr. 5 und 2 BNatSchG, wonach unter anderem „zwingende Gründe des überwiegenden öffentlichen Interesses" vorliegen müssen, werden bei der Ansiedlung von Windenergieanlagen regelmäßig nicht erfüllt sein, so dass eine Ausnahme nicht erteilt werden kann.[119]

495 Fehlt es an den Voraussetzungen für die Erteilung einer Ausnahme, ist zuletzt auf **vierter Stufe** zu klären, ob für das Vorhaben eine **Befreiung** nach § 67 Abs. 2 BNatSchG erteilt werden kann – was im Genehmigungsverfahren von Windenergieanlagen jedoch ebenfalls wohl ausgeschlossen werden kann.[120]

---

116 Hinsch, ZUR 2011, 191, 192.
117 Hinsch, ZUR 2011, 191, 192.
118 So der von Dolde, NVwZ 2008, 121, 122, gewählte Begriff.
119 Gatz, Rn. 293; ähnlich auch Gellermann, NdsVBl. 2016, 13, 17; offener für die Erteilung von Ausnahmen Müller-Mitschke, NuR 2015, 741, 744 ff.
120 Gatz, Rn. 294.

In diesem Zusammenhang sei angemerkt, dass in der **Genehmigungspraxis Ausnahmen und Befreiungen regelmäßig nicht erteilt** werden, was bedeutet, dass Windenergieanlagen, die gegen artenschutzrechtliche Verbote verstoßen, nicht genehmigungsfähig sind. Aus diesem Grund wird nachfolgend auf die tatbestandlichen Voraussetzungen von Ausnahme und Befreiung nicht weiter eingegangen.

496

bb) Artenschutzrechtliche Ermittlungen. Im Artenschutzrecht fehlt es an einem gesicherten wissenschaftlichen Standard für **artenschutzrechtliche Prüfungen.**[121] Nach der Rspr. des BVerwG kommt den Behörden daher die **naturschutzfachliche Einschätzungsprärogative** zu, die aber hinsichtlich ihrer rechtlichen Grenzen von den Gerichten überprüft wird.

497

Grund hierfür ist der Umstand, dass es im Bereich des Naturschutzes regelmäßig um ökologische Bewertungen und Einschätzungen geht, für die normkonkretisierende Maßstäbe fehlen. Sind verschiedene Methoden wissenschaftlich vertretbar, soll die Wahl der Methode – so das BVerwG – der Behörde überlassen bleiben. Die behördliche Einschätzungsprärogative bezieht sich sowohl auf die **Erfassung des Bestands** der geschützten Arten als auch auf die **Bewertung der Gefahren**, denen die Exemplare der geschützten Arten bei Realisierung des zur Genehmigung stehenden Vorhabens ausgesetzt sein würden.[122]

498

cc) Das Tötungsverbot (§ 44 Abs. 1 Nr. 1 BNatSchG). Nach dem **Tötungsverbot** gemäß § 44 Abs. 1 Nr. 1 BNatSchG ist es verboten, den wild lebenden Tieren der besonders geschützten Arten nachzustellen, sie zu fangen, zu verletzen oder zu töten oder ihre Entwicklungsformen aus der Natur zu entnehmen, zu beschädigen oder zu zerstören.

499

Nach der Rspr. ist das Tötungsverbot nicht nur erfüllt, wenn Sicherheit besteht, dass ein Individuum einer geschützten Art getötet wird, sondern auch dann, wenn sich das **Tötungsrisiko** – z. B. durch den Betrieb einer Windenergieanlage – **signifikant erhöht**.[123]

500

Windenergieanlagen können wegen ihrer erheblichen Höhe und den drehenden Rotorblättern vor allem für **Greifvögel** wie den Rotmilan oder Fledermäuse zu einem erhöhten Tötungsrisiko führen. Ein erhöhtes Tötungsrisiko besteht damit vor allem bei solchen Arten, die gegenüber den

501

---

121 BVerwG, Urteil vom 27.6.2013, Az. 4 C 1/12, Rn. 15.
122 BVerwG, Urteil vom 27.6.2013, Az. 4 C 1/12, Rn. 14.
123 Ständige Rechtsprechung des BVerwG, z. B. Urteil vom 12.3.2008, Az. 9 A 3/06, Rn. 219; Urteil vom 14.7.2011, Az. 9 A 12/10, Rn. 99; speziell zum signifikanten Kollisionsrisiko bei Windenergieanlagen vgl. Urteil vom 27.6.2013, Az. 4 C 1/12, Rn. 11; Urteil vom 21.11.2013, Az. 7 C 40/11, Rn. 23; ferner Beschluss vom 16.9.2014, Az. 4 B 48/14, Rn. 4 f.

Anlagen **kein Meideverhalten** zeigen[124] und sich häufig am Anlagenstandort aufhalten.[125]

502 Daher ist im Genehmigungsverfahren zu prüfen, ob ein **signifikantes Tötungsrisiko** vorliegt. Weiter ist zu klären, ob und wenn ja, welche **Vermeidungsmaßnahmen** ergriffen werden können, um ein vorhandenes Tötungsrisiko zu senken, damit die Verbotswirkung ausgeschlossen werden kann.[126]

503 (1) **Tötungsrisiko.** Nach der Rspr. des BVerwG sind Umstände, die für die **Beurteilung der Signifikanz des Kollisionsrisikos** eine Rolle spielen, insbesondere
- die artspezifischen Verhaltensweisen,
- die häufige Frequentierung des durchschnittenen Raums und
- die Wirksamkeit vorgesehener Schutzmaßnahmen.[127]

504 So soll ein signifikant erhöhtes Tötungsrisiko im wesentlichen von zwei Faktoren abhängen. So muss es sich um eine Tierart handeln, die aufgrund ihrer **artspezifischen Verhaltensweisen** gerade im Bereich des Vorhabens ungewöhnlich stark von dessen Risiken betroffen ist. Weiter muss sich diese Tierart häufig – zur Nahrungssuche oder beim Zug – im **Gefährdungsbereich des Vorhabens aufhalten.**[128]

505 Bei der **Erweiterung eines Windparks** um zusätzliche Anlagen ist es nach der Rspr. unwahrscheinlich, dass gerade von den neu hinzukommenden Anlagen ein erhöhtes Tötungsrisiko ausgehen wird.[129]

506 (2) **Abstandsempfehlungen.** Um das Tötungsrisiko auszuschließen, wurden für die Errichtung und den Betrieb von Windenergieanlagen in den vergangenen Jahren behördliche Empfehlungen für grundsätzlich zu beachtende **Mindestabstände** zwischen Lebensräumen betroffener Vogel- und Fledermausarten sowie den Standorten von Windenergieanlagen erarbeitet.[130] Diesen **Abstandsempfehlungen** liegt die Annahme zu Grunde, dass eine Beeinträchtigung betroffener Arten nicht zu erwarten ist, wenn sich die Standorte für die Windenergieanlagen in einem Mindestabstand zu **Brutstätten, Flugrouten oder Nahrungshabitaten** befinden.[131]

507 In diesem Zusammenhang ist fraglich, ob von einem erhöhten Tötungsrisiko betroffener Arten stets schon dann auszugehen ist, wenn sich die

---
124 Hinsch, ZUR 2011, 191, 192.
125 Gellermann, NdsVBl. 2016, 13, 14.
126 BVerwG, Urteil vom 9.7.2008, Az. 9 A 14/07, Rn. 90.
127 BVerwG, Urteil vom 14.7.2011, Az. 9 A 12/10, Rn. 99.
128 VG Hannover, Urteil vom 22.11.2012, Az. 12 A 2305/11, Rn. 39.
129 OVG Magdeburg, Urteil vom 23.7.2009, Az. 2 L 302/06, Rn. 64.
130 Vgl. etwa für Brandenburg den Windkrafterlass vom 1.1.2011, dort Anlage 1 und 2 „Tierökologische Abstandskriterien für die Errichtung von Windenergieanlagen".
131 OVG Weimar, Urteil vom 29.5.2007, Az. 1 KO 1054/03, Rn. 58.

geplanten Standorte für die **Windenergieanlagen innerhalb solcher Mindest-Abstände** befinden. Diese Frage wurde durch die Rspr. des BVerwG soweit ersichtlich noch nicht geklärt und wird von den Verwaltungsgerichten unterschiedlich beantwortet.

Am Beispiel des **Rotmilans** sei diese bislang uneinheitliche Rspr. der Verwaltungsgerichte verdeutlicht: So gehen einige Oberverwaltungsgerichte davon aus, dass zwischen Windenergieanlagen und den Lebensräumen des Rotmilans ein **Abstand von mindestens 1.000 Metern** eingehalten werden muss.[132] Nach der Rspr. anderer Oberverwaltungsgerichte ist dagegen **konkret zu prüfen**, ob sich das Tötungsrisiko durch die Ansiedlung von Windenergieanlagen erhöht.[133] Dabei könne allein aus der Unterschreitung einer Distanz von 1.000 Metern noch nicht auf ein signifikant erhöhtes Tötungsrisiko geschlossen werden.[134] Das **BVerwG** hat zwar die Rspr. der Oberverwaltungsgerichte nicht beanstandet, die nach eingehender Prüfung etwa für den Rotmilan einen Mindestabstand von 1.000 Metern als erforderlich ansahen.[135] An anderer Stelle wiederum hat es anerkannt, dass es jeweils auf eine naturschutzfachliche Prüfung der Signifikanz des Tötungsrisikos im Einzelfall ankommt und die Abstandsempfehlungen keine zwingende Geltung beanspruchen können.[136] Letztlich kommt es hier auf die Verwaltungspraxis der zuständigen Naturschutzbehörden sowie auf die neuesten Erkenntnisse der ökologischen Wissenschaft an.

508

(3) Vermeidungs- und Minderungsmaßnahmen. Soweit von einem signifikant erhöhten Tötungsrisiko auszugehen ist, können **Vermeidungs- und Minderungsmaßnahmen** ergriffen werden, um das Risiko und damit einen Verstoß gegen das Tötungsverbot auszuschließen.[137]

509

Als solche Maßnahmen kommen zunächst Auflagen zur Einschränkung des Betriebs durch **Abschaltzeiten** während der Hauptflugzeiten von Vögeln oder zu Zeiten erhöhter Fledermausaktivitäten in Betracht.[138]

510

---

132 OVG Weimar, Urteil vom 14.10.2009, Az. 1 KO 372/06; Beschluss vom 29.1.2009, Az. 1 EO 346/08, Rn. 73; Urteil vom 29.5.2007, Az. 1 KO 1054/03, Rn. 53; OVG Magdeburg, Urteil vom 19.1.2012, Az. 2 L 124/09, Rn. 94; wohl auch VGH München, Beschluss vom 26.1.2012, Az. 22 CS 11.2783.
133 OVG Münster, Urteil vom 30.7.2009, Az. 8 A 2357/08; Rn. 139 ff.; OVG Lüneburg, Urteil vom 12.11.2008, Az. 12 LC 72/07, Rn. 78; VGH Kassel, Beschluss vom 21.12.2015, Az. 9 B 1607/15, Rn. 40.
134 VG Minden, Urteil vom 10.3.2010, Az. 11 K 53/09, Rn. 117.
135 BVerwG, Urteil vom 21.11.2013, Az. 7 C 40/11, Rn. 23; Urteil vom 27.6.2013, Az. 4 C 1/12, Rn. 11.
136 BVerwG, Beschluss vom 16.9.2014, Az. 4 B 48/14, Rn. 4 f.
137 OVG Münster, Urteil vom 20.11.2012, Az. 8 A 252/10, Rn. 106.
138 Vgl. OVG Berlin-Brandenburg, Beschluss vom 15.3.2012, Az. 11 S 72.10; Wemdzio, NuR 2011, 464, 466.

511 Ferner sind auch **aktive Vermeidungsmaßnahmen** denkbar. So kann beim Rotmilan die landwirtschaftliche Nutzung im Umfeld der Windenergieanlage gezielt gesteuert werden, mit dem Ziel, das Umfeld der Anlage für den Rotmilan nach dem Flüggewerden der jungen Greifvögel möglichst unattraktiv zu gestalten, während gleichzeitig an anderer Stelle Flächen durch Schaffung von Stoppeläckern in weitem Abstand der Anlage attraktiver gemacht werden.[139]

512 Ob Auflagen zum „**Monitoring**", also zur Kontrolle von Schlagopfern, wie sie von den Genehmigungsbehörden regelmäßig als Nebenbestimmung in die Genehmigung aufgenommen werden, geeignet und zulässig sind, das Tötungsrisiko maßgeblich zu senken, ist zweifelhaft.

513 Nach der Rspr. des BVerwG gilt für ein Monitoring ganz allgemein, dass dieses dazu dienen kann, aufgrund einer fachgerecht vorgenommenen **Risikobewertung** Unsicherheiten Rechnung zu tragen, die sich aus **nicht behhebbaren naturschutzfachlichen Erkenntnislücken** ergeben, sofern gegebenenfalls wirksame Reaktionsmöglichkeiten zur Verfügung stehen. Es stellt hingegen **kein zulässiges Mittel** dar, um **behördliche Ermittlungsdefizite** und Bewertungsmängel zu kompensieren. Dies gilt umso weniger, wenn offen bleibt, wie nachträglich zu Tage tretende Eignungsmängel eines Schutzkonzepts behoben werden können.[140]

514 Nach dieser Rspr. ist ein **Monitoring unzulässig** – was auf der Hand liegt –, wenn die Behörde gar keine oder eine **unvollständige Sachverhaltsermittlung** durchgeführt hat. In diesem Fall kann die Genehmigung erst erteilt werden, wenn die artenschutzrechtlichen Ermittlungen durchgeführt worden sind; ein Monitoring kann diese Defizite nicht ausgleichen.[141] Die Behörde ist hier verpflichtet, die erforderlichen Ermittlungen durchzuführen.[142]

> Oft genug ist aber in der **Verwaltungspraxis** festzustellen, dass die Genehmigungsbehörde (auf Forderung der Naturschutzbehörde) ein **Monitoring** auch dann aufnimmt, wenn aufgrund der Sachverhaltsermittlungen eigentlich feststeht, dass ein signifikant erhöhtes Tötungsrisiko nicht besteht. Hierfür besteht aber **keine Ermächtigungsgrundlage**.[143]

515 dd) **Störungsverbot (§ 44 Abs. 1 Nr. 2 BNatSchG)**. Nach dem **Störungsverbot** gemäß § 44 Abs. 1 Nr. 2 BNatSchG ist es verboten, wild lebende

---
139 OVG Münster, Urteil vom 20.11.2012, Az. 8 A 252/10, Rn. 106.
140 BVerwG, Urteil vom 14.7.2012, Az. 9 A 12/10, Rn. 105 für ein Planfeststellungsverfahren; so auch OVG Münster, Urteil vom 25.2.2015, Az. 8 A 959/10, für ein Schlagopfer-Monitoring bei Windenergieanlagen.
141 So auch Bringewat, ZNER 2014, 441, 444.
142 OVG Magdeburg, Urteil vom 13.3.2014, Az. 2 L 215/11, Rn. 39.
143 Vgl. OVG Magdeburg, Urteil vom 13.3.2014, Az. 2 L 215/11, Rn. 38.

Tiere der besonders geschützten Arten während der Fortpflanzungs-, Aufzucht-, Mauser-, Überwinterungs- und Wanderungszeiten[144] erheblich zu stören; eine erhebliche Störung liegt vor, wenn sich durch die Störung der Erhaltungszustand der lokalen Population einer Art verschlechtert.

516 Eine Störung während der in § 44 Abs. 1 Nr. 2 BNatSchG genannten Schutzzeiten wird dann vorliegen, wenn eine Einwirkung auf das geschützte Tier erfolgt, die von diesem als nachteilig empfunden wird. Bei **Windenergieanlagen** können die **Bewegungen der Rotorblätter** zu solchen Störungen während der Brut führen. Auch das Erscheinungsbild der Anlage, das zu einem Meideverhalten eines Tieres führt, soll als Störung i. S. v. § 44 Abs. 1 Nr. 2 BNatSchG gelten,[145] wobei hier Bedenken bestehen, ob allein das Erscheinungsbild als Störung gelten kann, da dies zu einem sehr weitreichenden Schutz führen würde. Zudem wäre in diesem Fall keine Vermeidungsmaßnahme denkbar, so dass die Annahme einer Störung zu einem vollständigen Errichtungsverbot für die Anlage führen würde.

517 Eine **Störung** ist nach § 44 Abs. 1 Nr. 2 BNatSchG nur dann verboten, wenn sie **erheblich** ist. Das Störungsverbot gemäß § 44 Abs. 1 Nr. 2 BNatSchG schützt zwar zunächst wie das Tötungsverbot gemäß § 44 Abs. 1 Nr. 1 BNatSchG jedes Exemplar einer geschützten Art, entfaltet die Verbotswirkung aber nur, wenn die dort geregelte **Erheblichkeitsschwelle** überschritten ist. Von einer erheblichen Störung ist auszugehen, wenn sich der **Erhaltungszustand** der betroffenen lokalen Population[146] einer Art durch die Störung **verschlechtert**.

518 Eine **Verschlechterung des Erhaltungszustandes** wird insbesondere dann angenommen, wenn die Überlebenschancen, der Bruterfolg oder die Reproduktionsfähigkeit vermindert werden, wobei dies artspezifisch für den jeweiligen Einzelfall zu untersuchen und zu beurteilen ist.[147]

519 Anders als beim Tötungsverbot sieht § 44 Abs. 1 Nr. 2 BNatSchG **keine Möglichkeit** vor, dass die Handlung unter den Voraussetzungen nach § 44

---

144 *Fortpflanzungszeiten* sind Zeiten, in denen Tiere der Fortpflanzung dienende Verhaltensweisen zeigen. *Mauserzeit* ist die Zeit, in denen Vögel ihr Federkleid wechseln und die Flucht oder Nahrungssuche wegen der eingeschränkten Flugfähigkeit nur eingeschränkt gelingt. *Überwinterungszeit* ist die Zeit, in der sich die Tiere vor der kalten Jahreszeit schützen, indem sie in wärmere Regionen ziehen oder sich in Bereiche zurückziehen, in denen sie mit eingeschränkten Lebensfunktionen den Winter verbringen können. *Wanderzeiten* sind Zeiten, in denen die Tiere zwischen Brutgebieten und Überwinterungsquartieren unterwegs sind, Louis, NuR 2009, 91, 95.
145 OVG Münster, Urteil vom 6.11.2012, Az. 8 B 441/12, Rn. 26.
146 Nach der Gesetzesbegründung zur „kleinen Novelle" des BNatSchG umfasst die lokale Population diejenigen (Teil-)Habitate und Aktivitätsbereiche der Individuen einer Art, die in einem für die Lebens(-raum)ansprüche der Art ausreichenden räumlich-funktionalen Zusammenhang stehen, vgl. BVerwG, Urteil vom 9.6.2010, Az. 9 A 20.08, Rn. 48.
147 Begründung zum Gesetzesentwurf, BT-Drs. 16/5100, S. 11.

Abs. 5 BNatSchG vom Störungsverbot **freigestellt** wird. Allerdings wird eine solche Freistellung in der Regel dann nicht erforderlich sein, wenn **vorgezogene Ausgleichsmaßnahmen** i. S. v. § 44 Abs. 5 Satz 3 BNatSchG zur Freistellung vom Beschädigungsverbot geschützter Lebensstätten ergriffen werden. In einem solchen Fall kann davon ausgegangen werden, dass die Ausgleichsmaßnahme zugleich dafür sorgt, dass sich der Erhaltungszustand der dort angesiedelten lokalen Population nicht verschlechtern wird und die Störung damit nicht erheblich ist.[148] Daneben kommen aber auch „isolierte" konfliktvermeidende oder -mindernde Maßnahmen in Betracht, wie etwa die Anordnung von Abschaltzeiten für die Windenergieanlagen während der Brutzeiten.[149]

520 ee) **Beschädigungsverbot (§ 44 Abs. 1 Nr. 3 BNatSchG).** Nach dem Beschädigungsverbot gemäß § 44 Abs. 1 Nr. 3 BNatSchG ist es verboten, Fortpflanzungs- und Ruhestätten der wild lebenden Tiere der besonders geschützten Arten aus der Natur zu entnehmen, zu beschädigen oder zu zerstören.

521 Das in § 44 Abs. 1 Nr. 3 BNatSchG geregelte Verbot, in „flächenmäßiger" Hinsicht auf bestimmte geschützte Lebensstätten der geschützten Arten zuzugreifen, kann zunächst bei der **Errichtung von Windenergieanlagen** einschlägig sein.[150] In diesem Zusammenhang ist aber zu vermuten, dass die Verbotswirkung des Beschädigungsverbots wegen der Größe der Aufstell-Flächen keine allzu große Bedeutung hat.

522 Allerdings kann das Beschädigungsverbot dann relevant werden, wenn die **Beseitigung von Brutstätten Bestandteil eines Artenschutzkonzepts** ist, das signifikante Tötungsrisiko im Umfeld von Windenergieanlagen unter die Verbotsschwelle zu senken.[151]

523 Soweit auch **mittelbare Einwirkungen durch Störeffekte** zu einer Aufgabe der Lebensstätten führen und diese als verbotsrelevant angesehen werden – worauf nachfolgend noch vertieft eingegangen wird –, kann das Beschädigungsverbot auch für den Betrieb der Windenergieanlagen relevant sein.

524 (1) **Geschützte Lebensstätten.** Nach § 44 Abs. 1 Nr. 3 BNatSchG ist nicht der gesamte Lebensraum einer Art geschützt, sondern nur bestimmte Teilhabitate dieses Lebensraums, die in dem Verbotstatbestand ausdrücklich beschrieben werden und durch bestimmte Funktionen für die jeweilige Art geprägt sind.[152] Vom Schutz umfasst sind damit die ausdrücklich er-

---

148 Vgl. BVerwG, Urteil vom 18.3.2009, Az. 9 A 39/07, Rn. 86; Louis, NuR 2009, 91, 96.
149 Gatz, Rn. 282.
150 Gatz, Rn. 288.
151 Kupke, in: Maslaton, Kapitel 1, Rn. 157.
152 BVerwG, Urteil vom 12.3.2008, Az. 9 A 3/06, Rn. 222; Beschluss vom 13.3.2008, Az. 9 VR 9/07 Rn. 29; Urteil vom 18.3.2009, Az. 9 A 39/07, Rn. 66.

wähnten Teilhabitate der **Fortpflanzungs- und Ruhestätten,** jedoch nicht sonstige Bestandteile des Lebensraums der Arten wie etwa Jagd- oder Nahrungsreviere.[153]

Als **Fortpflanzungsstätten** sind alle Orte oder Teilhabitate im Gesamtlebensraum eines Tieres zu verstehen, die es für seine Fortpflanzung benötigt wie z. B. Paarungsgebiete.[154] Zu den geschützten Fortpflanzungsstätten gehören nicht nur die Orte, an denen konkret eine Fortpflanzung stattfindet, sondern auch solche Orte, die eine erfolgreiche Aufzucht des Nachwuchses sicherstellen.[155] Die Funktion eines Orts als geschützte Fortpflanzungsstätte endet erst dann, wenn der Bruterfolg abgeschlossen ist und die Jungen die Stätte verlassen haben. Relevant ist, dass die konkrete Aufzuchtstätte nicht mehr benötigt wird.[156]

Nahrungs- oder Jagdhabitate gehören – wie erwähnt – nicht zu den geschützten Fortpflanzungsstätten.[157] Etwas anderes wird ausnahmsweise nur dann gelten, wenn der Schutz und die Existenz der Nahrungsstätte für den Fortpflanzungserfolg unmittelbar erforderlich sind. Eine Verschlechterung der Ernährungssituation reicht für die räumliche Ausweitung des Schutzumfangs nicht aus. Erforderlich wird hierfür eine Gefährdung des Fortpflanzungserfolgs sein.[158]

Als **Ruhestätten** gelten grundsätzlich alle Orte oder Teilhabitate im Gesamtlebensraum eines Tieres, die es nicht nur vorübergehend zum Ruhen oder Schlafen aufsucht oder an die es sich zu Zeiten längerer Inaktivität zurückzieht. Es sind die Bereiche, an die sich ein Tier etwa nach der Nahrungssuche oder nach Auseinandersetzungen mit Artgenossen zurückzieht.[159] Dagegen sind **Überwinterungsplätze von Vögeln** nach der Rspr. des BVerwG nicht nach § 44 Abs. 1 Nr. 3 BNatSchG geschützt.[160] Allerdings werden solche Überwinterungsplätze wiederum dann dem Schutz nach § 44 Abs. 1 Nr. 3 BNatSchG unterfallen, wenn solche Flächen als nächtlicher Rückzugsraum zum Ruhen oder Schlafen aufgesucht werden.[161]

Da das Verbot nach § 44 Abs. 1 Nr. 3 BNatSchG der Sicherung solcher Lebensstätten dient, die für die Erhaltung der Art aktuelle Bedeutung besitzen, **gilt das Verbot primär nur so lange, wie die jeweilige Lebensstätte**

---

153 Vgl. Beschluss vom 13.3.2008, Az. 9 VR 9/07, Rn. 29.
154 Louis, NuR 2009, 91, 93.
155 Louis, NuR 2009, 91, 93.
156 Louis, NuR 2009, 91, 93.
157 BVerwG, Urteil vom 9.7.2008, Az. 9 A 14/07, Rn. 91.
158 Louis, NuR 2009, 91, 94.
159 Louis, NuR 2009, 91, 93.
160 BVerwG, Urteil vom 11.1.2001, Az: 4 C 6/00.
161 Gellermann/Schreiber, Schutz wildlebender Tiere und Pflanzen in staatlichen Planungs- und Zulassungsverfahren, S. 48.

ihre Funktion nicht verloren hat.[162] Der Schutz der Lebensstätte gilt aber auch bei Abwesenheitszeiten des nutzenden Tieres, wenn eine regelmäßig wiederkehrende Nutzung nach den Lebensgewohnheiten einer Art zu erwarten ist.[163] So werden als Beispiele für den **ganzjährigen Lebensstättenschutz** bei zeitweiser Abwesenheit der Art der Höhlenbaum während der Sommerzeit genannt, den einer Fledermausart während der kalten Jahreszeit als Winterquartier nutzt.[164]

529 Gleiches gilt für die **Vogelarten**. Hier ist zu prüfen, ob es sich um nesttreue oder nestuntreue Vogelarten handelt. Kehrt die betroffene Vogelart mit hinreichender Wahrscheinlichkeit an die im Vorjahr genutzte Lebensstätte zurück und erweist sich als nesttreu, gilt das Beschädigungsverbot über das ganze Jahr.[165] Entsprechend schützt § 44 Abs. 1 Nr. 3 BNatSchG ganzjährig vor der vollständigen Beseitigung eines Brutreviers, wenn Vogelarten zwar nicht regelmäßig dasselbe Nest in dem Brutrevier aufsuchen, aber regelmäßig ihre Brutplätze in diesem Brutrevier haben.[166]

530 (2) **Verbotene Handlungen.** Die von § 44 Abs. 1 Nr. 3 BNatSchG geschützten Lebensstätten werden vor Entnahme, Beschädigung und Zerstörung geschützt. Unter Zerstörung i. S. d. § 44 Abs. 1 Nr. 3 BNatSchG wird die vollständige Vernichtung einer Lebensstätte verstanden.[167] Beschädigung meint die substanzverletzende Beeinträchtigung einer Lebensstätte. Die Verbotshandlung setzt damit eine körperliche Einwirkung auf die geschützte Lebensstätte voraus.[168]

531 Teile der Literatur meinen, dass bereits auch solche „**mittelbaren**" **Einwirkungen** auf die Lebensstätte verbotene Beschädigungen sind, die zur Mangelhaftigkeit einer Lebensstätte führen und die ökologische Funktion der Lebensstätte verschlechtern oder beeinträchtigen.[169] Das Beschädigungsverbot zielt dann nicht auf die Errichtung, aber auf den Betrieb der Anlagen.

---

162 Gellermann/Schreiber, Schutz wildlebender Tiere und Pflanzen in staatlichen Planungs- und Zulassungsverfahren, S. 50.
163 BVerwG, Urteil vom 21.6.2006, Az. 9 A 28/05, Rn. 33; Urteil vom 12.3.2008, Az. 9 A 3/06, Rn. 222; Beschluss vom 13.3.2008, Az. 9 VR 9/07, Rn. 28 f.; Urteil vom 18.3.2009, Az. 9 A 39/07, Rn. 66; VGH Kassel, Urteil vom 21.2.2008, Az. 4 N 869/07.
164 Gellermann/Schreiber, Schutz wildlebender Tiere und Pflanzen in staatlichen Planungs- und Zulassungsverfahren, S. 50.
165 BVerwG, Urteil vom 12.3.2008, Az. 9 A 3/06, Rn. 222; Beschluss vom 13.3.2008, Az. 9 VR 9/07, Rn. 29; Urteil vom 18.3.2009, Az. 9 A 39/07, Rn. 66.
166 BVerwG, Urteil vom 21.6.2006, Az. 9 A 28/05, Rn. 33.
167 Gellermann/Schreiber, Schutz wildlebender Tiere und Pflanzen in staatlichen Planungs- und Zulassungsverfahren, S. 52.
168 Gatz, Rn. 288.
169 Gellermann/Schreiber, Schutz wildlebender Tiere und Pflanzen in staatlichen Planungs- und Zulassungsverfahren, S. 52 f.; Vogt, ZUR 2006, 21, 24; a. A. dagegen Gatz, Rn. 288, der für die Erfüllung des Beschädigungsverbots eine mittelbare Einwirkung auf die geschützte Lebensstätte voraussetzt; sowie Louis, NuR 2009, 91, 94 f.

Das BVerwG hat die Frage, ob auch mittelbare Einwirkungen auf die **532** Lebensstätte zu einem Verstoß gegen das Beschädigungsverbot führen können, **noch nicht abschließend entschieden.**[170] Einzelne Richter des BVerwG haben sich in der Literatur zu dieser Frage unterschiedlich geäußert. Der ehemalige Vorsitzende Richter des 9. Senats des BVerwG *Storost* meint, dass das Gericht die Frage der Relevanz mittelbarer Auswirkungen *„bisher nicht ausdrücklich entschieden"*[171] habe, wodurch die Bedeutung mittelbarer Einwirkungen von ihm zugleich nicht von vornherein abgelehnt wird. Dagegen lehnt der Richter des 4. Senats des BVerwG *Gatz* die Relevanz von mittelbaren Einwirkungen im Rahmen von § 44 Abs. 1 Nr. 3 BNatSchG ab.[172]

Bei einer **vollständigen Entwertung einer Lebensstätte** spricht einiges da- **533** für, auch mittelbare Einwirkungen als Beschädigung i. S. d. § 44 Abs. 1 Nr. 3 BNatSchG zu werten, sofern es zu einer **erheblichen Beeinträchtigung der ökologischen Funktion der Lebensstätte** kommt. Hierfür lässt sich anführen, dass das Beschädigungsverbot geschützter Lebensstätten in Zusammenhang mit der Freistellungsregel des § 44 Abs. 5 BNatSchG gesehen werden muss. Danach liegt eine Beschädigung nicht vor, wenn die ökologische Funktion der Lebensstätte im räumlichen Zusammenhang weiter gewahrt ist. Im Umkehrschluss kann von dem Beschädigungsverbot nicht freigestellt werden, wenn die ökologische Funktion einer Lebensstätte nicht mehr aufrechterhalten werden kann. Deshalb sind auch mittelbare Einwirkungen, die eine erhebliche Beeinträchtigung der ökologischen Funktion der Lebensstätte zur Folge haben, als eine unzulässige Beschädigung einer Lebensstätte zu werten.[173]

(3) Freistellung nach § 44 Abs. 5 BNatSchG. Soweit die Errichtung oder **534** der Betrieb von Windenergieanlagen zu einer Beschädigung oder Zerstörung von Windenergieanlagen führt und damit nach § 44 Abs. 1 Nr. 3 BNatSchG (zunächst) verboten ist, kommt eine **Freistellung** nach § 44 Abs. 5 BNatSchG in Betracht.

Voraussetzung nach § 44 Abs. 5 Satz 1 und 2 BNatSchG ist, dass es sich **535** bei der schädigenden Handlung um einen nach § 15 BNatSchG **zulässigen Eingriff in die Natur und Landschaft** handelt **und die ökologische Funktion** der von dem Eingriff oder Vorhaben betroffenen geschützten Fortpflanzungs- oder Ruhestätte im räumlichen Zusammenhang **weiterhin erfüllt** wird.

---

170 BVerwG, Urteil vom 12.8.2009, Az. 9 A 64/07, Rn. 72; dagegen ist das OVG Koblenz, Urteil vom 14.10.2014, Az. 8 C 10233/14, Rn. 68, der Ansicht, dass mittelbare Einwirkungen nicht verbotsrelevant sind.
171 Storost, DVBl. 2010, 737, 742.
172 Gatz, Rn. 288.
173 So auch Gellermann, NdsVBl. 2016, 13, 16; Hinsch, ZUR 2011, 191, 195.

536 Das BVerwG unterscheidet dabei zwischen dem **Schutz der Lebensstätte im engeren Sinne** gemäß § 44 Abs. 1 Nr. 3 BNatSchG und der **Lebensstätte im weiteren Sinne** als Verbund von Lebensstätten gemäß § 44 Abs. 5 Satz 2 BNatSchG.[174] Nach diesem Verständnis ist von dem Verbot gemäß § 44 Abs. 1 Nr. 3 BNatSchG freigestellt, wenn zwar die Lebensstätte im engeren Sinne beschädigt oder zerstört wird, die **ökologische Funktion der Lebensstätte im weiteren Sinne** aber gewahrt bleibt.[175]

537 Nach § 44 Abs. 5 Satz 3 BNatSchG können **vorgezogene Ausgleichsmaßnahmen** festgesetzt werden, um die ökologische Funktion der betroffenen Lebensstätte im räumlichen Zusammenhang zu bewahren. Neben vorgezogenen Ausgleichsmaßnahmen kommen auch Vermeidungsmaßnahmen in Betracht.[176]

538 ff) **Zugriffsverbot bezüglich Pflanzen** (§ 44 Abs. 1 Nr. 4 BNatSchG). Schließlich verbietet § 44 Abs. 1 Nr. 4 BNatSchG den **Zugriff auf wild lebende Pflanzen** der besonders geschützten Arten und ihre Standorte. Das Verbot wird in erster Linie bei der Errichtung von Anlagen relevant, wenn die Standorte geschützter Pflanzen beschädigt werden.

539 c) **Eingriff in Natur und Landschaft.** Bei der Prüfung der Belange des Naturschutzes und der Landschaftspflege ist zuletzt die **naturschutzrechtliche Eingriffsregelung** im Sinne der §§ 14 ff. BNatSchG von Bedeutung, die nach § 18 Abs. 2 Satz 2 BNatSchG für Außenbereichsvorhaben gilt.[177]

540 aa) **Eingriff.** Nach § 14 BNatSchG handelt es sich bei **Eingriffen in Natur und Landschaft** um Veränderungen der Gestalt oder Nutzung von Grundflächen oder Veränderungen des mit der belebten Bodenschicht in Verbindung stehenden Grundwasserspiegels, welche die **Leistungs- und Funktionsfähigkeit des Naturhaushalts** oder das **Landschaftsbild** erheblich beeinträchtigen können.

541 Ein **Eingriff durch Windenergieanlagen** in den **Naturhaushalt** kann z. B. vom Betrieb der Rotorblätter ausgehen, durch den Vogelarten beeinträchtigt werden.[178]

542 Das **Landschaftsbild** ist beeinträchtigt, wenn es sich bei großflächiger Betrachtungsweise infolge einer Gestalt- oder Nutzungsänderung vom Standpunkt eines *„aufgeschlossenen Durchschnittsbetrachters"* als ge-

---

174 BVerwG, Urteil vom 13.5.2009, Az. 9 A 73/07; Urteil vom 14.7.2011, Az. 9 A 12/10, Rn. 90 f.
175 Vgl. hierzu näher Blessing/Scharmer, Der Artenschutz im Bebauungsplanverfahren, Rn. 170 ff.
176 Begründung zum Gesetzesentwurf, BT-Drs. 16/5100, S. 12.
177 Vgl. hierzu Söfker, in: Ernst/Zinkahn/Bielenberg/Krautzberger, BauGB, § 35, Rn. 93.
178 Vgl. Gatz, Rn. 297;

stört darstellt.[179] **Erheblich** ist die Beeinträchtigung, wenn die äußere Erscheinungsform der Landschaft nachhaltig verändert wird, wobei der Eingriff im Hinblick auf optische Beeinträchtigungen regelmäßig dann erheblich ist, wenn das Vorhaben als Fremdkörper in Erscheinung tritt.[180] Bei **Windenergieanlagen** ist regelmäßig davon auszugehen, dass sie zu einer **erheblichen Beeinträchtigung der Landschaft** führen, wenn sie in einer unberührten Außenbereichslandschaft errichtet werden.[181] Nur wenn das Landschaftsbild bereits **irreparabel zerstört** ist, scheidet ein Eingriff durch eine erhebliche Beeinträchtigung des Landschaftsbilds aus.[182]

bb) Prüfung des Eingriffs. In § 15 BNatSchG ist geregelt, wie bei Vorliegen eines Eingriffs weiter zu verfahren ist. **543**

(1) Vermeidung. So ist der Verursacher eines Eingriffs nach § 15 Abs. 1 BNatSchG verpflichtet, **vermeidbare Beeinträchtigungen** von Natur und Landschaft zu unterlassen. Beeinträchtigungen sind nach § 15 Abs. 1 Satz 2 BNatSchG vermeidbar, wenn zumutbare Alternativen gegeben sind, den mit dem Eingriff verfolgten Zweck am gleichen Ort ohne oder mit geringeren Beeinträchtigungen von Natur und Landschaft zu erreichen. **544**

Hierbei ist aber nicht der **Verzicht auf das Vorhaben** als bestmögliche Methode der Vermeidung gemeint. Es soll nur klargestellt werden, dass der Eingriffsverursacher verpflichtet ist, technische Ausführungsvarianten zu nutzen, sofern sich die Folgen des Eingriffs auf diese Weise minimieren lassen.[183] Bei **Windenergieanlagen** lassen sich die Eingriffe in Natur (etwa durch den Betrieb) und Landschaft (durch die Errichtung der Anlage) **nicht vermeiden**.[184] **545**

(2) Ausgleich und Ersatz. Soweit der Eingriff nicht vermeidbar ist, ist der Verursacher nach § 15 Abs. 2 Satz 1 BNatSchG verpflichtet, die Beeinträchtigungen durch Maßnahmen des Naturschutzes und der Landschaftspflege **auszugleichen** (Ausgleichsmaßnahmen) oder zu **ersetzen** (Ersatzmaßnahmen). **546**

Ausgeglichen ist eine Beeinträchtigung nach § 15 Abs. 2 Satz 2 BNatSchG, wenn und sobald die beeinträchtigten Funktionen des Naturhaushalts in gleichartiger Weise wiederhergestellt sind und das Landschaftsbild landschaftsgerecht wiederhergestellt oder neu gestaltet ist. Bei **547**

---

179 BVerwG, Urteil vom 27.9.1990, Az. 4 C 44/87, Rn. 35; Gellermann, in: Landmann/Rohmer, Umweltrecht, BNatSchG, § 14, Rn. 14.
180 VGH Mannheim, Urteil vom 20.4.2000, Az. 8 S 318/00, Rn. 23.
181 Vgl. Guckelberger/Singler, NuR 2016, 1, 6.
182 Gatz, Rn. 311.
183 Gellermann, in: Landmann/Rohmer, Umweltrecht, BNatSchG, § 14, Rn. 4.
184 Gatz, Rn. 313.

Windenergieanlagen kommen **Ausgleichsmaßnahmen** zwar wegen der Beeinträchtigungen des Naturhaushalts, nicht aber wegen des Landschaftsbilds in Frage. In aller Regel sind **keine Maßnahmen** denkbar, die eine **Störung des Landschaftsbilds** ausgleichen können.[185]

548 Ersetzt ist eine Beeinträchtigung nach § 15 Abs. 2 Satz 3 BNatSchG, wenn und sobald die beeinträchtigten Funktionen des Naturhaushalts in dem betroffenen Naturraum in gleichwertiger Weise hergestellt sind und das Landschaftsbild landschaftsgerecht neu gestaltet ist. Ersatzmaßnahmen sind bei Windenergieanlagen wiederum bei Beeinträchtigungen des Naturhaushalts denkbar, nicht aber bei Beeinträchtigungen des Landschaftsbilds. In diesem Fall müsste die Landschaft an anderer Stelle, an der sie bereits durch ähnliche „mastartige" Bauwerke wie Silos oder Freileitungen gestört ist, durch **Abbau dieser Bauwerke** aufgewertet werden.[186] Da dies in der Regel nicht möglich sein wird, bleibt festzustellen, dass Beeinträchtigungen des Landschaftsbildes durch Windenergieanlagen kaum ausgeglichen oder ersetzt werden können.

549 (3) **Abwägung.** Soweit die **Eingriffe nicht vermeidbar sind und auch nicht ausgeglichen oder ersetzt** werden können, regelt § 15 Abs. 5 BNatSchG das weitere Vorgehen. Danach darf ein Eingriff nicht zugelassen oder durchgeführt werden, wenn die Beeinträchtigungen nicht zu vermeiden oder nicht in angemessener Frist auszugleichen oder zu ersetzen sind und die Belange des Naturschutzes und der Landschaftspflege bei der Abwägung aller Anforderungen an Natur und Landschaft anderen Belangen im Range vorgehen. Erforderlich ist demnach eine **Abwägung zwischen den Belangen des Naturschutzes und der Landschaftspflege mit den übrigen Belangen**, die für das Vorhaben sprechen. Für die Windenergieanlagen wird der öffentliche Belang der Energieversorgung mit Hilfe erneuerbarer Energien sprechen.[187]

550 Fraglich ist, ob das Ergebnis dieser **Abwägung** grundsätzlich mit dem Ergebnis der „nachvollziehenden Abwägung" gemäß § 35 Abs. 1 BauGB identisch ist. Das BVerwG hat hierzu zunächst im Jahr 2001 entschieden, dass beide Prüfungen – die bauplanungsrechtliche nach § 35 Abs. 1 BauGB und die naturschutzrechtliche nach § 15 Abs. 5 BNatSchG – nebeneinander stehen. Dies gelte auch für privilegierte Vorhaben. Dies habe zur Folge, dass das Ergebnis der naturschutzrechtlichen Prüfung nicht zugleich für die bauplanungsrechtliche „nachvollziehende Abwägung" im Rahmen von § 35 Abs. 1 BauGB maßgeblich sei. Ob ein Vorhaben planungsrechtlich zulässig sei, richtet sich nicht nach seiner naturschutz-

---

185 Gatz, Rn. 314.
186 So Gatz, Rn. 318.
187 Guckelberger/Singler, NuR 2016, 1, 10.

rechtlichen Zulässigkeit.[188] Allerdings hat das BVerwG zu den artenschutzrechtlichen Verboten im Jahr 2013 entschieden, dass sich die bauplanungsrechtlichen Anforderungen des § 35 Abs. 3 Satz 1 Nr. 5 BauGB, soweit sie „naturschutzbezogen" sind, mit den Anforderungen des Naturschutzrechts decken.[189] Überträgt man dies auch auf die Regelung des § 15 Abs. 5 BNatSchG, so hätte die **frühere Entscheidung des BVerwG keine Relevanz**. Allerdings ist fraglich, ob die Entscheidung zu den zwingenden Verboten des Artenschutzrechts ohne Weiteres auf eine Regelung zu einer naturschutzrechtlichen Abwägung übertragen werden kann.

Unabhängig davon hat sich das Gericht in seiner Entscheidung aus dem Jahr 2001 mit der Frage beschäftigt, ob im Umkehrschluss die naturschutzrechtliche Abwägung grundsätzlich mit der bauplanungsrechtlichen Abwägung identisch ist, ob letztlich also die **bauplanungsrechtliche auf die naturschutzrechtliche Abwägung einwirkt**, was sich vor allem bei privilegierten Anlagen nach § 35 Abs. 1 BauGB positiv für das Vorhaben auswirken könnte.[190] Das BVerwG hat diese Frage offen gelassen, aber mit Verweis auf die damalige rahmenrechtliche Eingriffsregelung eine Identität angezweifelt, da beide Abwägungsentscheidungen unterschiedlichen Gesetzgebungskompetenzen unterliegen würden.[191]

Auch wenn *Gatz* der Meinung ist, dass eine solche Identität zwischen beiden Abwägungen herrschen muss, weil es anderenfalls zu einem Wertungswiderspruch kommen kann, kann der **damalige Gedanke** des **BVerwG heute immer noch greifen**. Denn für die Eingriffsregelung im heutigen § 15 BNatSchG gilt die Möglichkeit der Abweichung durch die Länder (vgl. Art. 73 Abs. 3 Satz 1 Nr. 2 GG), so dass nach wie vor für die beiden Abwägungsentscheidungen unterschiedliche Gesetzgebungskompetenzen je nach Wahrnehmung der Abweichungsmöglichkeit durch die Länder bestehen können. Daher wird dem Umstand, dass Windenergieanlagen nach § 35 Abs. 1 BauGB privilegiert sind, noch **kein prägender Einfluss auf die Abwägung** in § 15 Abs. 5 BNatSchG zukommen.

Dieser Streit wird wohl **wenige Auswirkungen auf die Praxis** haben, da beide Prüfungen regelmäßig zu demselben Ergebnis kommen werden.[192] Soweit im Normalfall zumindest die Beeinträchtigungen des Naturhaushalts durch die Windenergieanlagen ausgeglichen oder ersetzt werden können und damit nur noch die Beeinträchtigungen des Landschaftsbildes übrig bleiben, wird die **Abwägung** zumeist zu Gunsten des Vorhabens

---

188 BVerwG, Urteil vom 13.12.2001, Az. 4 C 3/01, Rn. 14 ff.
189 BVerwG, Urteil vom 27.6.2013, Az. 4 C 1/12, Rn. 6.
190 Vgl. hierzu Gatz, Rn. 320.
191 BVerwG, Urteil vom 13.12.2001, Az. 4 C 3/01, Rn. 18.
192 BVerwG, Urteil vom 13.12.2001, Az. 4 C 3/01, Rn. 18.

ausgehen. Denn dann sprechen **nur noch die Belange des Landschaftsbildes** gegen das Vorhaben, so dass es an einem ausreichenden Gewicht der Naturschutzbelange fehlen wird, das Vorhaben nach § 15 Abs. 5 BNatSchG aufzuhalten. Die praktische Relevanz der Abwägungsentscheidung gemäß § 15 Abs. 5 BNatSchG dürfte daher – mit Ausnahme bei Beeinträchtigungen von besonders schönen und unbeeinträchtigten Landschaftsbildern – eher gering einzuschätzen sein.[193]

554 (4) Ersatzzahlung. Weiter regelt § 15 Abs. 6 Satz 1 BNatSchG, dass ein Verursacher für einen Eingriff, der nach § 15 Abs. 5 BNatSchG zugelassen oder durchgeführt wird, obgleich er nicht vermeidbar ist und auch nicht ausgeglichen oder ersetzt werden kann, **Ersatz in Geld** leisten muss.

555 Nach § 15 Abs. 6 Satz 2 und 3 BNatSchG gilt, dass sich die **Ersatzzahlung** nach den durchschnittlichen Kosten der nicht durchführbaren Ausgleichs- und Ersatzmaßnahmen einschließlich der erforderlichen durchschnittlichen Kosten für die Planung und Unterhaltung sowie die Flächenbereitstellung unter Einbeziehung der Personal- und sonstigen Verwaltungskosten bemisst. Sind diese nicht feststellbar, bemisst sich die Ersatzzahlung nach Dauer und Schwere des Eingriffs unter Berücksichtigung der dem Verursacher daraus erwachsenden Vorteile.

556 Die Ersatzzahlung wird dabei regelmäßig für die **nicht ersetzbaren Beeinträchtigungen des Landschaftsbildes** durch Windenergieanlagen zu leisten sein.[194] Hierfür haben einige Bundesländer in Verwaltungsvorschriften Vorgaben für die Berechnung der Ersatzzahlung erlassen, z. B. anhand der jeweiligen Anlagenhöhe.[195]

557 In § 15 Abs. 7 BNatSchG wurde eine **Verordnungsermächtigung** geregelt, um das Nähere zur Kompensation von Eingriffen, unter anderem die Höhe der Ersatzzahlung und das Verfahren zu ihrer Erhebung, zu regeln. Eine solche Verordnung gibt es bislang noch nicht. Daher richtet sich die Bemessung der Kompensation von Eingriffen nach Landesrecht, soweit dies nicht § 15 Abs. 1 bis 6 BNatSchG widerspricht. Unabhängig davon haben einige Bundesländer zur Ersatzzahlung gemäß § 15 Abs. 6 BNatSchG eigene Regelungen getroffen.[196]

---

193 Gellermann, in: Landmann/Rohmer, Umweltrecht, BNatSchG, § 15, Rn. 35.
194 Gellermann, in: Landmann/Rohmer, Umweltrecht, BNatSchG, § 15, Rn. 37.
195 Z. B. in Brandenburg: Erlass des Ministeriums für Ländliche Entwicklung, Umwelt und Landwirtschaft zur Kompensation von Beeinträchtigungen des Landschaftsbildes durch Windenergieanlagen vom 10.3.2016.
196 Insbesondere Niedersachsen, Sachsen, Schleswig-Holstein.

5. Belange des Denkmalschutzes und des Orts- und Landschaftsbilds

558 Nach § 35 Abs. 3 Satz 1 Nr. 5 BauGB dürfen dem Vorhaben ferner auch nicht die **Belange des Denkmalschutzes** oder die natürliche Eigenart der Landschaft und ihren Erholungswert beeinträchtigen oder das **Orts- und Landschaftsbild** verunstalten.

559 a) **Belange des Denkmalschutzes.** Der öffentliche Belang des Denkmalschutzes i. S. v. § 35 Abs. 3 Satz 1 Nr. 5 BauGB hat mit Blick auf die landesrechtlichen **Denkmalschutzgesetze** eine **Auffangfunktion**.[197] Das Vorhaben der Errichtung von Windenergieanlagen muss nach dem jeweiligen Denkmalschutzgesetz (zusätzlich) zulassungsfähig sein. Im Ergebnis wird allerdings davon auszugehen sein, dass die **Prüfungsmaßstäbe im Wesentlichen identisch** sind,[198] so dass es nicht zu divergierenden Ergebnissen des bodenrechtlichen Denkmalschutzes gemäß § 35 Abs. 3 Satz 1 Nr. 5 BauGB und dem jeweiligen Denkmalschutzgesetz kommen wird.

560 Zur **Begriffsbestimmung** kann auf die **Denkmalschutzgesetze** verwiesen werden. Denkmäler sind insbesondere bauliche Anlagen, an deren Erhaltung aus wissenschaftlichen, künstlerischen oder historischen Gründen ein öffentliches Interesse besteht. Zu den Denkmälern gehören Baudenkmäler, Bodendenkmäler und Naturdenkmäler.[199]

561 Im **Außenbereich** ist für Windenergieanlagen vor allem der **Umgebungsschutz** zu Gunsten von Denkmälern von Bedeutung.[200] Dieser Umgebungsschutz ist verletzt, wenn das Denkmal in seinem Erscheinungsbild in der Umgebung gestört wird, so dass dessen Wirkung als Denkmal herabgesetzt wird.[201] Dabei ist zu berücksichtigen, dass der Wert des Denkmals nicht durch die gestörte Wahrnehmung eines Denkmals beeinträchtigt wird, sondern dies erst dann der Fall ist, wenn die Beziehung des Denkmals zu seiner Umgebung beeinträchtigt wird.[202]

562 Die Feststellung, ob eine Windenergieanlage dem Belang des Denkmalschutzes entgegensteht, lässt sich nur im Einzelfall bewerten.[203] Dies kann z. B. dann der Fall sein, wenn die **Silhouette von Städten** mit historischen Bauten gestört wird, das Stadtbild noch intakt und nicht bereits durch andere Bauten geschädigt ist.[204] Ob und in welchem Umfang Denkmal-

---

197 BVerwG, Urteil vom 21.4.2009, Az. 4 C 3/08, Rn. 21.
198 OVG Lüneburg, Urteil vom 28.11.2007, Az. 12 LC 70/07, Rn. 52, 35.
199 Söfker, in: Ernst/Zinkahn/Bielenberg/Krautzberger, BauGB, § 35, Rn. 95.
200 Söfker, in: Ernst/Zinkahn/Bielenberg/Krautzberger, BauGB, § 35, Rn. 95; Vgl. Gatz, Rn. 335; Kupke, in: Maslaton, Kapitel 1, Rn. 169.
201 Vgl. OVG Lüneburg, Urteil vom 21.4.2010, Az. 12 LB 44/09, Rn. 58.
202 OVG Münster, Urteil vom 8.3.2012, Az. 10 A 2037/11, Rn. 68.
203 OVG Lüneburg, Urteil vom 23.8.2012, Az. 12 LB 170/11, Rn 57.
204 So Gatz, Rn. 337.

563 schutzbelange dem Vorhaben entgegenstehen, ist im Rahmen der „**nachvollziehenden Abwägung**" zu prüfen. Dabei ist auch das besondere Gewicht der Privilegierung von Windenergieanlagen in die Abwägung einzustellen.[205]

563 b) **Belange des Orts- und Landschaftsbilds.** Weiter dürfen die Windenergieanlagen nach § 35 Abs. 3 Satz 1 Nr. 5 BauGB das **Orts- und Landschaftsbild** nicht verunstalten. Auch wenn Gegner der Windenergie der Meinung sein mögen, dass es sich bei Anlagen im Außenbereich um eine Verunstaltung des Landschaftsbilds dem Wortsinne nach handelt, so ist dies rechtlich anders zu bewerten.

564 Danach liegt eine **Verunstaltung** nur dann vor, wenn der landschaftliche Gesamteindruck durch die Windenergieanlagen erheblich gestört wird, wenn das Vorhaben für das Landschaftsbild also in jeder Hinsicht grob unangemessen ist. Dabei kommt es dabei darauf an, ob das ästhetische Gefühl des so genannten *„gebildeten Durchschnittsmenschen"* verletzt wird.[206] Die Schwelle der Verunstaltung wird je eher erreicht, desto **schutzwürdiger das fragliche Landschaftsbild ist.**[207]

565 In diesem Zusammenhang ist weiter zu berücksichtigen, dass auch hier die **Privilegierung der Windenergie** in die Bewertung einfließen muss. Diese bewirkt ein erheblich stärkeres Durchsetzungsvermögen gegenüber den vom Vorhaben berührten öffentlichen Belangen. Durch die generelle Verweisung solcher Vorhaben in den Außenbereich hat der Gesetzgeber selbst eine planerische Entscheidung zu Gunsten der Vorhaben getroffen. Eine **Verunstaltung des Landschaftsbildes** durch privilegierte Windenergieanlagen liegt daher nur im **Ausnahmefall** vor, etwa wenn es sich um eine wegen ihrer Schönheit und Funktion besonders schutzwürdige Umgebung oder um einen besonders groben Eingriff in das Landschaftsbild handelt. Bloße nachteilige Veränderungen oder Beeinträchtigungen des Landschaftsbildes können dagegen ein privilegiertes Vorhaben nicht unzulässig machen.[208] Bei einem „**vorbelasteten**" **Landschaftsbild** wird eine Verunstaltung des Landschaftsbilds regelmäßig nicht vorliegen.[209]

566 c) **Belange der natürlichen Eigenart der Landschaft und ihrem Erholungswert.** Der Schutz der natürlichen Eigenart der Landschaft und ihrem Erholungswert ist nach § 35 Abs. 3 Satz 1 Nr. 5 BauGB ein weitere Belang, welcher der Windenergienutzung nicht entgegenstehen darf.

---

205 Söfker, in: Ernst/Zinkahn/Bielenberg/Krautzberger, BauGB, § 35, Rn. 95.
206 Vgl. hierzu Scheidler, NuR 2010, 525, 527.
207 OVG Bautzen, Urteil vom 18.5.2000, Az. 1 B 29/98, Rn. 32; Dürr, in: Brügelmann, BauGB, § 35, Rn. 94.
208 OVG Bautzen, Urteil vom 18.5.2000, Az. 1 B 29/98, Rn. 33.
209 Gatz, Rn. 341; Kupke, in: Maslaton, Kapitel 1, Rn. 163.

Dabei ist der **ästhetische Schutz der natürlichen Eigenart der Landschaft** identisch mit dem Schutz des Landschaftsbilds.[210] Maßgeblich ist daher nur der Schutz des Außenbereichs vor – nicht naturgegebenen – wesensfremden Nutzungen wie etwa der Windenergie.[211]

567

Im Ergebnis gilt hier aber ähnlich wie beim Schutz vor Verunstaltungen des Landschaftsbilds, dass die **Privilegierung der Windenergie** in der „nachvollziehenden Abwägung" mit dem entsprechenden Gewicht zu berücksichtigen ist. Der Belang wird daher nur in seltenen Ausnahmefällen dem Vorhaben entgegenstehen, etwa dann, wenn der Außenbereich besonders schutzwürdig ist, etwa weil er das einzige, in zumutbarer Nähe zu erreichende Erholungsgebiet in einem Ballungsraum ist.[212]

568

6. Belange der Funktionsfähigkeit von Funkstellen und Radaranlagen

Weiter darf der Belang der Funktionsfähigkeit von Funkstellen und Radaranlagen i. S. v. § 35 Abs. 3 Satz 1 Nr. 8 BauGB dem Vorhaben nicht entgegenstehen.

569

Die ist dann der Fall, wenn die Windenergieanlagen die **Funktionsfähigkeit von Funkstellen und Radaranlagen** stören. Der Belang umfasst dabei unter anderem den Schutz der **zivilen Flugsicherung**,[213] die Anlagen der **Bundeswehr**[214] und von **Wetterradaren**.[215]

570

Bei **Funkstellen** handelt es sich um Sende- und Empfangsanlagen, zwischen denen eine elektronisch funktionierende Informationsverbindung stattfinden kann. Es handelt sich dabei vor allem um feste Funkstellen, umfasst werden aber auch mobile Funkstellen. Funkstellen können öffentlichen, privaten, zivilen oder militärischen Zwecken dienen.

571

Radaranlagen sind solche, die der Flugsicherung sowie militärischen und wissenschaftlichen Zwecken dienen.[216] Windenergieanlagen sind als Außenbereichsvorhaben wegen ihrer Höhe und Funktionsweise in besondere Weise geeignet, die Funktionsfähigkeit von Funkstellen und Radaranlagen zu beeinträchtigen.[217] So können Windenergieanlagen zu **störenden Radarechos**, insbesondere **Abschattungen der Radarsignale**, führen.[218]

572

---

210 Gatz, Rn. 344.
211 Gatz, Rn. 344; Roeser, in: Berliner Kommentar zum BauGB, § 35, Rn. 78.
212 Gatz, Rn. 346.
213 VGH München, Urteil vom 18.9.2015, Az. 22 BV 14.1263, Rn. 38.
214 OVG Lüneburg, Urteil vom 21.7.2011, Az. 12 ME 201/10, Rn. 14.
215 VGH München, Urteil vom 18.9.2015, Az. 22 BV 14.1263, Rn. 38.
216 Söfker, in: Ernst/Zinkahn/Bielenberg/Krautzberger, BauGB, § 35, Rn. 110a.
217 Vgl. Hinweis in der Regierungsvorlage zur BauGB-Novelle 2004, BT-Drs. 15/2250, S. 55; vgl. auch Hinweis zur Konflikten bei der Ansiedlung von Windenergieanlagen wegen der Widerstände der Bundeswehr in Mecklenburg-Vorpommern bei Maslaton, in: Maslaton, Kapitel 1, Rn. 173.
218 OVG Lüneburg, Urteil vom 21.7.2011, Az. 12 ME 201/10, Rn. 14.

573 Für die **Prüfung der Belange** nach § 35 Abs. 3 Satz 1 Nr. 8 BauGB hat das OVG Lüneburg[219] **zwei Schritte** vorgegeben:

574 Im **ersten Schritt** ist zu klären, ob die **Funktion der Radaranlage** durch die Windenergieanlage nachteilig beeinflusst wird.[220] Die entsprechende **Darlegungslast** liegt dabei bei der **Behörde oder Einrichtung**, die allein Einsicht in die technischen Details ihrer Radaranlagen hat und sich auf das Entgegenstehen des Belangs berufen kann. Ob und wie die Windenergieanlage die Funktion des Radars nachteilig beeinflussen wird, unterliegt als naturwissenschaftlich-technische Frage grundsätzlich der vollen gerichtlichen Überprüfung.[221] In der Praxis wird dies durch **signaturtechnische Gutachten** geprüft.

575 Da es sich nicht bei jeder nachteiligen Beeinflussung zugleich um eine Störung i. S. v. § 35 Abs. 3 Satz 1 Nr. 8 BauGB handelt, sei in einem **zweiten Schritt** zu prüfen, ob die Funktion der Radaranlage für den ihr zugewiesenen Zweck **in nicht hinnehmbarer Weise eingeschränkt sei**. Bei militärischen Anlagen kommt dabei der Bundeswehr ein **Beurteilungsspielraum** zu, welche Einschränkungen aus militärischer Sicht noch hinzunehmen seien. Es handelt sich hierbei um eine wertende Einschätzung, die in den **verteidigungspolitischen Entscheidungsspielraum** der zuständigen Stellen fällt.[222]

576 Für die Frage der **Störung eines Wetterradars** hat der VGH München einen solchen **Einschätzungsspielraum des Deutschen Wetterdienstes abgelehnt** und dies damit begründet, dass ein solcher Bewertungsspielraum – anders als bei militärischen Anlagen oder Anlagen der zivilen Flugsicherung – aus dem Gesetz über den Deutschen Wetterdienst (DWDG) nicht ableitbar sei.[223]

577 Maßgeblich für die **Beurteilung**, ob eine **Störung der Funktionsfähigkeit** vorliegt, ist die in diesem Zusammenhang im Rahmen von § 35 Abs. 3 BauGB jeweils durchzuführende „nachvollziehende Abwägung".[224] Dabei kann die Abwägung nicht zu Lasten des privilegierten Vorhabens ausgehen, wenn die Funktionsfähigkeit von Radaranlagen nicht nachteilig berührt wird.[225] Auch kann eine Rolle spielen, ob i. S. d. Rücksichtnahmegebots Abhilfemaßnahmen für die Radaranlage ergriffen werden kön-

---

219 OVG Lüneburg, Urteil vom 13.4.2011, Az. 12 ME 8/11, Rn. 13.
220 So auch VGH München, Urteil vom 18.9.2015, Az. 22 BV 14.1263, Rn. 40; vgl. hierzu näher Schrader/Frank, ZNER 2015, 507.
221 OVG Lüneburg, Urteil vom 13.4.2011, Az. 12 ME 8/11, Rn. 13.
222 OVG Lüneburg, Urteil vom 13.4.2011, Az. 12 ME 8/11, Rn. 13.
223 VGH München, Urteil vom 18.9.2015, Az. 22 BV 14.1263, Rn. 46 ff.; Schrader/Frank, ZNER 2015, 507, 511.
224 VGH München, Urteil vom 18.9.2015, Az. 22 BV 14.1263, Rn. 45.
225 OVG Lüneburg, Urteil vom 13.4.2011, Az. 12 ME 8/11, Rn. 17.

nen, so dass die Genehmigung für die Windenergieanlage nicht versagt werden kann.²²⁶

Nach Ansicht des VGH München kommt es dabei vor allem auf die **Bewertung im Einzelfall** an. Dabei kann mit Blick auf die Privilegierung von Windenergieanlagen im Außenbereich auch das **Ausmaß der Störungswirkung** bei der Frage zu berücksichtigen sein, ob die Störung der Funktionsfähigkeit dem Vorhaben entgegensteht.

578

Das **Ausmaß der Störwirkung** kann dabei ganz erheblich auch davon abhängen, in welcher Position sich die Anlage in Bezug zur Radaranlage und die von der Radaranlage bediente Nutzung (z. B. Flughafen) befindet und ob die Radaranlage nur mit einer einzigen Windenergieanlage oder mit einem aus vielen Anlagen bestehenden Windpark konfrontiert ist. Voraussetzung für eine dem Vorhaben entgegenstehende Störung sei, so der VGH München, dass die Erzielung der gewünschten Ergebnisse – so im vorliegenden Fall die Warnungen des Deutschen Wetterdienstes – verhindert, verschlechtert, verzögert oder spürbar erschwert wird.²²⁷ Im Rahmen dieser nachvollziehenden Abwägung sei auch zu berücksichtigen, dass das Gewicht der ungestörten Funktion einer Radaranlage, die der Flugsicherheit dient, höher sein kann als bei sonstigen Radaranlagen.²²⁸ Schließlich sei auch zu prüfen, ob nicht gerade bei Wetterradaren die Funktionsfähigkeit durch **Nebenbestimmungen** gesichert werden könne (z. B. Abschaltung auf Verlangen des Deutschen Wetterdiensts bei Unwettern).²²⁹

579

Daneben sind im immissionsschutzrechtlichen Genehmigungsverfahren auch die gesetzlichen Vorgaben des Luftverkehrsrechts zu beachten, so etwa § 18a Abs. 1 LuftVG, wonach **Flugsicherungseinrichtungen** wie Instrumentenlandesysteme und Drehfunkfeuer, die Funksignale aussenden, durch Bauwerke nicht gestört werden dürfen.²³⁰

580

7. Ungenannte öffentliche Belange

Die Aufzählung der öffentlichen Belange in § 35 Abs. 3 Satz 1 BauGB regelt keine abschließende Aufzählung, wie das Wort „insbesondere" verdeutlicht. Es kommen daher auch andere, **nicht namentlich genannte öffentliche Belange** in Betracht, soweit sie bodenrechtlich relevant sind. Insofern können auch die in der Bauleitplanung zu beachtenden Belange i. S. v. § 1 Abs. 6 BauGB relevant sein.²³¹

581

---

226 Vgl. Sittig/Kupke, NVwZ 2015, 1416, 1417.
227 VGH München, Urteil vom 18.9.2015, Az. 22 BV 14.1263, Rn. 45.
228 VGH München, Urteil vom 18.9.2015, Az. 22 BV 14.1263, Rn. 61.
229 VGH München, Urteil vom 18.9.2015, Az. 22 BV 14.1263, Rn. 78.
230 Vgl. hierzu näher Hendler, ZNER 2015, 501; Willmann, ZNER 2015, 234, 247.
231 Söfker, in: Ernst/Zinkahn/Bielenberg/Krautzberger, BauGB, § 35, Rn. 75.

582 **a) Gebot der Rücksichtnahme. – aa) Optisch bedrängende Wirkung.** We-
583 gen des **Gebots der Rücksichtnahme**, das in § 35 Abs. 3 BauGB verankert ist, können Windenergieanlagen im Einzelfall unzulässig sein, weil auf **schutzwürdige Interessen von Dritten Rücksicht** zu nehmen ist. Hierbei können auch sonstige öffentliche Belange dem Vorhaben entgegenstehen, soweit hierdurch die gebotene Rücksichtnahme gegenüber Dritten gewahrt werden soll.[232]

584 So kann etwa das Gebot der Rücksichtnahme verletzt sein, weil von Windenergieanlagen und den Drehbewegungen der Rotorblätter eine **optisch bedrängende Wirkung** ausgeht, wobei dies nach den Umständen des Einzelfalls zu beurteilen ist.[233]

585 Das OVG Münster[234] hat **Maßgaben für die Einzelfallprüfung** entwickelt, was vom BVerwG[235] jedenfalls nicht beanstandet wurde und denen auch andere Obergerichte[236] folgen. Danach hat sich die Einzelfallbewertung in einem ersten Schritt an der **Höhe der Anlage** auszurichten. Ferner ist auch der Durchmesser des Rotors von Relevanz. Schließlich sind auch die örtlichen Verhältnisse maßgeblich (z. B. Lage bestimmter Räumlichkeiten, Fenster, Terrassen), weiter auch die Frage, ob eine Abschirmung zwischen Wohngrundstück und Windenergieanlagen besteht. Auch der Umstand, ob sich die Anlage in Hauptblickrichtung des Wohnhauses oder seitwärts, kann relevant sein. Gleiches gilt für die Hauptwindrichtung, da hiervon abhängt, wie häufig die Stellung des Rotors wechselt. Ebenso kann die topographische Lage des Wohngrundstücks wie auch die planungsrechtliche Situation von Belang sein, da der Schutzanspruch im Außenbereich geringer ist.[237]

586 Das OVG Münster[238] hat dabei *„grobe Anhaltswerte"* für die Einzelfallprüfung entwickelt, die nicht zu schematisch verwendet werden sollten und die eine Einzelfallprüfung nicht ersetzen:
– Beträgt der **Abstand zwischen einem Wohnhaus und einer Windenergieanlage** mindestens das **Dreifache der Gesamthöhe der Anlage** (Nabenhöhe zuzüglich der Hälfte des Rotordurchmessers), dürfte die Ein-

---

232 BVerwG, Beschluss vom 11.12.2006, Az. 4 B 72/06, Rn. 4.
233 BVerwG, Beschluss vom 11.12.2006, Az. 4 B 72/06, Leitsatz und Rn. 5; OVG Münster, Urteil vom 9.8.2006, Az. 8 A 3726/05, Rn. 63; Beschluss vom 24.6.2010, Az. 8 A 2764/09, Rn. 40.
234 OVG Münster, Urteil vom 9.8.2006, Az. 8 A 3726/05, Rn. 63; Beschluss vom 24.6.2010, Az. 8 A 2764/09, Rn. 40.
235 BVerwG, Beschluss vom 11.12.2006, Az. 4 B 72/06; bestätigt durch Beschluss vom 23.12.2010, Az. 4 B 36/10, Rn. 3.
236 VGH München, Beschluss vom 13.10.2015, Az. 22 ZB 15.1186, Rn. 40.
237 OVG Münster, Urteil vom 9.8.2006, Az. 8 A 3726/05, Rn. 77 ff.
238 OVG Münster, Urteil vom 9.8.2006, Az. 8 A 3726/05, Rn. 90 ff.; bestätigt durch Beschluss vom 24.6.2010, Az. 8 A 2764/09, Rn. 40.

zelfallprüfung überwiegend zu dem Ergebnis kommen, dass von dieser Anlage **keine optisch bedrängende Wirkung** zu Lasten der Wohnnutzung ausgeht.
– Ist der **Abstand geringer als das Zweifache der Gesamthöhe** der Anlage, dürfte die Einzelfallprüfung überwiegend zu dem Ergebnis einer optisch bedrängenden Wirkung der Anlage gelangen.
– Beträgt der **Abstand zwischen Wohnhaus und Anlagen das Zwei- bis Dreifache der Gesamthöhe** der Anlage, bedarf es regelmäßig einer besonders intensiven Prüfung des Einzelfalls.

bb) **Turbulenzen.** Das OVG Münster kommt in einem vorläufigen Rechtsschutzbeschluss[239] zu dem Ergebnis, dass die Intensivierung von **Turbulenzen** durch Ansiedlung weiterer, vorgelagerter Anlagen ebenfalls dem Gebot der Rücksichtnahme unterfällt. Dabei sei jedoch zu prüfen, ob es sich um einen Windpark handelt, in dem sich auch andere Anlagenbetreiber angesiedelt haben, zumal ein Anlagenbetreiber im Außenbereich ohnehin keinen gänzlich unbeeinflussten Betrieb erwarten könne. Nicht jede erhöhte Turbulenzintensität überschreite die Grenze der Zumutbarkeit.[240] 587

Zweifelhaft ist, ob es sich bei der Frage der Turbulenzintensität nicht vielmehr um eine **Frage der Standsicherheit** (zugunsten der anderen, bestehenden Anlagen) handelt. Soweit die Standsicherheit als bauordnungsrechtliche Voraussetzung eingehalten ist, wird kaum vorstellbar sein, dass das planungsrechtliche Gebot der Rücksichtnahme als ungenannter öffentlicher Belang i. S. v. § 35 Abs. 3 BauGB dem Vorhaben entgegenstehen soll. 588

cc) **Windentzug.** Nach Ansicht des OVG Münster ist der drohende **Windentzug** bzw. **Abschattungseffekt** durch zeitlich später errichtete Anlagen keine Frage der gebotenen Rücksichtnahme.[241] 589

In der Literatur wird diese Rspr. zwar grundsätzlich unterstützt, aber auf Einschränkungen hingewiesen. So sei die Windabschattung als negative Immission zwar **keine schädliche Umwelteinwirkung** i. S. v. § 3 Abs. 1 BImSchG. Allerdings könne der Aspekt des Windentzugs unter dem Blickwinkel der gebotenen Rücksichtnahme anders bewertet werden. So habe ein Anlagenbetreiber im Außenbereich zwar mit der Ansiedlung weiterer Anlagen zu rechnen. Daher würde unter Abwägung aller betroffenen Interessen nicht jede Reduzierung des Windenertrags schon zu einer Verletzung der gebotenen Rücksichtnahme führen. Eine Windabschattung soll sich aber dann als rücksichtslos erweisen, wenn die heranrückende, neue 590

---

239 OVG Münster, Beschluss vom 1.2.2000, Az. 10 B 1831/99, Rn. 46.
240 OVG Münster, Beschluss vom 1.2.2000, Az. 10 B 1831/99, Rn. 46.
241 OVG Münster, Beschluss vom 1.2.2000, Az. 10 B 1831/99, Rn. 37.

Anlage zur **Wertlosigkeit der bestehenden Anlage** führe.[242] Diese Sichtweise der Literatur erscheint zutreffend.

591 b) **Kommunales Abstimmungsgebot.** Bislang noch nicht im Fokus steht die Frage, ob die Anforderungen des **kommunalen Abstimmungsgebots** i. S. v. § 2 Abs. 2 BauGB einem Vorhaben als ungenannter öffentlicher Belang entgegen stehen kann. Nach § 2 Abs. 2 BauGB sind kommunale Bauleitpläne benachbarter Gemeinde aufeinander abzustimmen. Die Relevanz dieser Frage wird in Zukunft sicherlich zunehmen, da immer mehr Bereiche durch die Regionalplanung überplant werden, dies zu einem Ausschluss der Windenergie außerhalb der Flächen der Eignungsgebiete führt und Vorhabenträger innerhalb der Eignungsgebiete versuchen, Standorte zu optimieren und die Windenergieanlagen zur gemeindlichen Gemarkungsgrenze zu „schieben".

592 Allgemein gilt, dass sich das kommunale Abstimmungsgebot nach § 2 Abs. 2 BauGB ausdrücklich **nur auf das Bebauungsplanverfahren** bezieht, so dass es im **Genehmigungsverfahren** grundsätzlich kein zu beachtender ungenannter öffentlicher Belang sein kann.[243]

593 Allerdings kann ein Außenbereichsvorhaben einen **städtebaulichen Koordinierungsaufwand** auch mit Blick auf die Nachbargemeinde erzeugen, der nur im Wege der Planung gelöst werden kann. In diesem Fall kann sich die hierdurch beeinträchtigte Nachbargemeinde auf Grundlage von § 2 Abs. 2 BauGB darauf berufen, dass die andere Gemeinde tatsächlich einen Bebauungsplan aufstellen muss, in dem dieser städtebauliche Koordinierungsaufwand planerisch bewältigt wird. Wird ein solcher Bebauungsplan aufgestellt, muss sich die planende Gemeinde mit der Nachbargemeinde gemäß § 2 Abs. 2 BauGB abstimmen. Soweit sich die Gemeinde der Bebauungsplanung aber entzieht, obwohl ein städtebaulicher Koordinierungsaufwand besteht, kann die **fehlende interkommunale Abstimmung** nach der Rspr. des BVerwG einem Außenbereichsvorhaben unter besonderen Voraussetzungen als **öffentlicher Belang** im Genehmigungsverfahren **entgegenstehen.**[244]

---

242 Gatz, Rn. 361 f.; ähnlich auch Söfker, in: Ernst/Zinkahn/Bielenberg/Krautzberger, BauGB, § 35, Rn. 75.
243 Gatz, Rn. 591.
244 BVerwG, Urteil vom 1.8.2002, Az. 4 C 5/01, Rn. 21.

Diese Rspr. wurde von einigen Obergerichten übernommen.[245] Nach ihr ist Voraussetzung für eine Berücksichtigung als öffentlicher Belang, dass das streitige Vorhaben einen *„qualifizierten Abstimmungsbedarf" auslöst.* *Dieser liegt vor, wenn das Vorhaben zu „unmittelbaren Auswirkungen gewichtiger Art auf das benachbarte Gemeindegebiet"* führt. Maßgeblich ist dabei die Reichweite der Auswirkungen. Bestehen solche gewichtigen Auswirkungen, ist das Erfordernis einer Planung anzunehmen. Ein unerfülltes Erfordernis der Planung steht der Erteilung einer Genehmigung auf Grundlage von § 35 BauGB entgegen.[246]

Die Rechtsprechung der Obergerichte zeigt jedoch, dass ein solcher „qualifizierter Abstimmungsbedarf" bei **Windenergievorhaben** in der Regel nicht vorliegt. So reicht etwa die Sichtbarkeit der Anlagen in der Nachbargemeinde bei Einhaltung der gebotenen Abstände zu bebauten Ortslagen nicht aus.[247] Auch Nachteile für den Tourismus genügen hierfür nicht.[248]

> Daher werden „unmittelbare Auswirkungen gewichtiger Art auf das benachbarte Gemeindegebiet" durch die Ansiedlung von Windenergieanlagen in der Regel ausscheiden, so dass dem Vorhaben das **kommunale Abstimmungsgebot** nicht als öffentlicher Belang entgegensteht. Dies entbindet gleichwohl nicht von der Prüfung im Einzelfall.

c) Ziele der Raumordnung in Aufstellung. Auch Ziele der Raumordnung in Aufstellung können sonstige öffentliche Belange i. S. v. § 35 Abs. 3 BauGB sein. Dies steht nach mittlerweile gefestigter Rspr. des BVerwG fest.[249] Damit können bei raumbedeutsamen Windenergieanlagen auch Ziele der Raumordnung einem Vorhaben entgegenstehen und die Zulassung verhindern, wenn das Vorhaben an Standorten errichtet werden soll, welche die Raumordnungsplanung sperren will. Dies ergibt sich auch aus § 4 Abs. 4 Satz 1 ROG, wonach Ziele der Raumordnung in Aufstellung als sonstige Erfordernisse der Raumordnung i. S. v. § 3 Nr. 4 ROG bei Entscheidungen öffentlicher Stellen über die Zulässigkeit raumbedeutsamer Maßnahmen zu berücksichtigen sind.

---

245 OVG Magdeburg, Beschluss vom 5.7.2004, Az. 2 M 867/03, Rn. 18, allerdings nur bei unzumutbaren Auswirkungen; VGH München, Beschluss vom 3.2.2009, Az. 22 CS 08.3194, Rn. 6; ablehnend noch im Beschluss vom 9.6.2006, Az. 22 ZB 05.1184, Rn. 2, weil ein Koordinierungsbedarf, der zu einem Planbedürfnis führen könne, bei Windenergieanlagen wegen ihrer Privilegierung im Außenbereich auszuschließen sei; ablehnend mit derselben Begründung OVG Lüneburg, Beschluss vom 12.2.2014, Az. 12 ME 242/13, Rn. 9.
246 Ähnlich auch Gatz, Rn. 592.
247 VGH Bayern, Beschluss vom 3.2.2009, Az. 22 CS 08.3194, Rn. 7.
248 Vgl. VGH Bayern, Beschluss vom 9.6.2006, Az. 22 ZB 05.1184, Rn. 2.
249 BVerwG, Urteil vom 27.1.2005, Az. 4 C 5/04, Rn. 17 f.; Urteil vom 1.7.2010, Az. 4 C 4/08, Rn. 20.

597 Das BVerwG setzt hierfür jedoch ein **Mindestmaß an Konkretisierung** voraus. Maßgeblich können nur solche Ziele der Raumordnung sein, die ohne weiteren planerischen Zwischenschritt unmittelbar auf die Zulassungsentscheidung „durchschlagen". Es muss möglich sein, das Bauvorhaben an dem Ziel in Aufstellung messen zu können; es muss also beurteilt werden können, ob das Vorhaben mit der beabsichtigten Raumordnungsplanung vereinbar ist. Dieses **Stadium der Verlautbarungsreife** soll regelmäßig erreicht sein, wenn das Ziel der Raumordnung im Rahmen eines Beteiligungsverfahrens zum Gegenstand der Erörterung gemacht wurde.[250]

598 Die zweite Voraussetzung ist, dass ein **Planungsstand** erreicht ist, der die Prognose zulässt, dass die beabsichtigte planerische Aussage Eingang in die endgültige Fassung des Abwägungsprozesses finden wird. Daran fehlt es, wenn der Abwägungsprozess gänzlich offen ist.[251] Das BVerwG hat in einer neueren Entscheidung klargestellt, dass das Inkrafttreten des Ziels auch dann zu erwarten ist, wenn der Plan erst nach Nachholung der zunächst fehlerhaften Ausfertigung in einem ergänzenden Verfahren mit Wirkung für die Zukunft in Kraft gesetzt werden kann.[252]

599 Als **dritte Voraussetzung** wird gefordert, dass die avisierte Zielfestlegung wirksam ist. An der **Wirksamkeit** fehlt es, wenn dem Planentwurf Mängel anhaften, die sich als formelles oder materielles Wirksamkeitshindernis erweisen können.[253]

600 d) „Planreifer" Flächennutzungsplan. Bislang umstritten ist, ob ein „**planreifer**" **Flächennutzungsplan** einen sonstigen öffentlichen Belang darstellen und dem Vorhaben damit entgegenstehen kann.

601 Das BVerwG hat diese Frage bislang **ausdrücklich offen gelassen**. Das Gericht hat aber festgestellt, dass eine „*Vorwirkung*" eines planreifen Flächennutzungsplans jedenfalls dann ausscheidet und im Rahmen von § 35 Abs. 3 BauGB dem Vorhaben **nicht** entgegensteht, wenn der gegenwärtige Flächennutzungsplan noch eine Konzentrationszone darstellt, die erst im zukünftigen Flächennutzungsplan zur Ausschussfläche werden soll.[254]

602 Der **VGH Kassel**[255] und das **OVG Lüneburg**[256] lehnen ab, dass planreife Flächennutzungspläne im Rahmen von § 35 Abs. 3 BauGB beachtlich sind. Zur Begründung wird angeführt, dass eine ähnliche Vorschrift wie

---

250 BVerwG, Urteil vom 27.1.2005, Az. 4 C 5/04, Rn. 28.
251 BVerwG, Urteil vom 27.1.2005, Az. 4 C 5/04, Rn. 29.
252 BVerwG, Urteil vom 1.7.2010, Az. 4 C 4/08, Rn. 20.
253 BVerwG, Urteil vom 27.1.2005, Az. 4 C 5/04, Rn. 31.
254 BVerwG, Urteil vom 20.5.2010, Az. 4 C 7/09, Rn. 49.
255 VGH Kassel, Urteil vom 17.6.2009, Az. 6 A 630/08, Rn. 122 ff.
256 OVG Lüneburg, Beschluss vom 30.11.2004, Az. 1 ME 190/04, Rn. 13.

im Raumordnungsrecht gemäß § 4 Abs. 4 Satz 1 ROG fehlt, die anordnet, dass auch planreife Flächennutzungspläne zu beachten sind.[257]

Teile der Literatur sprechen sich für die Berücksichtigung planreifer Flächennutzungspläne als ungenannte öffentliche Belange aus: *Söfker* befürwortet die Relevanz planreifer Flächennutzungspläne ohne nähere Begründung, offensichtlich aber nur für den Fall, dass der Flächennutzungsplan die tatsächlichen Verhältnisse darstellt und damit die in Frage stehenden öffentlichen Belange deutlich macht. Anders könne dies zu bewerten sein, wenn der Flächennutzungsplan eine städtebauliche Entwicklung darstellen soll, die sich noch nicht in den tatsächlichen Verhältnissen niedergeschlagen hat.[258] *Gatz* befürwortet ebenfalls die Vorwirkung planreifer Flächennutzungspläne im Rahmen von § 35 Abs. 3 BauGB mit der Begründung, dass nach älterer Rspr. des BVerwG[259] planreife Bebauungspläne als öffentlicher Belang entgegenstehen könnten und insoweit eine Gleichbehandlung geboten sei.[260] 603

Gleichwohl verdient die **Ansicht des VGH Kassel und des OVG Lüneburg Zustimmung**. Eine gesetzliche Vorgabe wie im Raumordnungsrecht zu Gunsten von in Aufstellung befindlichen Zielen fehlt für den Flächennutzungsplan. Auch der Vergleich mit dem Bebauungsplan führt nicht weiter. Soweit der Bebauungsplan in Aufstellung als öffentlicher Belang einem Vorhaben entgegenstehen kann, bietet er aber auch nach § 33 BauGB die Möglichkeit, schon vorher in den Genuss der positiven planreifen Festsetzungen zu kommen,[261] so dass planreife Flächennutzungspläne und planreife Bebauungspläne nicht vergleichbar sind. Damit stellen **planreife Flächennutzungspläne** nach der hier vertretenen Auffassung **keine sonstigen öffentlichen Belange** i. S. v. § 35 Abs. 3 BauGB dar. 604

8. Planvorbehalt gemäß § 35 Abs. 3 Satz 3 BauGB

Nach dem Planvorbehalt nach § 35 Abs. 3 Satz 3 BauGB stehen öffentliche Belange dem – raumbedeutsamen – Windenergievorhaben **in der Regel** auch dann entgegen, soweit hierfür durch Darstellungen im Flächennutzungsplan oder als Ziele der Raumordnung eine Ausweisung an anderer Stelle erfolgt ist. 605

Im 1. Teil dieses Handbuchs wurden die **Voraussetzungen des Planvorbehalts** nach § 35 Abs. 3 Satz 3 BauGB dargestellt. Soweit ein Flächennutzungsplan oder ein Raumordnungsplan die Voraussetzungen nach § 35 Abs. 3 Satz 3 BauGB erfüllt, steht diese Planung dem Vorhaben entgegen, 606

---

257 VGH Kassel, Urteil vom 17.6.2009, Az. 6 A 630/08, Rn. 126.
258 Söfker, in: Ernst/Zinkahn/Bielenberg/Krautzberger, BauGB, § 35, Rn. 80; wohl auch Franco/Frey, BauR 2014, 1088, 1093.
259 BVerwG, Urteil vom 8.2.1974, Az. 4 C 77/71.
260 Gatz, Rn. 368; so auch Münkler, DVBl. 2016, 22, 26; a. A. Pauli, BauR 2014, 799, 800.
261 VGH Kassel, Urteil vom 17.6.2009, Az. 6 A 630/08, Rn. 129.

wenn sich dieses innerhalb der Ausschlusszonen des jeweiligen Plans befindet.

607 Nach § 35 Abs. 3 Satz 3 BauGB stehen die öffentlichen Belange dem Vorhaben „nur" in der Regel entgegen. Damit wird ein **Regel-Ausnahme-Verhältnis** normiert.

608 Allerdings darf die **Wertung der Planung** im Zulassungsverfahren nicht konterkariert werden. Eine Abweichung ist zwar möglich, steht aber unter dem Vorbehalt, dass die planerische Konzeption als solche nicht in Frage gestellt wird. Das mit der Ausweisung an anderer Stelle verfolgte Steuerungsziel darf nicht unterlaufen werden.[262] Eine **Abweichung** ist daher nur in **Ausnahmefällen zulässig**.[263]

609 Was eine solche von der Regel abweichende Konstellation ausmacht, kann nur im Einzelfall bewertet werden. Eine demnach zu fordernde **Atypik**[264] kann sich z. B. aus der Größe und Funktion als Nebenanlage, die einem anderen privilegierten Vorhaben dient, ergeben. Eine Atypik kann aber auch aus Bestandsschutzgründen, wegen eines bereits vorhandenen Bestands an Windenergieanlagen oder wegen der kleinräumlichen Verhältnisse vorliegen.[265] Schließlich kann die Atypik darin liegen, dass eine Störung des Landschaftsbildes wegen der topographischen Verhältnisse nicht zu besorgen ist.[266]

610 Eine **Abweichung** sollte auch bei in Aufstellung befindlichen – **planreifen** – **Regionalplänen** zulässig sein, die mit den Zielen eines noch rechtsverbindlichen Regionalplans konkurrieren und regelmäßig größere Eignungsgebiete vorsehen. In solchen Fällen hat der Vorhabenträger ein großes Interesse an der schnellen Erteilung der Genehmigung noch vor Festsetzung des neuen Regionalplans. Soweit der Regionalplan tatsächlich planreif ist, könnte hier eine Ausnahme vom Regelverhältnis des § 35 Abs. 3 Satz 3 BauGB zu Gunsten des Vorhabenträgers gerechtfertigt sein.[267]

II. Gesetzliche Vorgaben

611 Auch wenn **gesetzliche Vorgaben** für den Bau von Windenergieanlagen als zwingendes Recht gelten und kein Bestandteil des Prüfungskatalogs der öffentlichen Belange nach § 35 Abs. 3 BauGB sind, stehen sie mit diesem in engem Zusammenhang. Gesetzliche Anforderungen aus ande-

---
262 BVerwG, Urteil vom 17.12.2002, Az. 4 C 15/01, Rn. 48.
263 BVerwG, Urteil vom 26.4.2007, Az. 4 CN 3/06, Rn. 17.
264 Franco/Frey, BauR 2014, 1088, 1094.
265 Pauli, BauR 2014, 799, 800 f.
266 BVerwG, Urteil vom 17.12.2002, Az. 4 C 15/01, Rn. 49.
267 Vgl. hierzu näher Schmidt-Eichstaedt, NordÖR 2016, 233, 235.

ren Fachgesetzen werden daher nachfolgend im Rahmen der bauplanungsrechtlichen Zulässigkeit nach § 35 Abs. 1 BauGB dargestellt.

1. Luftverkehrsrecht

Das **Luftverkehrsrecht** regelt Baubeschränkungen für Flugplätze (Bauschutzbereich, § 12 LuftVG) und die Möglichkeit für Landeplätze und Segelfluggelände (beschränkter Bauschutzbereich, § 17 LuftVG).[268]

612

Nach § 12 Abs. 2 LuftVG darf die **Baugenehmigung** für Bauwerke gleich welcher Höhe im Umkreis von 1,5 Km Halbmesser um den Flughafenbezugspunkt sowie auf den Start- und Landeflächen und den Sicherheitsflächen nur mit **Zustimmung der Luftfahrtbehörden** erteilt werden. Die Vorschrift gilt trotz Bezugnahme auf die „Baugenehmigung" auch für Genehmigungsverfahren nach dem BImSchG.[269]

613

Für Vorhaben außerhalb dieses Bereichs in der weiteren Umgebung gelten nach § 12 Abs. 3 LuftVG **Zustimmungserfordernisse der Luftfahrtbehörden**, die vom Standort und der Höhe der Anlage abhängen.

614

2. Militärische Schutzbereiche

Baubeschränkungen gelten nach § 3 Abs. 1 des Schutzbereichsgesetzes (SchBerG) auch für Windenergieanlagen in **militärischen Schutzbereichen**. Die Genehmigung darf nach § 3 Abs. 1 SchBerG nur versagt werden, soweit es zur Erreichung der Zwecke des Schutzbereichs erforderlich ist. Der Zweck eines Schutzbereichs wird in § 1 Abs. 2 SchBerG definiert. Danach dient der Schutzbereich dem Schutz und der Erhaltung der Wirksamkeit von Verteidigungsanlagen.

615

3. Straßenrecht

Schließlich regelt auch das **Straßenrecht** in § 9 FStrG wie auch in den Straßengesetzen der Länder Baubeschränkungen.

616

Nach § 9 Abs. 1 Nr. 1 FStrG dürfen **Hochbauten** jeder Art nicht errichtet werden in einer Entfernung bis zu 40 Meter bei **Bundesautobahnen** und bis zu 20 Meter bei **Bundesstraßen** außerhalb der Ortsdurchfahrten.

617

Darüber hinaus bedürfen **bauliche Anlagen längs der Bundesautobahnen** in einer Entfernung bis zu 100 Meter und **längs der Bundesstraßen** außerhalb der Ortsdurchfahrten bis zu 40 Meter nach § 9 Abs. 2 FStrG der Zustimmung der obersten Landesstraßenbaubehörde. Die Zustimmung darf nach § 9 Abs. 3 FStrG nur versagt oder mit Bedingungen und Auflagen erteilt werden, soweit dies wegen der Sicherheit oder Leichtigkeit des Verkehrs, der Ausbauabsichten oder der Straßengestaltung nötig ist.

618

---

268 Hierzu näher Weiss, NVwZ 2013, 14.
269 Vgl. BVerwG, Beschluss vom 9.2.2015, Az. 4 B 39/14.

619 Das **Bauverbot** in § 9 Abs. 1 FStrG und die Zustimmungspflicht nach § 9 Abs. 2 FStrG entfallen, soweit das Bauvorhaben den Festsetzungen eines **Bebauungsplans** entspricht, der die Begrenzung der Verkehrsflächen sowie an diesen gelegene überbaubare Grundstücksflächen enthält und der unter Mitwirkung des Trägers der Straßenbaulast zustande gekommen ist.

620 Die Erteilung von **Ausnahmen vom Bauverbot** gemäß § 9 Abs. 1 FStrG ist nach § 9 Abs. 8 FStrG möglich. Schon die erste Voraussetzung für die Ausnahme, wonach das Verbot zu einer nicht beabsichtigten Härte führen würde, wird bei Windenergievorhaben in der Regel wohl nicht erfüllt sein, so dass die Erteilung einer Ausnahme in der Regel ausscheidet.[270]

III. Sicherung einer ausreichenden Erschließung

621 Nach § 35 Abs. 1 BauGB muss die „ausreichende Erschließung gesichert" sein. Der Wortlaut „ausreichend" stellt auf geringere Anforderungen an die Erschließung als bei Vorhaben im Geltungsbereich eines Bebauungsplans oder im unbeplanten Innenbereich ab.[271]

622 Die Anforderungen an die ausreichende Erschließung richten sich nach dem jeweiligen Vorhaben, den sich daraus ergebenden Anforderungen an die Erschließung und den örtlichen Gegebenheiten.[272]

623 Bei **Windenergieanlagen** ist jedenfalls eine **ausreichende verkehrliche wegemäßige Erschließung** erforderlich. Die Windenergieanlagen müssen durch über die Erschließungswege durch Wartungsfahrzeuge erreichbar sein.

624 Gesichert ist die **Erschließung**, wenn sie auf Dauer zur Verfügung steht.[273] Für die Erschließung von Windenergieanlagen bedeutet dies, dass die Zuwegungen öffentlich-rechtlich durch die Widmung als öffentliche Straße oder durch Baulasten oder privatrechtlich etwa durch Grunddienstbarkeiten gesichert sein können. Eine ausreichende Sicherung wird noch vorliegen, wenn es sich um Wege handelt, die der Allgemeinheit – ohne Sicherung – zur Verfügung stehen und die Gemeinde aus dem Gleichbehandlungsgrundsatz die Benutzung des Wegs wegen der Öffnung für andere Benutzer nicht versagen darf.[274]

625 Nicht erforderlich für die ausreichende Erschließung ist der Anschluss der Anlagen an ein **Verbundnetz für die Stromeinspeisung**.[275]

---

270 Gatz, Rn. 384.
271 Söfker, in: Ernst/Zinkahn/Bielenberg/Krautzberger, BauGB, § 35, Rn. 69.
272 Vgl. BVerwG, Urteil vom 30.8.1985, Az. 4 C 48/81, Rn. 14.
273 BVerwG, Urteil vom 8.5.2002, Az. 9 C 5/01, 2. Leitsatz.
274 Gatz, Rn. 195.
275 BVerwG, Beschluss vom 5.1.1996, Az. 4 B 306/95, Rn. 6.

IV. Rückbauverpflichtung

Eine weitere Zulässigkeitsvoraussetzung für Windenergieanlagen ist nach § 35 Abs. 5 Satz 5 BauGB die Abgabe einer **Verpflichtungserklärung**, das Vorhaben nach dauerhafter Aufgabe der zulässigen Nutzung **zurückzubauen** und Bodenversiegelungen zu beseitigen. Hierbei handelt es sich um eine eigene bauplanungsrechtliche Ermächtigungsgrundlage neben den landesrechtlichen Eingriffsgrundlagen.[276]

Nach § 35 Abs. 5 Satz 3 BauGB soll die Baugenehmigungsbehörde durch Baulast oder in anderer Weise die **Einhaltung der Rückbaupflicht** sicherstellen, wozu auch die Auferlegung einer Sicherheitsleistung gehört, die auch zusätzlich zur Bestellung einer Baulast verlangt werden darf.[277]

2. Kapitel Bauplanungsrechtliche Zulässigkeit nach § 35 Abs. 2 BauGB

Soweit Windenergieanlagen nicht nach § 35 Abs. 1 Nr. 5 BauGB oder als untergeordneter Bestandteil eines land- oder forstwirtschaftlichen Betriebs nach § 35 Abs. 1 Nr. 1 BauGB privilegiert sind, ist die **Zulassung als „sonstiges Vorhaben"** nach § 35 Abs. 2 BauGB denkbar. In der Praxis werden sich jedoch kaum Anwendungsfälle ergeben.

Hierbei handelt es sich um einen **Auffangtatbestand für alle nicht privilegierten Anlagen** im Außenbereich. Nach § 35 Abs. 2 BauGB können Vorhaben im Einzelfall zugelassen werden, wenn ihre Ausführung oder Benutzung öffentliche Belange nicht beeinträchtigt und die Erschließung gesichert ist. Die Voraussetzung, dass öffentliche Belange nicht einmal „beeinträchtigt" sein dürfen – und nicht nur „nicht entgegenstehen" wie bei § 35 Abs. 1 BauGB –, zeigt schon nach dem Wortlaut, dass öffentliche Belange die Zulassung „sonstiger Vorhaben" eher verhindern.[278]

Sonstigen Vorhaben i. S. v. § 35 Abs. 2 BauGB werden regelmäßig am **Belang der Eigenart der Landschaft und des Erholungswerts** i. S. v. § 35 Abs. 3 Satz 1 Nr. 5 BauGB scheitern, es sei denn, der Außenbereich wird am betroffenen Standort nicht land- oder fortwirtschaftlich genutzt, ist nicht als Erholungsraum geeignet oder bereits durch andere Eingriffe entsprechend gezeichnet.[279]

---

276 BVerwG, Urteil vom 17.10.2012, Az. 4 C 5/11, Rn. 9, 12.
277 BVerwG, Urteil vom 17.10.2012, Az. 4 C 5/11, Rn. 14 f.
278 Roeser, in: Berliner Kommentar zum BauGB, § 35, Rn. 54.
279 Gatz, Rn. 390.

3. Kapitel Bauplanungsrechtliche Zulässigkeit nach § 30 BauGB

631 Im Geltungsbereich eines Bebauungsplans, in dem sich die Zulässigkeit von Vorhaben nach § 30 BauGB richtet, gelten unterschiedliche Anforderungen für Windenergieanlagen als **Hauptanlagen** oder als **Nebenanlagen**. Das vorliegende Handbuch beschäftigt sich vor allem mit größeren Windenergieanlagen, die der öffentlichen Energieversorgung dienen, und damit als Hauptanlagen einzuordnen sind. Daher wird neben der Zulässigkeit von Windenergieanlagen als Hauptanlagen nachfolgend nur kurz auf die Zulässigkeit von (kleineren) Windenergieanlagen als Nebenanlagen für andere Haupt-Nutzungszwecke eingegangen.

632 Nach § 30 Abs. 1 BauGB sind Windenergieanlagen im Geltungsbereich eines Bebauungsplans, der mindestens Festsetzungen über die Art und das Maß der baulichen Nutzung, die überbaubaren Grundstücksflächen und die örtlichen Verkehrsflächen enthält, zulässig, wenn sie den **Festsetzungen nicht widersprechen** und die **Erschließung gesichert** ist.

I. Hauptanlagen

633 Windenergieanlagen im Geltungsbereich eines Bebauungsplans können mit Blick auf die **Art der baulichen Nutzung** in Sondergebieten, Industriegebieten und Gewerbegebieten zulässig sein.

1. Sondergebiete

634 Nach § 11 Abs. 2 Satz 2 BauNVO können im Bebauungsplan **Sondergebiete** für „Anlagen, die der Erforschung, Entwicklung oder Nutzung erneuerbarer Energien, wie Wind- und Sonnenenergie, dienen", festgesetzt werden. Soll ein Bebauungsplan zur Steuerung der Ansiedlung von Windenergieanlagen festgesetzt werden, bietet sich hierfür die Ausweisung von **Sondergebieten für die Windenergienutzung** an. Windenergieanlagen sind nach der Art der baulichen Nutzung in solchen speziellen Sondergebieten für die Windenergienutzung zulässig.

2. Industriegebiete

635 In Rspr. und Literatur äußerst **umstritten** ist dagegen die Frage, ob Windenergieanlagen nach der Art der baulichen Nutzung im **Industriegebiet** gemäß § 9 BauNVO zulässig sind.

636 Industriegebiete dienen nach § 9 Abs. 1 BauNVO **ausschließlich der Unterbringung von Gewerbebetrieben**, und zwar vorwiegend solcher Betriebe, die in anderen Baugebieten unzulässig sind. Nach § 9 Abs. 2 Nr. 1 BauNVO sind dort Gewerbebetriebe aller Art allgemein zulässig.

637 Voraussetzung für die Zulässigkeit von Windenergieanlagen ist, dass es sich um Gewerbebetriebe handelt, die nach der Zweckbestimmung des

Industriegebiets dort allgemein zulässig sind und nicht nach § 15 BauNVO im Einzelfall unzulässig sind.

a) Gewerbebetrieb. Unstreitig wird sein, dass es sich bei Windenergieanlagen um einen **Gewerbebetrieb** handelt, da insoweit die Voraussetzungen einer selbständigen, erlaubten und auf Gewinnerzielung gerichteten Tätigkeit erfüllt sind.[280]

638

b) Vereinbarkeit mit der Zweckbestimmung des Industriegebiets. Streitpunkt ist aber die Frage, ob Windenergieanlagen mit der **allgemeinen Zweckbestimmung des Industriegebiets** vereinbar ist, wie sie sich aus § 9 Abs. 1 BauNVO ergibt. Danach sollen gerade solche Gewerbebetriebe im Industriegebiet unterkommen, die in anderen Baugebieten unzulässig sind.

639

An dieser Frage scheiden sich in Rspr. und Literatur die Geister. Zum einen wird angeführt, dass Windenergieanlagen dieser Zweckbestimmung entsprechen, weil sie als Gewerbebetriebe gerade nicht in anderen Baugebieten zulässig sind und das Industriegebiet „**Auffangbecken**" **für immissionsträchtige Anlagen** sein soll.[281]

640

Dagegen wird eingewandt, dass der Verordnungsgeber in § 11 Abs. 2 BauNVO für Windenergieanlagen die **Festsetzung von Sondergebieten** vorgesehen habe, was bedeute, dass diese nur in Sondergebieten zulässig sein sollen.[282]

641

Gegen dieses Argument wird wiederum vorgebracht, dass dies letztlich nur für Einkaufszentren und großflächige Einzelhandelsbetriebe gelten würde. Denn für diese Vorhaben sei in § 11 Abs. 3 Satz 1 BauNVO ausdrücklich angeordnet, dass sie außer in Kerngebieten nur in Sondergebieten zulässig seien. Dagegen würden **Sondergebiete für die Windenergienutzung** nicht unter diese „**Ausschließlichkeitsklausel**" von § 11 Abs. 3 Satz 1 BauNVO fallen.[283]

642

Dieses Argument hat einiges für sich, was dazu führt, dass allein § 11 Abs. 2 BauNVO noch nicht verhindern kann, dass Windenergieanlagen nur in Sondergebieten zulässig sind und die Zweckbestimmung des Industriegebiets Windenergieanlagen zwangsläufig ausschließt. Blendet man dieses Argument aus, bleibt einzig die Frage übrig, ob weitere Gründe dafür sprechen, dass es sich bei Windenergieanlagen nicht um störende

643

---

280 OVG Lüneburg, Urteil vom 25.6.2015, Az. 12 LC 230/14, Rn. 21; Kupke, in: Maslaton, Kapitel 1, Rn. 18 ff.; Gatz, Rn. 400.
281 Kupke, in: Maslaton, Kapitel 1, Rn. 22; im Ergebnis auch OVG Lüneburg, Urteil vom 25.6.2015, Az. 12 LC 230/14, Rn. 21 ff.
282 Gatz, Rn. 400.
283 OVG Lüneburg, Urteil vom 25.6.2015, Az. 12 LC 230/14, Rn. 23.

Gewerbebetriebe handeln soll. Solche sind kaum ersichtlich, zumal noch die Einzelfallsteuerung des § 15 BauNVO eine Feinjustierung zulässt.

644 Im Ergebnis sprechen daher gute Gründe dafür, dass **Windenergieanlagen im Industriegebiet** zulässig sind.

645 c) **Zulässigkeit nach § 15 Abs. 1 BauNVO.** Schließlich müssen Windenergieanlagen auch im Einzelfall nach § 15 Abs. 1 Satz 1 und 2 BauNVO zulässig sein. Nach § 15 Abs. 1 Satz 1 BauNVO sind die Anlagen im Einzelfall unzulässig, wenn sie nach Anzahl, Lage, Umfang oder Zweckbestimmung der Eigenart des Baugebiets widersprechen. Hierbei geht es um die **Feinsteuerung im Einzelfall.** Anhand von § 15 Abs. 1 Satz 1 BauNVO soll bewertet werden, ob das Vorhaben in das Baugebiet hinsichtlich der jeweiligen örtlichen Situation und nach dem jeweiligen Planungswillen der Gemeinde „passt". Nach diesen Maßstäben und der von der Gemeinde konkret festgelegten Zweckbestimmung des Industriegebiets, wie sie sich z. B. aus der Begründung des Bebauungsplans ergibt, kann das Windenergievorhaben im Einzelfall der Eigenart des Baugebiets nach § 15 Abs. 1 Satz 1 BauNVO widersprechen.[284]

646 Eine weitere **Zulassungshürde** kann sich auch aus § 15 Abs. 1 Satz 2 BauNVO ergeben. Danach ist eine bauliche Anlage unzulässig, wenn von ihr Belästigungen oder Störungen ausgehen können, die nach der Eigenart des Baugebiets im Baugebiet selbst oder in dessen Umgebung unzumutbar sind. Angesprochen ist damit vor allem die Vereinbarkeit mit Anforderungen des Lärmschutzes (z. B. der TA Lärm) für andere Vorhaben im Industriegebiet.[285]

3. Gewerbegebiete

647 Umstritten ist auch die Frage der Zulässigkeit in **Gewerbegebieten.** Nach § 8 Abs. 1 BauNVO dienen Gewerbegebiete vorwiegend der **Unterbringung von nicht erheblich belästigenden Gewerbebetrieben.** Nach § 8 Abs. 1 Nr. 1 BauNVO sind dort Gewerbebetriebe aller Art zulässig. Der Unterschied zum Industriegebiet liegt im unterschiedlichen Störungsgrad der Gewerbebetriebe. Windenergieanlagen werden in der Regel schon wegen ihrer **erheblichen Immissionsbelastungen** mit der allgemeinen Zweckbestimmung des Gewerbegebiets unvereinbar und daher dort unzulässig sein.[286]

---

284 OVG Lüneburg, Urteil vom 25.6.2015, Az. 12 LC 230/14, Rn. 24.
285 Vgl. hierzu näher Gatz, Rn. 410 ff.
286 Kupke, in: Maslaton, Kapitel 1, Rn. 31.

II. Nebenanlagen

Kleinere Windenergieanlagen können auch als **Nebenanlagen** im Geltungsbereich eines Bebauungsplans zulässig sein. 648

1. Zulässigkeit nach § 14 Abs. 1 BauNVO

Nach **§ 14 Abs. 1 BauNVO** sind **untergeordnete Nebenanlagen** in den Baugebieten im Sinne der §§ 2 bis 13 BauNVO zulässig, wenn sie dem Nutzungszweck der in dem Baugebiet gelegenen Grundstücke oder des Baugebiets selbst dienen und seiner Eigenart nicht widersprechen. 649

Nach der Rspr. des BVerwG handelt es sich bei untergeordneten Nebenanlagen um **bauliche Anlagen, die kein Bestandteil der Hauptanlage** und sowohl räumlich-gegenständlich als auch funktionell dem primären Nutzungszweck der in dem Baugebiet gelegenen Grundstücke oder dem Baugebiet selbst dienend zu- und untergeordnet sind.[287] 650

Eine **räumlich-gegenständliche Unterordnung** liegt vor, wenn sich die Windenergieanlage nach dem optischen Eindruck in Relation zur Hauptanlage unterordnet. Hierbei wird es nicht so sehr auf die Höhe des Masts im Vergleich zur Hauptanlage ankommen, sondern vor allem auf die Anordnung, Größe und Drehbewegungen der Rotorblätter.[288] 651

In **funktionaler Hinsicht** müssen Windenergieanlagen als Nebenanlagen der Stromerzeugung für die Hauptanlage dienen. Nach Ansicht von *Gatz* entfällt die funktionale Unterordnung, wenn die Windenergieanlage Überschüsse über die Energieversorgung für das Grundstück oder das Baugebiet hinaus erzeugt, die ins allgemeine Stromnetz eingespeist werden.[289] Weniger streng wird dies von der Rspr. gesehen, wonach eine **Eigenbedarfsquote von 60 bis 70 Prozent des erzeugten Stroms** für die Annahme einer dienenden Funktion der Nebenanlage ausreicht.[290] 652

Fraglich ist, ob die Windenergieanlage nur dann eine untergeordnete Nebenanlage ist, wenn sie **nicht Bestandteil der Hauptanlage** ist. Danach wären etwa Windenergieanlagen auf Dächern von Häusern keine Nebenanlage mehr. *Gatz* nimmt an, dass es sich bei solchen konstruktiven Verbindungen von Windenergieanlagen mit Hauptanlagen nicht mehr um Nebenanlagen i. S. v. § 14 Abs. 1 BauNVO handelt.[291] Dagegen nimmt die vereinzelte Rspr. auch in diesem Fall noch den Charakter einer untergeordneten Nebenanlage an.[292] Da (kleinere) Windenergieanlagen als Ne- 653

---

287 BVerwG, Urteil vom 28.4.2004, Az. 4 C 10/03, Rn. 24.
288 Gatz, Rn. 405.
289 Gatz, Rn. 403.
290 OVG Lüneburg, Urteil vom 29.4.2008, Az. 12 LB 48/07, Rn. 35.
291 Gatz, Rn. 406.
292 VGH Kassel, Urteil vom 28.4.1988, Az. 4 UE 1089/85, Rn. 28 f.

benanlagen wegen der Windverhältnisse häufig auf Dächern stehen, spricht einiges für die Ansicht der Rspr.. Anderenfalls würden die Zulässigkeitsvorschriften für Nebenanlagen bei Windenergieanlagen regelmäßig leerlaufen, was letztlich nicht dem Regelungszweck von § 14 Abs. 1 BauNVO entspricht.

654 Schließlich darf die Windenergieanlage nicht der **Eigenart des Baugebiets** widersprechen, was sich nach § 14 Abs. 1 Satz 1 BauNVO auf die allgemeine Zweckbestimmung des Baugebiets wie auch nach § 15 Abs. 1 Satz 1 BauNVO auf die konkrete Eigenart des Baugebiets bezieht.

2. Zulässigkeit nach § 14 Abs. 2 Satz 2 BauNVO

655 Schließlich können Windenergieanlagen als **Nebenanlagen** auch nach § 14 Abs. 2 Satz 2 BauNVO zulässig sein. Danach können Nebenanlagen, die unter anderem der **Versorgung der Baugebiete mit Elektrizität** dienen, in den Baugebieten des Bebauungsplans ausnahmsweise zugelassen werden. Unzulässig sind nach § 14 Abs. 2 Satz 2 BauNVO solche Windenergieanlagen, die nicht nur der Versorgung des Baugebiets oder mehrerer Baugebiete dienen, sondern überschüssige Energie an das öffentliche Netz abgeben.[293]

4. Kapitel Bauplanungsrechtliche Zulässigkeit nach § 34 BauGB

656 Grundsätzlich denkbar ist auch die Zulässigkeit von Windenergieanlagen im **unbeplanten Innenbereich** i. S. v. § 34 BauGB. Dabei ist zwischen der Zulässigkeit nach § 34 Abs. 1 und 2 BauGB zu unterscheiden.

I. Zulässigkeit nach § 34 Abs. 1 BauGB

657 Nach § 34 Abs. 1 BauGB ist eine Windenergieanlage innerhalb der im Zusammenhang bebauten Ortsteile zulässig, wenn sie sich nach Art und Maß der baulichen Nutzung, der Bauweise und der überbaubaren Grundstücksfläche in die Eigenart der näheren Umgebung einfügt und die Erschließung gesichert ist. Weiter müssen die Anforderungen an gesunde Wohn- und Arbeitsverhältnisse gewahrt bleiben und das Ortsbild darf nicht beeinträchtigt werden.

658 **Größere Windenergieanlagen** für die Stromerzeugung zur Einspeisung von Strom in das öffentliche Netz werden sich regelmäßig schon hinsichtlich der Höhe nicht in die Eigenart der näheren Umgebung einfügen.

---

[293] Kupke, in: Maslaton, Kapitel 1. Rn. 39.

Ob dies auch für **kleinere Anlagen** gilt, die nur der Energieversorgung 659
für das betroffene Grundstück oder einzelner Gebäude dient, ist ebenfalls
skeptisch zu bewerten. Denn die Anlage wird sich auch hier wiederum
mit Blick auf ihre Höhe regelmäßig nicht in die Eigenart der näheren
Umgebung einfügen, so dass sie nach § 34 Abs. 1 BauGB unzulässig sein
wird. Da sich das vorliegende Handbuch auf die großen Anlagen zur
Stromerzeugung für die öffentliche Versorgung konzentriert, werden die
Anforderungen an die Zulässigkeit nach § 34 Abs. 1 BauGB hier nicht
weiter vertieft.[294]

II. Zulässigkeit nach § 34 Abs. 2 BauGB

Soweit im unbeplanten Innenbereich die Eigenart der näheren Umgebung 660
einem den Baugebiete der Baunutzungsverordnung entspricht, richtet sich
die **Zulässigkeit hinsichtlich der Art der baulichen Nutzung** gemäß § 34
Abs. 2 BauGB nach der Baunutzungsverordnung. Die restlichen Zulässigkeitsvoraussetzungen nach § 34 Abs. 1 BauGB müssen dennoch erfüllt
sein.

Handelt es sich bei der Eigenart der näheren Umgebung um ein **faktisches** 661
Industriegebiet, so kann auf die Ausführungen im vorherigen 3. Kapitel
verwiesen werden. Demnach sind auch größere Anlagen nach der Art der
baulichen Nutzung im faktischen Industriegebiet nach § 34 Abs. 2 BauGB
in Verbindung mit § 9 BauNVO zulässig.

Faktische Sondergebiete sind im unbeplanten Innenbereich nicht möglich, 662
da die Zulässigkeitsvorschrift des § 34 Abs. 2 BauGB nicht auf § 11
BauNVO verweist.[295]

In Gewerbegebieten nach § 8 BauNVO sind Windenergieanlagen nicht 663
zulässig, so dass Gleiches auch für **faktische Gewerbegebiete** nach § 34
Abs. 2 BauGB in Verbindung mit § 8 BauNVO gelten muss.

5. Kapitel   Bauordnungsrechtliche Zulässigkeit

I. Abstandsflächen

Auch für Windenergieanlagen gelten die **Abstandsflächen** der Landesbau- 664
ordnungen. Zwar sind Windenergieanlagen keine Gebäude. Das Abstandsflächenrecht der Bundesländer stellt aber in der Regel klar, dass

---
294 Hierzu ausführlich Gatz, Rn. 391 ff.
295 BVerwG, Urteil vom 16.9.2010, Az. 4 C 7/10, Rn. 16.

Abstandsflächen auch für bauliche Anlagen gelten, von denen Wirkungen wie von Gebäude ausgehen, was auch für Windenergieanlagen gilt.[296]

665 Nach dem Abstandsflächenrecht müssen die Abstandsflächen demnach grundsätzlich auf dem **Grundstück des Anlagen-Standorts** oder aber auf Grundstücken liegen, bei denen öffentlich-rechtlich gesichert ist, dass sie nicht überbaut werden dürfen.

666 In den Landesbauordnungen gibt es **unterschiedliche Maße für die Tiefe der Abstandsfläche**. Meist liegt das Abstandsflächenmaß bei 0,4 H und bei 0,25 H in Gewerbe-, Industrie und Sondergebieten, wobei sich das Maß H für die Tiefe der Abstandsfläche nach der Wandhöhe von der Geländeoberfläche bis zum oberen Abschluss der Wand bemisst und die Schnittlinie der Außenfläche der Wand mit der Dachhaut als oberer Abschluss der Wand gilt.[297] Für die Bestimmung des Abstandsflächenmaßes gibt es je nach Landesbauordnung **unterschiedliche Modelle**, die nachfolgend dargestellt werden.

667 Bei Festsetzung eines Bebauungsplans kann nach § 9 Abs. 1 Nr. 2a BauGB eine von den Bauordnungen **abweichende Tiefe der Abstandsfläche** festgelegt werden.

1. Modelle für die Bestimmung der Tiefe der Abstandsfläche

668 Zunächst gibt es in einigen Bundesländern **ausdrückliche Regelungen** für die Bestimmung des Abstandsflächenmaßes von Windenergieanlagen. So regelt etwa § 6 Abs. 8 **Bauordnung Sachsen-Anhalt**, dass sich die Tiefe der Abstandsfläche nach der größten Höhe der Anlage bemisst. Die größte Höhe errechnet sich bei Anlagen mit Horizontalachse aus der Höhe der Rotorachse über der Geländeoberfläche in der geometrischen Mitte des Masts zuzüglich des Rotorradius. Die Abstandsfläche ist ein Kreis um den geometrischen Mittelpunkt des Masts. Letztlich entspricht das Abstandsflächenmaß der Gesamthöhe der Anlage und wird ab dem Mast der Anlage als Kreis um den Anlagenmast gemessen. Eine ähnliche Regelung trifft auch § 6 Abs. 10 Satz 2 **Bauordnung Nordrhein-Westfalen**, wobei das Abstandsflächenmaß im Gegensatz zur Bauordnung Sachsen-Anhalt nur der Hälfte der größten Höhe der Anlage entspricht. Auch § 7 Abs. 8 **Bauordnung des Saarlandes** trifft eine ausdrückliche Regelung, wobei hier besondere Abstandsflächenmaße ausgehend von der größten Höhe der Anlage (0,25 H für den Außenbereich und Windenergie-Sondergebiete, im Übrigen 0,4 H) und weitere Besonderheiten gelten.

669 Soweit das Abstandsflächenrecht in den Bauordnungen **keine spezielle Regelung** trifft, haben sich nach den Verwaltungsvorschriften und der Rspr.

---

296 Vgl. z. B. VGH München, Urteil vom 28.7.2009, Az. 22 BV 08.3427, Rn. 16.
297 So z. B. nach § 6 Abs. 4 Bauordnung Brandenburg (BbgBO).

zwei **Modelle** für die Bestimmung des Abstandsflächenmaßes herauskristallisiert.

Nach dem **Kugelmodell** wird – verkürzt dargestellt – eine durch die Rotorblätter, die zu allen Seiten verschwenkbar sind, eine gedachte Kugel gebildet. Diese Kugel stellt dann die Außenwand i. S. d. Abstandsflächenrechts dar, ab der das jeweils geltende Abstandsflächenmaß gemessen wird. Das Abstandsflächenmaß richtet sich – grob dargestellt – nach der Gesamthöhe der Anlage (Nabe zuzüglich des Rotorradius) multipliziert mit dem jeweils geltenden Abstandsflächenmaß H.[298]

670

Nach einem **anderen Modell** werden die Abstandsflächen, die sich auch hier grundsätzlich aus der Gesamthöhe der Anlage multipliziert mit dem Abstandsflächenmaß der jeweiligen Bauordnung ergeben, nicht erst aber der Außenwand einer gedachten Kugel, sondern schon ab einem Kreis um die Mittelachse einer Anlage gebildet. Der Radius dieses Kreises wird bestimmt durch den Abstand zwischen Mast und der daran hängenden Gondel.[299]

671

2. Abweichung vom Abstandsflächenrecht

Auch wenn Windenergieanlagen Abstandsflächen einhalten müssen, setzt sich in der Rspr. mehr und mehr die Ansicht durch, dass anders als im besiedelten Innenbereich **Abweichungen vom Abstandsflächenrecht** großzügiger erteilt werden dürfen.

672

a) Vereinbarkeit mit den Schutzzielen des Abstandsflächenrechts. Die Rspr. stützt dies auf die Erkenntnis, dass die „klassischen" Schutzziele des Abstandsflächenrechts z. B. wie die ausreichende Belichtung, Besonnung und Belüftung und der soziale Wohnfrieden durch die Abweichung von den Abstandsflächen im Außenbereich **nicht wesentlich beeinträchtigt** werden können. So sind etwa die bauordnungsrechtlichen Abstandsflächen zum Schutz der nächstgelegenen Wohnbevölkerung in der Regel zu gering. Angemessene Schutzabstände müssen anderweitig sichergestellt werden.[300] Zudem würde die Einhaltung des vollen Abstandsflächenmaßes dazu führen, dass es dem Vorhabenträger wohl nicht möglich sein wird, alle Flächen zu sichern, auf denen Abstandsflächen liegen. In diesem Fall würde die Zulassung vieler Anlagen scheitern, was der Privilegierung solcher Anlagen und Zielsetzung wiedersprechen würde.[301]

673

---

298 Vgl. OVG Bautzen, Beschluss vom 2.2.2007, Az. 1 BS 1/07, Rn. 14.
299 Vgl. OVG Weimar, Beschluss vom 1.6.2011, Az. 1 EO 69/11, Rn. 60; VGH München, Urteil vom 28.7.2009, Az. 22 BV 08.3427, Rn. 23.
300 Vgl. OVG Berlin-Brandenburg, Beschluss vom 21.11.2012, Az. 11 S 38/12, Rn. 17; OVG Lüneburg, Beschluss vom 13.2.2014, Az. 12 ME 221/13, Rn. 14; Ruppel, in: Maslaton, Kapitel 2, Rn. 230 f.
301 Vgl. OVG Greifswald, Beschluss vom 12.11.2014, Az. 3 M 1/14, Rn. 17.

> Ausdrücklich **nicht** zu den Schutzzielen des Abstandsflächenrechts gehört dagegen die **Standsicherheit durch Luftturbulenzen** benachbarter Anlagen[302] und der **beeinträchtigte Windertrag**.[303]

674 b) Berücksichtigung nachbarlicher Belange. Im Rahmen der Abweichung muss die Behörde in einer Ermessensentscheidung neben den nur eingeschränkt vorhandenen öffentlichen Belangen auch über die geschützten **nachbarlichen Belange** entscheiden. Damit ist unter anderem das „**Freihalteinteresse**" der Grundstückseigentümer angesprochen. Im Außenbereich kann davon ausgegangen werden, dass die dort vorherrschende Land- und Forstwirtschaft auch unterhalb von Windenergieanlagen möglich bleibt, so dass die Nachbarbelange auch bei Erteilung von Abweichungen insoweit gewahrt bleiben.[304]

675 Anders dagegen kann es aussehen, wenn der Grundstückseigentümer selbst geltend machen kann, dass er auf seinem eigenen, von Abstandsflächen des fremden Windenergievorhabens belasteten Grundstück Windenergieanlagen errichten will. In diesem Fall darf die Abweichung vom Abstandsflächenrecht nicht dazu dienen, bei **zwei konkurrierenden Vorhaben** eine Entscheidung für das eine und gegen das andere Vorhaben zu treffen, wenn das andere Vorhaben nach Erteilung der Abweichung vom Abstandsflächenrecht nicht mehr zugelassen werden kann.[305]

> Dementsprechend wird die Behörde mit der Erteilung von Abweichungen auf der sicheren Seite sein, wenn sich die – nicht reduzierten – Abstandsflächen zweier konkurrierender Vorhaben **nicht überdecken**.

II. Standsicherheit

676 Maßgebliche weitere Anforderung des Bauordnungsrechts an die Errichtung und den Betrieb von Windenergieanlagen ist die **Standsicherheit der Anlagen**. Hierfür gibt es die Typenprüfung, die Bestandteil der Antragsunterlagen ist.[306]

677 Das OVG Münster geht davon aus, dass die Standsicherheit grundsätzlich gewahrt wird, wenn zwischen zwei Anlagen ein Abstand des **5-fachen Rotordurchmessers in Hauptwindrichtung** oder des 3-fachen Rotordurchmessers in Nebenwindrichtung eingehalten wird.

---

302 OVG Berlin-Brandenburg, Beschluss vom 21.11.2012, Az. 11 S 38/12, Rn. 27.
303 OVG Berlin-Brandenburg, Beschluss vom 6.7.2007, Az. 11 S 21/07, Rn. 11.
304 OVG Berlin-Brandenburg, Beschluss vom 6.7.2007, Az. 11 S 21/07, Rn. 13.
305 OVG Lüneburg, Beschluss vom 10.2.2014, Az. 12 ME 227/13, Rn. 16.
306 Ruppel, in: Maslaton, Kapitel 2, Rn. 233.

677

Unterschreiten die Anlagen diesen Abstand, bedeutet dies zwar nicht, dass die Anlagen wegen der Turbulenzen in ihrer Standsicherheit beeinträchtigt sind. Allerdings ist in diesem Fall ein **Turbulenzgutachten** erforderlich, mit dem im konkreten Fall die Standsicherheit der Anlagen nachgewiesen wird.[307]

---

[307] OVG Münster, Beschluss vom 24.1.2000, Az. 7 B 2180/99, Rn. 6, 13.

3. Teil: Genehmigungsverfahrensrecht

678 Im letzten Teil wird das Verfahrensrecht für die Genehmigung von Windenergieanlagen dargestellt. Hierbei konzentriert sich das Handbuch auf das **Genehmigungsverfahren nach dem BImSchG**, das auf Windenergieanlagen mit einer Gesamthöhe von 50 Metern Anwendung findet, also auf die heute gängigen Anlagentypen, die für die Erzeugung von Strom für die öffentliche Versorgung eingesetzt werden.

679 Dagegen unterliegen Windenergieanlagen mit einer geringeren Anlagenhöhe dem **Baugenehmigungsverfahren** nach der jeweiligen Landesbauordnung. Da diese Anlagentypen im Außenbereich selten sind, wird auf dieses Genehmigungsverfahren nicht vertieft eingegangen.

680 Im 1. Kapitel wird auf die **Genehmigungspflicht** nach BImSchG und Landesbauordnung eingegangen. Dort wird auch behandelt, unter welchen Voraussetzungen für Windenergieanlagen eine Umweltverträglichkeitsprüfung durchgeführt werden muss. Im 2. **Kapitel** wird der **Ablauf des Genehmigungsverfahrens** und im 3. Kapitel der **Ablauf der Umweltverträglichkeitsprüfung** dargestellt.

1. Kapitel   Genehmigungspflicht

681 Für Windenergieanlagen besteht eine **Genehmigungspflicht** entweder nach dem BImSchG oder nach der jeweiligen Landesbauordnung des Bundeslandes (in Form einer Baugenehmigung). Entscheidend ist **Gesamthöhe der Anlage**. Ab einer Gesamthöhe von mehr als 50 Metern unterliegt die Windenergieanlage der Genehmigungspflicht nach dem BImSchG.

I.   Genehmigungspflicht nach dem Bundes-Immissionsschutzgesetz

682 Nach § 4 BImSchG i. V. m. § 1 und Ziffer 1.6 des Anhangs 1 der 4. BImSchV bedürfen Windenergieanlagen mit einer **Gesamthöhe von mehr als 50 Metern** einer Genehmigung nach dem BImSchG.

683 Die wesentliche Bedeutung der BImSchG-Genehmigung liegt in ihrer **Konzentrationswirkung** nach § 13 BImSchG. Danach schließt die Genehmigung andere die Anlage betreffende behördliche Entscheidungen ein, insbesondere öffentlich-rechtliche Genehmigungen, Zulassungen, Verleihungen, Erlaubnisse und Bewilligungen mit Ausnahme von Planfeststellungen, Zulassung bergrechtlicher Betriebspläne, atomrechtlicher Entscheidungen und wasserrechtlicher Erlaubnisse und Bewilligungen nach § 8 i. V. m. § 10 des Wasserhaushaltsgesetzes.

684 Für die Genehmigung von Windenergieanlagen bedeutet dies, dass **alle wesentlichen Zulassungsentscheidungen** nach anderen verwaltungsrechtlichen Fachgesetzen wie z. B. die Baugenehmigung von der BImSchG-Genehmigung umfasst sind. Danach ist nur eine einzige (immissionsschutzrechtliche) Genehmigung in einem Verfahren erforderlich.[1] Die sonstigen Genehmigungen werden von der immissionsschutzrechtlichen Genehmigung mit umfasst.[2] Über die Anforderungen nach diesen Fachgesetzen wird im BImSchG-Verfahren mitentschieden, sie werden deswegen nicht obsolet.[3]

685 Dagegen gelten die **formellen Verfahrensvorschriften** für die jeweils mit umfassten Genehmigungen und Zulassungen nicht. Einzig das Genehmigungsverfahrensrecht nach dem BImSchG findet Anwendung.[4]

686 Die **Konzentrationswirkung** nach § 13 BImSchG bezieht sich nur auf das **Genehmigungsverfahren**, nicht auf nachfolgende Eingriffs- und Überwachungsbefugnisse. Die Überwachung und Kontrolle des Betriebs sowie der Erlass nachträglicher Anordnungen nach den Fachgesetzen bleibt in der Zuständigkeit der Fachbehörden. Allerdings kann nur die immissionsschutzrechtliche Genehmigungsbehörde über die nachträgliche Aufhebung, Änderung oder Ergänzung der Genehmigung entscheiden.[5]

1. Antragsgegenstand

687 Das **Genehmigungserfordernis** erstreckt sich nach § 1 Abs. 2 der 4. BImSchV auf alle vorgesehenen

– Anlagenteile und Verfahrensschritte, die zum Betrieb notwendig sind, und
– Nebeneinrichtungen, die mit den Anlagenteilen und Verfahrensschritten nach Nr. 1 in einem räumlichen und betriebstechnischen Zusammenhang stehen und die für das Entstehen der schädlichen Umweltwirkungen oder die Vorsorge gegen schädliche Umwelteinwirkungen

---

1 Seibert, in: Landmann/Rohmer, Umweltrecht, BImSchG, Rn. 32.
2 Jarass, in: Jarass, BImSchG, § 13, Rn. 1.
3 Jarass, in: Jarass, BImSchG, § 13, Rn. 22.
4 Seibert, in: Landmann/Rohmer, Umweltrecht, BImSchG, Rn. 35.
5 Seibert, in: Landmann/Rohmer, Umweltrecht, BImSchG, Rn. 117.

oder das Entstehen sonstiger Gefahren, erheblicher Nachteile oder erheblicher Belästigungen von Bedeutung sein können.

Zum **Antragsgegenstand** gehören damit die Windenergieanlage selbst mit einer möglichen separaten Trafo- und Übergabestation sowie die erforderlichen bauvorbereitenden Maßnahmen (Erschließung bis zum nächsten Wirtschaftsweg, Kranstell- und Vormontageflächen).[6] **688**

Für den **Ausbau vorhandener Wege** für den schwerlastfähigen Verkehr sind dagegen andere Genehmigungen erforderlich, diese sind nicht mehr von der BImSchG-Genehmigung umfasst (z. B. Genehmigung für die Waldumwandlung, separate Zulassung nach naturschutzrechtlicher Eingriffsregelung, straßenrechtliche Genehmigung).[7] **689**

2. BImSchG-Verfahrensarten

Das BImSchG sieht **drei Verfahrensarten** vor, die auch für die Genehmigung von Windenergieanlagen einschlägig sind: (1.) das **vereinfachte Verfahren** nach § 19 BImSchG, (2.) das **förmliche Verfahren** nach § 10 BImSchG und (3.) das **förmliche Verfahren** nach § 10 BImSchG mit Durchführung einer **Umweltverträglichkeitsprüfung**. **690**

a) Vereinfachtes Verfahren. Das vereinfachte Verfahren nach § 19 BImSchG dient der Vermeidung unangemessenen Verwaltungsaufwands und einer unnötigen Belastung des Antragstellers.[8] Nach § 19 Abs. 2 BImSchG gelten bestimmte, in Abs. 2 aufgeführte Vorschriften des förmlichen Verfahrens nicht. Insbesondere findet im vereinfachten Verfahren **keine Öffentlichkeitsbeteiligung** statt. **691**

Die **Zuordnung** zum förmlichen oder zum vereinfachten Verfahren erfolgt nach § 2 Abs. 1 Satz 1 der 4. BImSchV. Danach sind förmlich zu genehmigende Anlagen in Spalte c des Anhangs 1 zur 4. BImSchV mit einem „G", vereinfacht zu genehmigende Anlagen mit einem „V" gekennzeichnet. **692**

Nach Ziffer 1.6 des Anhangs 1 zur 4. BImSchV sind Vorhaben **mit 20 oder mehr Windkraftanlagen** im **förmlichen Verfahren** und mit **weniger als 20 Windkraftanlagen** im **vereinfachten Verfahren** zu genehmigen. Allerdings ist zu beachten, dass nach § 2 Abs. 1 Nr. 1 Buchstabe c) der 4. BImSchV auch Anlagen mit weniger als 20 Windkraftanlagen im förmlichen Verfahren zu genehmigen sind, wenn die Durchführung einer Umweltverträglichkeitsprüfung nach dem Gesetz über die Umweltverträglichkeitsprüfung (UVPG) erforderlich ist. **693**

---

6 Ruppel, in: Maslaton, Kapitel 2, Rn. 3.
7 Ruppel, in: Maslaton, Kapitel 2, Rn. 3.
8 Jarass, in: Jarass, BImSchG, § 19, Rn. 1.

694 Anlagen im **vereinfachten Verfahren** sind nach § 19 Abs. 3 BImSchG dennoch im förmlichen Verfahren zu beantragen, wenn der Vorhabenträger dies beantragt. Die Regelung hatte für den Vorhabenträger bislang zum Beispiel dann Sinn, wenn mit einer Vielzahl von Einwendungen und Widersprüchen zu rechnen war.[9] Denn in diesem Fall kam der Vorhabenträger in den Genuss der Präklusionswirkung nicht rechtzeitig erhobener Einwendungen im Rahmen der Öffentlichkeitsbeteiligung (§ 10 Abs. 3 Satz 5 und § 14 BImSchG). Allerdings scheint nach der Rspr. des EuGH[10] zur Unzulässigkeit der ähnlich gelagerten Präklusionswirkung im Planfeststellungsrecht zweifelhaft, ob die **Präklusion im BImSchG** noch Gültigkeit beanspruchen kann. Damit ist ein großer Vorteil der Durchführung des förmlichen Verfahrens im Vergleich zum vereinfachten Verfahren aufgehoben.

695 b) **Förmliches Verfahren.** Das förmliche Verfahren nach § 10 BImSchG sieht – wie bereits dargelegt – mehrere Verfahrensschritte vor, unter anderem die **Beteiligung der Öffentlichkeit.** Das Verfahren wird daher weit mehr Zeit beanspruchen als das vereinfachte Verfahren.

696 c) **Förmliches Verfahren mit Umweltverträglichkeitsprüfung.** Noch mehr Zeit und Aufwand nimmt das förmliche Genehmigungsverfahren mit Durchführung einer **Umweltverträglichkeitsprüfung** nach dem UVPG in Anspruch. Neben den Anforderungen des förmlichen Verfahrens sind die Verfahrensanforderungen des UVPG zu beachten. Die Umweltverträglichkeitsprüfung ist nach § 2 Abs. 1 Satz 1 UVPG ein unselbständiger Teil verwaltungsbehördlicher Verfahren, die der Entscheidung über die Zulässigkeit von Vorhaben dienen, so etwa im BImSchG-Genehmigungsverfahren.

697 Nachfolgend wird nur dargestellt, unter welchen **Voraussetzungen** ein förmliches Verfahren mit Umweltverträglichkeitsprüfung durchzuführen ist. Der Ablauf der Umweltverträglichkeitsprüfung wird im 3. Kapitel dargestellt.

698 aa) **Anwendungsbereich.** Ob Anlagen dem **Anwendungsbereich des UVPG** unterliegen, ergibt sich nach § 3 Abs. 1 UVPG aus dessen Anlage 1. Nach § 3b Abs. 1 UVPG besteht die Pflicht zur Durchführung einer Umweltverträglichkeitsprüfung, wenn die Vorhaben die in Anlage 1 angegebenen **Größen- und Leistungswerte** erreichen oder überschreiten. Danach unterliegen Anlage, die in Spalte 1 der Anlage 1 mit einem „X" gekennzeichnet sind, der Umweltverträglichkeitsprüfung. Für Anlagen, die in Anlage 1 in Spalte 2 mit einem „A" gekennzeichnet sind, ist eine

---

[9] Jarass, in: BImSchG, § 19, Rn. 9.
[10] EuGH, Urteil vom 15.10.2015, Az. C-137/14, Rn. 75 ff.; vgl. hierzu Fellenberg, NVwZ, 2015, 1721, 1723.

Vorprüfung im Einzelfall (§ 3c Satz 1 UVPG) und für Anlagen, die in Spalte 2 mit einem „S" versehen sind, eine standortbezogene Vorprüfung im Einzelfall durchzuführen.

699 Nach Ziffer 1.6.1 der Anlage 1 zum UVPG ist nach dieser Kennzeichnung für die Errichtung und den Betrieb einer „**Windfarm**" **mit 20 oder mehr Windkraftanlagen** mit einer Gesamthöhe von jeweils mehr als 50 Metern eine reguläre Umweltverträglichkeitsprüfung durchzuführen.

700 Für **Windfarmen von 6 bis 19 Windkraftanlagen** ist nach Ziffer 1.6.2 der Anlage 1 zum UVPG eine allgemeine Vorprüfung i. S. v. § 3c Satz 1 UVPG, für **Windfarmen von 3 bis weniger als 6 Windkraftanlagen** ist nach Ziffer 1.6.3 der Anlage 1 zum UVPG eine standortbezogene Vorprüfung i. S. v. § 3c Satz 2 UVPG durchzuführen. Somit sieht das UVPG eine Pflicht zur Durchführung einer Umweltverträglichkeitsprüfung für Windfarmen vor, die aus mindestens 3 Windkraftanlagen bestehen.[11]

701 bb) **Begriff der Windfarm.** Allerdings kann – anders als bei einem einheitlichen Vorhaben – die Frage mitunter schwer zu beantworten zu sein, unter welchen Voraussetzungen eine **Windfarm** i. S. v. Ziffer 1.6 der Anlage 1 zum UVPG bestehend aus drei Einzel-Anlagen vorliegt, etwa bei **komplexen, aus mehreren Komponenten zusammengesetzten Vorhaben**.[12] In diesem Zusammenhang besteht die Gefahr, dass das Gesamtvorhaben antragsmäßig so aufgeteilt wird, dass der Schwellenwert nicht erreicht wird.[13]

702 Die Rspr. hat zur Auslegung des **Begriffs der Windfarm** gemäß Ziffer 1.6 der Anlage 1 zum UVPG entschieden, dass diese aus mindestens 3 Windkraftanlagen besteht, die unabhängig von der Zahl der Betreiber **räumlich einander so zugeordnet** sind, dass sich ihre Einwirkungsbereiche überschneiden oder wenigstens berühren. Entscheidend für das Vorhandensein einer Windfarm ist der **räumliche Zusammenhang der einzelnen Anlagen**. Sind die Anlagen so weit voneinander entfernt, dass sich die maßgeblichen Auswirkungen nicht summieren, so behält jede für sich den **Charakter einer Einzelanlage**.

703 Verbindliche Bewertungsvorgaben in Form standardisierter Maßstäbe oder Rechenverfahren hinsichtlich der **räumlichen Zuordnung** von Windenergieanlagen, die eine Windfarm bilden, gibt es nicht. Welche Bewertungskriterien heranzuziehen sind, hängt vielmehr von den **tatsächlichen Gegebenheiten des Einzelfalls** ab, deren Feststellung und Würdigung dem Tatrichter obliegt.

---

11 Vgl. BVerwG, Urteil vom 30.6.2004, Az. 4 C 9/03, 1. Leitsatz.
12 Sangenstedt, in: Landmann/Rohmer, Umweltrecht, UVPG, § 3b, Rn. 11.
13 Sittig, in: Maslaton, Kapitel 2, Rn. 108.

> Daher sind zwar auch **typisierende Bewertungsvorgaben** anerkannt, bei denen auf die Entfernung von weniger als das Zehnfache des Rotordurchmessers, die Anlagenhöhe oder den geometrischen Schwerpunkt der von den Anlagen umrissenen Fläche abgestellt wird. Allerdings kann eine davon losgelöste Einzelfallbeurteilung anhand der konkreten Auswirkungen auf die Schutzgüter des UVP- und Immissionsschutzrechts angebracht sein.[14]

704 cc) **Kumulierende Vorhaben.** Diese Rspr. kann auch vor dem Hintergrund der Regelung zu den **kumulierenden Vorhaben** in § 3b Abs. 2 UVPG gesehen werden. Während der gerade behandelte Begriff der Windfarm klärt, unter welchen Voraussetzungen drei einzelne Windenergieanlagen eine Windfarm bilden und damit überhaupt der Durchführung einer UVP-Pflicht (genauer: zunächst der standortbezogenen Vorprüfung des Einzelfalls) unterliegen, regelt § 3b Abs. 2 UVPG, unter welchen Voraussetzungen **mehrere Vorhaben eine Bewertungseinheit** bilden, die als solche die maßgeblichen Größen- oder Leistungswerte erreicht und überschreitet und im Fall der Windenergie die „nächsthöhere" Prüfungskategorie erreicht.

705 So bestimmt § 3b Abs. 2 Satz 1 UVPG, dass die Verpflichtung zur Durchführung einer Umweltverträglichkeitsprüfung auch dann besteht, wenn **mehrere Vorhaben derselben Art,** die **gleichzeitig** von demselben oder mehreren Trägern verwirklicht werden sollen und in einem engen Zusammenhang stehen (kumulierende Vorhaben), zusammen die maßgeblichen Größen- oder Leistungswerte erreichen oder überschreiten. Ein solch enger Zusammenhang ist nach § 3b Abs. 2 Satz 2 UVPG gegeben, wenn diese Vorhaben nach § 3b Abs. 2 Satz 2 Nr. 2 UVPG als sonstige in Natur und Landschaft eingreifende Maßnahmen in engem räumlichen Zusammenhang stehen und sie einem vergleichbaren Zweck dienen.

> Von „Gleichzeitigkeit" i. S. v. § 3b Abs. 2 Satz 2 UVPG ist auszugehen, wenn die Verfahren zur Genehmigung der Vorhaben gleichzeitig laufen. Da die minimale Anforderung der Gleichzeitigkeit von Genehmigungsverfahren für die Antragsteller eine große Rechtsunsicherheit darstellt, da bis zur Erteilung der Genehmigung offen bleibt, ob nicht durch neue Genehmigungsanträge eine Kumulation erfolgt, die wiederum eine Umweltverträglichkeitsprüfung nach sich zieht, wird dieses Kriterium darauf eingeschränkt, dass eine **Gleichzeitigkeit nur besteht,** wenn noch für keine

---

14 Zusammenfassung bei OVG Münster, Urteil vom 25.2.2015, Az. 8 A 959/10, Rn. 102 mit Verweis auf die Rechtsprechung des BVerwG, Urteil vom 20.6.2004, Az. 4 C 9/03, Rn. 33; Beschluss vom 8.5.2007, Az. 4 B 11/07, Rn. 7.

der Genehmigungsanträge die Vollständigkeit der Genehmigungsunterlagen nach § 7 der 9. BImSchV festgestellt wurde.[15]

Allerdings hat das BVerwG kürzlich entschieden, dass auch bei **fehlender Gleichzeitigkeit** in analoger Anwendung von § 3b Abs. 2 UVPG eine **nachträgliche Kumulation** bestehen kann. In diesem Fall ist die Gleichzeitigkeit der Vorhaben nicht erforderlich.[16]

Weiter regelt § 3b Abs. 2 Satz 3 UVPG, dass diese **Bewertungseinheit für kumulierende Vorhaben** nur für solche Vorhaben gelten, die für sich jeweils die Werte für die standortbezogene Vorprüfung oder, soweit eine solche nicht vorgesehen ist, die Werte für die allgemeine Vorprüfung erreichen oder überschreiten. Allerdings ist umstritten, ob die Regelung europarechtlichen Maßstäben gerecht wird.[17] 706

Die **Parallelen zwischen den Vorgaben für kumulierenden Vorhaben** und der Rspr. zum **Begriff der Windfarm** ist insoweit sichtbar, als es nicht auf den Betreiber der Einzelanlagen ankommt und der räumliche Zusammenhang zwischen den einzelnen Anlagen maßgeblich ist. 707

dd) **Hineinwachsen in die UVP-Pflicht.** Das Hineinwachsen in die UVP-Pflicht regelt § 3b Abs. 3 UVPG. Danach wird bestimmt, dass wenn der maßgebende Größen- und Leistungswert durch die Änderung oder Erweiterung eines bestehenden, bisher nicht UVP-pflichtigen Vorhabens erstmals erreicht oder überschritten wird, für die **Änderung oder Erweiterung** eine Umweltverträglichkeitsprüfung unter Berücksichtigung der Umweltauswirkungen des bestehenden, bisher nicht UVP-pflichtigen Vorhabens durchzuführen ist. Bestehende Vorhaben in diesem Sinne sind auch kumulierende Vorhaben nach § 3b Abs. 2 Satz 1 UVPG. 708

ee) **Änderung und Erweiterung einer UVP-pflichtigen Windfarm.** Zuletzt regelt § 3e Abs. 1 UVPG die UVP-Pflicht von **Änderungen oder Erweiterungen von Vorhaben**, für die als solche bereits eine UVP-Pflicht besteht. Der Sinn der Vorschrift liegt darin, dass bestimmt wird, in welchem Umfang die Änderung oder Erweiterung als solche UVP-pflichtig ist.[18] 709

Danach besteht (nur) für die Änderung oder Erweiterung solcher Vorhaben eine **Pflicht zur Durchführung der Umweltverträglichkeitsprüfung** zum einen dann, wenn die **Änderung oder Erweiterung** als solche die **Schwellenwerte** für die Pflicht zur Durchführung der Umweltverträglich- 710

---

15 OVG Weimar, Beschluss vom 2.9.2008, Az. EO 448/08, Rn. 75; Sangenstedt, in: Landmann/Rohmer, Umweltrecht, UVPG, § 3b, Rn. 24.
16 BVerwG, Urteil vom 18.6.2015, Az. 4 C 4/14, Rn. 16 ff.
17 Sangenstedt, in: Landmann/Rohmer, Umweltrecht, UVPG, § 3b, Rn. 40.
18 Sangenstedt, in: Landmann/Rohmer, Umweltrecht, UVPG, § 3e, Rn. 2.

keitsprüfung in Spalte 1 („X") der Anlage 1 zum UVPG erreicht oder überschreitet (§ 3e Abs. 1 Nr. 1 UVPG).

711 Eine **Pflicht zur Durchführung der Umweltverträglichkeitsprüfung** besteht für die Änderung oder Erweiterung des Vorhabens auch dann, wenn eine **allgemeine Vorprüfung des Einzelfalls** i. S. v. § 3c Satz 1 und 3 UVPG ergibt, dass die Änderung oder Erweiterung erhebliche nachteilige Umweltauswirkungen haben kann (§ 3e Abs. 1 Nr. 2 UVPG). Dabei ist zu beachten, dass es im Rahmen von § 3e Abs. 1 Nr. 2 UVPG nicht darauf ankommt, ob die Änderung oder Erweiterung den Schwellenwert für die Vorprüfung (Kennzeichnung „A" oder „S" in Spalte 2 der Anlage 1 zum UVPG) erreicht oder überschreitet. Die Vorprüfung ist in jedem Fall durchzuführen.[19]

II. Genehmigungspflicht nach Landesbauordnung

712 Soweit Windenergieanlagen nicht dem Genehmigungserfordernis nach dem Bundes-Immissionsschutzgesetz unterliegen – also eine Gesamthöhe von weniger als 50 Metern haben –, ist in der Regel die Erteilung einer **Baugenehmigung** nach der Landesbauordnung des jeweiligen Bundeslandes erforderlich.[20]

713 In manchen Bundesländern sind Windenergieanlagen unter bestimmten Voraussetzungen (etwa Anlagen mit einer Höhe bis zu 10 Metern) **verfahrensfrei** und bedürfen keiner Baugenehmigung.[21]

714 Da anders als im BImSchG-Genehmigungsverfahren im Baugenehmigungsverfahren **keine Konzentrationswirkung** gilt, sind die übrigen, nach anderen Fachgesetzen für die Errichtung und den Betrieb der Anlage erforderlichen Genehmigungen und Zulassungsentscheidungen gesondert zu beantragen.[22]

2. Kapitel Ablauf des BImSchG-Genehmigungsverfahrens

715 Der Ablauf des BImSchG-Genehmigungsverfahrens ist im **BImSchG** selbst und in der **9. BImSchV** geregelt. Nachfolgend wird auf die einzelnen Verfahrensschritte eingegangen.

---

19 So die herrschende Meinung, vgl. Sangenstedt, in: Landmann/Rohmer, Umweltrecht, UVPG, § 3e, Rn. 22.
20 Gatz, Rn. 432.
21 So zum Beispiel in Bayern: Kleinwindkraftanlagen mit einer freien Höhe bis zu zehn Metern (§ 57 Abs. 1 Nr. 3 Buchstabe b) BayBO).
22 Gatz, Rn. 434.

I. Antragstellung und Vollständigkeit der Unterlagen

1. Antrag

Nach § 10 Abs. 1 BImSchG setzt das Genehmigungsverfahren einen **schriftlichen Antrag** voraus. Dem Antrag sind die zur Prüfung der Genehmigungsvoraussetzungen nach § 6 BImSchG erforderlichen Zeichnungen, Erläuterungen und sonstigen Unterlagen beizufügen. Der Inhalt der Antragsunterlagen ist in den §§ 3 und 4 bis 4d der 9. BImSchV präzisiert. Sofern eine Umweltverträglichkeitsprüfung durchzuführen ist, ist die Umweltverträglichkeitsstudie beizufügen.

716

Die zuständige Genehmigungsbehörde hat dem Antragsteller nach § 6 der 9. BImSchV den **Eingang des Antrags** und der Unterlagen schriftlich zu bestätigen.

717

2. Vollständigkeit

Als erster Verfahrensschritt steht die **Prüfung der Vollständigkeit** der Antragsunterlagen an. So hat die Genehmigungsbehörde gemäß § 7 Abs. 1 der 9. BImSchV nach Eingang des Antrags und der Unterlagen unverzüglich, in der Regel innerhalb eines Monats, zu prüfen, ob der Antrag den oben genannten Anforderungen der §§ 3, 4 bis 4e der 9. BImSchV entspricht.

718

Soweit der Antrag oder die Unterlagen **unvollständig** sind, hat die Genehmigungsbehörde nach § 7 Abs. 1 Satz 3 der 9. BImSchV den Antragsteller unverzüglich aufzufordern, den **Antrag** oder die Unterlagen innerhalb einer angemessenen Frist **zu ergänzen**.

719

Rechtlich ist diese Frist zur Ergänzung des Antrags oder Nachreichung von Unterlagen **von Bedeutung**, weil die Behörde den Genehmigungsantrag nach § 20 Abs. 2 Satz 2 der 9. BImSchV ablehnen soll, wenn der Antragsteller einer Aufforderung zur Ergänzung der Unterlagen innerhalb der ihm gesetzten Frist, die auch im Falle ihrer Verlängerung drei Monate nicht überschreiten soll, nicht nachgekommen ist.

720

Im Rahmen der Vollständigkeitsprüfung hat die Genehmigungsbehörde auch über eine **eventuelle Pflicht zur UVP-Vorprüfung** zu entscheiden und nach § 3a UVPG eine entsprechende Feststellung zu treffen.[23]

721

Soweit der Antrag und die Unterlagen vollständig sind, hat die Genehmigungsbehörde nach § 7 Abs. 2 der 9. BImSchV den Antragsteller über die voraussichtlich zu beteiligenden Behörden und den **geplanten zeitlichen Ablauf des Genehmigungsverfahrens** zu unterrichten. In einem förmlichen Verfahren wird die Vollständigkeit des Antrags öffentlich bekannt ge-

722

---

23 Ruppel, in: Maslaton, Kapitel 2, Rn. 32.

macht (§ 10 Abs. 3 Satz 1 BImSchG), was jedoch nicht für das vereinfachte Verfahren gilt.

723 In diesem Zusammenhang ist kurz auf die **gesetzlich geregelten Verfahrenszeiten** einzugehen: Nach § 10 Abs. 6a BImSchG hat die Behörde nach Eingang des vollständigen[24] Genehmigungsantrags im **förmlichen Verfahren** innerhalb einer **Frist von sieben Monaten**, im **vereinfachten Verfahren** innerhalb einer **Frist von drei Monaten** zu entscheiden. Die Behörde kann die Frist um jeweils drei Monate verlängern, wenn dies wegen der Schwierigkeit der Prüfung oder aus Gründen, die dem Antragsteller zuzurechnen sind, erforderlich ist. Die Behörde soll die Fristverlängerung gegenüber dem Antragsteller begründen.

II. Behördenbeteiligung

1. Vorgaben für das Verfahren

724 Nach § 10 Abs. 5 BImSchG holt die Genehmigungsbehörde nach Vollständigkeit des Antrags die **Stellungnahmen der Behörden** ein, deren Aufgabenbereich durch das Vorhaben berührt wird. Der Kreis der zu beteiligenden Behörden wird von der Genehmigungsbehörde nach pflichtgemäßem Ermessen bestimmt.[25]

725 Weiter regelt § 11 der 9. BImSchV, dass die Genehmigungsbehörde die zu beteiligenden Behörden auffordern soll, die jeweiligen Stellungnahmen innerhalb einer **Frist von einem Monat** abzugeben. Die Antragsunterlagen sollen sternförmig an die zu beteiligenden Behörden versandt werden.

726 Schließlich regelt § 11 Satz 3 der 9. BImSchV, dass wenn eine Behörde bis zum Ablauf der Frist **keine Stellungnahme** abgegeben hat, davon auszugehen ist, dass sich die beteiligte Behörde nicht äußern will. Dies bedeutet zwar nicht, dass die Genehmigungsbehörde die Abgabe der Stellungnahme durch die Fachbehörde erzwingen kann. Die Regelung stellt damit aber klar, dass die Genehmigungsbehörde nicht auf die Abgabe der Stellungnahme warten muss. Ist die Genehmigungsbehörde auf die Stellungnahme der Fachbehörde angewiesen, wird letztlich nur übrig bleiben, nach erfolgloser Erinnerung die Aufsichtsbehörde der zu beteiligenden Fachbehörde einzuschalten.[26]

2. Umgang mit den Ergebnissen der Behördenbeteiligung

727 **a) Behandlung der Stellungnahmen der Fachbehörden.** Die Genehmigungsbehörde hört die Fachbehörden in der Regel nur an. Sie ist an die Stellungnahmen der Fachbehörden im Rahmen der Behördenbeteiligung

---

24 Dietlein, in: Landmann/Rohmer, Umweltrecht, BImSchG, § 10, Rn. 241.
25 Kutscheidt/Dietlein, in: Landmann/Rohmer, Umweltrecht, 9. BImSchV § 11, Rn. 4.
26 Kutscheidt/Dietlein, in: Landmann/Rohmer, Umweltrecht, 9. BImSchV § 11, Rn. 7.

nicht gebunden. Sie entscheidet über die rechtlichen Fragen, die von den Fachbehörden in den Stellungnahmen behandelt werden, letztlich aus **eigener Verantwortung**.[27] In der Verwaltungspraxis wird sich die Genehmigungsbehörde aber nur äußerst selten über eine fachliche Stellungnahme etwa der Naturschutzbehörde oder der Behörde, die die planungsrechtliche Zulässigkeit bewertet, hinwegsetzen.

b) Erfordernis des Einvernehmens. Anders ist dies zu bewerten, wenn andere Behörden oder etwa die zuständige Gemeinde im Rahmen des BImSchG-Verfahrens ihr **Einvernehmen** zu dem Vorhaben erklären müssen. Wenn die jeweilige Rechtsgrundlage keine Befugnis der Genehmigungsbehörde regelt, das rechtswidrig versagte Einvernehmen zu ersetzen, ist diese an die Versagung des Einvernehmens gebunden und muss die Genehmigung schon aus diesem Grund ablehnen.[28]

728

Ein solcher typischer Fall im Genehmigungsverfahren für Windenergieanlagen ist das Erfordernis des **gemeindlichen Einvernehmens** nach § 36 Abs. 1 Satz 1 BauGB für Vorhaben unter anderem im Außenbereich (§ 35 BauGB).

729

Danach wird über die Zulässigkeit von Vorhaben nach § 35 BauGB im bauaufsichtlichen Verfahren von der Baugenehmigungsbehörde im Einvernehmen mit der Gemeinde entschieden. Das Erfordernis des Einvernehmens dient der **Sicherung der gemeindlichen Planungshoheit**. Allerdings regelt § 36 Abs. 2 Satz 1 BauGB, dass die Gemeinde das Einvernehmen nur aus den sich aus den einzelnen Zulässigkeitsvorschriften, hier § 35 BauGB, ergebenden Gründen ablehnen kann. Nach § 36 Abs. 2 Satz 3 BauGB darf die nach Landesrecht zuständige Behörde ein rechtwidrig von der Gemeinde versagtes Einvernehmen ersetzen.

730

Das **Erfordernis des Einvernehmens** gemäß § 36 BauGB findet trotz Konzentrationswirkung und des Vorrangs des immissionsschutzrechtlichen Verfahrensrechts auch im BImSchG-Genehmigungsverfahren Anwendung. Denn § 36 Abs. 1 Satz 2 BauGB enthält insoweit eine Sonderregelung, wonach das Einvernehmen auch erforderlich ist, wenn über die Zulässigkeit des Vorhabens in einem anderen Verfahren als im Baugenehmigungsverfahren entschieden wird.[29]

731

Die Frist zur Entscheidung über das Einvernehmen beträgt nach § 36 Abs. 2 Satz 2 BauGB zwei Monate ab Eingang des Ersuchens der Geneh-

732

---

27 Dietlein, in: Landmann/Rohmer, Umweltrecht, BImSchG, § 10, Rn. 112.
28 Dietlein, in: Landmann/Rohmer, Umweltrecht, BImSchG, § 10, Rn. 98; Ruppel, in: Maslaton, Kapitel 2, Rn. 35.
29 Vgl. zum früheren Streit über die Anwendung auf immissionsschutzrechtliche Verfahren Gatz, Rn. 447 ff.

migungsbehörde. Äußert sich die Gemeinde bis zum Ablauf dieser Frist nicht, gilt das **Einvernehmen als erteilt.**

III. Öffentlichkeitsbeteiligung

733 Im förmlichen Verfahren steht nach § 10 Abs. 3, 4 und 6 BImSchG als weiterer gesetzlicher Verfahrensschritt die **Öffentlichkeitsbeteiligung** an. Danach hat die Genehmigungsbehörde das Vorhaben nach Vollständigkeit des Genehmigungsantrags öffentlich bekannt zu machen und danach den Antrag und die Unterlagen öffentlich einen Monat zur Einsicht auszulegen (§ 10 Abs. 3 Satz 2 BImSchG). Die Öffentlichkeit kann innerhalb einer Frist von zwei Wochen bis nach Ablauf der Auslegungsfrist **Einwendungen** geltend machen.

734 Nach § 10 Abs. 3 Satz 5 BImSchG sind alle Einwendungen ausgeschlossen, die nicht fristgerecht im Rahmen der Öffentlichkeitsbeteiligung erhoben worden sind und auf besonderen privatrechtlichen Titeln beruhen. Allerdings wird diese gesetzliche **Präklusion von Einwendungen** nach der neuesten Rspr. des EuGH[30] nicht mehr gelten, so dass Dritte auch dann gegen die Genehmigung klagen können, wenn sie versäumt haben, Einwendungen im Rahmen der Auslegung geltend zu machen.

735 Wird das Vorhaben während oder nach der Auslegung verändert, so bedarf es einer **erneuten Auslegung**, es sei denn, dass die Änderungen zu keinen erneuten, anderen oder weiteren nachteiligen Auswirkungen zu Lasten Dritter führen.[31]

736 Nach § 10 Abs. 6 BImSchG kann die Genehmigungsbehörde die Einwendungen mit dem Antragstellern und den Einwendern z. B. in einem **Erörterungstermin** erörtern.

IV. Entscheidung der Behörde

737 Das Genehmigungsverfahren kann durch drei Entscheidungen der Behörde enden: die **Zurückstellung des Genehmigungsantrags** bzw. des Baugesuchs, die **Ablehnung des Antrags** oder die **positiven Bescheidung** durch Erteilung der Genehmigung, bei Windenergieanlagen regelmäßig unter Aufnahme von Nebenbestimmungen in den Bescheid.

1. Zurückstellung

738 Die zuständige Genehmigungsbehörde muss den Genehmigungsantrag **zurückstellen**, wenn die Gemeinde einen Zurückstellungsantrag an die Genehmigungsbehörde nach § 15 Abs. 3 BauGB gestellt hat.

---

30 EuGH, Urteil vom 15.10.2015, Az. C-137/14, Rn. 75 ff.
31 Ruppel, in: Maslaton, Kapitel 2, Rn. 44.

Voraussetzung für einen solchen **Zurückstellungsantrag** ist, dass die Gemeinde beschlossen hat, einen Flächennutzungsplan mit der Wirkung des Planvorbehalts nach § 35 Abs. 3 Satz 3 BauGB aufzustellen, zu ändern oder zu ergänzen. **739**

Die Genehmigungsbehörde kann den Genehmigungsantrag nach § 15 Abs. 3 Satz 1 BauGB **für längstens ein Jahr** nach Zustellung der Zurückstellung des Baugesuchs zurückstellen. Nur wenn besondere Umstände es erfordern, kann die zuständige Genehmigungsbehörde nach § 15 Abs. 3 Satz 4 BauGB auf Antrag der Gemeinde den Genehmigungsantrag um höchstens ein weiteres Jahr verlängern. **740**

Zu den rechtlichen Problemen der Zurückstellung, insbesondere zur umstrittenen Frage, ob die Zurückstellung im BImSchG-Genehmigungsverfahren überhaupt Anwendung findet, wird auf die Ausführungen zur Plansicherung von Flächennutzungsplänen in Rn. 322 ff. verwiesen. **741**

2. Ablehnung

Die Genehmigungsbehörde soll den Genehmigungsantrag nach § 20 Abs. 2 Satz 2 der 9. BImSchV **ablehnen**, wenn der Antragssteller die von der Behörde geforderten Antragsunterlagen nicht innerhalb der gesetzten Frist ergänzt hat, die **Unterlagen also unvollständig** bleiben. **742**

Der Antrag ist ebenfalls abzulehnen, wenn das **erforderliche Einvernehmen** der Gemeinde nach § 36 BauGB nicht erteilt wurde und von der Genehmigungsbehörde auch nicht ersetzt wurde, weil die Versagung des Einvernehmens durch die Gemeinde rechtmäßig war. **743**

Schließlich lehnt die Genehmigungsbehörde den Genehmigungsantrag ab, wenn die **Genehmigungsvoraussetzungen** nach § 6 Abs. 1 BImSchG nicht erfüllt sind und auch nicht durch Nebenbestimmungen gemäß § 12 Abs. 1 Satz 1 BImSchG sichergestellt werden kann, dass diese Voraussetzungen erfüllt werden. **744**

3. Genehmigung

Letzte Entscheidungsmöglichkeit der Behörde ist die **Erteilung der Genehmigung**, im Bereich der Windenergie regelmäßig unter Aufnahme von Nebenbestimmungen. Die Behörde kann gemäß § 18 Abs. 1 Nr. 1 BImSchG eine **Frist für das Erlöschen der Genehmigung** setzen, wonach innerhalb der Frist mit der Errichtung oder dem Betrieb der Anlagen begonnen worden sein muss. Die Genehmigung ist dem Antragsteller und den Einwendern nach § 10 Abs. 7 Satz 1 BImSchG zuzustellen. **745**

a) **Genehmigungsvoraussetzungen.** Die Genehmigungsbehörde hat die Genehmigung zu erteilen, wenn die **Genehmigungsvoraussetzungen** nach § 6 Abs. 1 BImSchG erfüllt ist. Die Erteilung der Genehmigung liegt damit **746** nicht im Ermessen der Behörde. Es handelt sich hierbei um eine **gebundene Entscheidung**.[32]

747 Danach muss nach § 6 Abs. 1 Nr. 1 BImSchG sichergestellt sein, dass die sich aus § 5 BImSchG und einer auf Grund von § 7 BImSchG erlassenen Rechtsverordnung ergebenden **Pflichten erfüllt** werden und nach § 6 Abs. 1 Nr. 2 BImSchG **andere öffentlich-rechtliche Vorschriften** (z. B. baurechtliche oder naturschutzrechtliche Anforderungen) und Belange des Arbeitsschutzes der Errichtung und dem Betrieb der Anlage nicht entgegenstehen.

748 b) **Nebenbestimmungen zur Genehmigung.** Soweit die Genehmigungsvoraussetzungen nicht erfüllt werden, was bei Windenergieanlagen fast immer der Fall sein wird, ist die Genehmigung zu erteilen, wenn die Erfüllung der Genehmigungsvoraussetzungen durch **Aufnahme von Nebenbestimmungen** gemäß § 12 Abs. 1 BImSchG sichergestellt werden kann.

749 § 12 Abs. 1 Satz 1 BImSchG lässt hierfür die Erteilung von **Bedingungen** und **Auflagen** zu. In der Praxis werden regelmäßig Auflagen zum Lärmschutz oder wegen artenschutzrechtlicher Anforderungen erteilt (z. B. Abschaltzeiten der Anlagen zum Schutz von Fledermäusen).

750 Nach § 12 Abs. 2 Satz 1 BImSchG ist die **Befristung** der Genehmigung zulässig.

751 In der Praxis findet sich in Genehmigungsbescheiden regelmäßig der nach § 12 Abs. 2a BImSchG zulässige **Auflagenvorbehalt** wieder, wonach sich die Genehmigungsbehörde vorbehält, nachträgliche Auflagen zu erteilen, soweit hierdurch hinreichend bestimmte, in der Genehmigung bereits allgemein festgelegte Anforderungen an die Errichtung und den Betrieb der Anlage in einem Zeitpunkt nach Erteilung der Genehmigung näher festgelegt werden sollen. Ein Auflagenvorbehalt hat etwa Sinn bei einem noch ausstehenden **Standsicherheitsnachweis**, wonach Leistungsreduktionen beauflagt werden können, wenn sich nach Vorlage des Nachweises herausstellt, dass dies für die Standsicherheit erforderlich ist.[33] Die Aufnahme des Auflagenvorbehalts setzt nach § 12 Abs. 2a Satz 1 BImSchG das **Einverständnis** des Antragstellers voraus.

752 Eine der größten Hürden für die Rechtmäßigkeit der Nebenbestimmungen ist das **Bestimmtheitsgebot** nach § 37 Abs. 1 VwVfG. Allgemeine, pauschale Auflagen, wie zum Beispiel *„unangemessenen Lärm zu vermeiden"*[34] oder sicherzustellen, dass *„die automatisierte Waldbrandfrüher-*

---

32 Ruppel, in: Maslaton, Kapitel 2, Rn. 63.
33 Ruppel, in: Maslaton, Kapitel 2, Rn. 74.
34 Ruppel, in: Maslaton, Kapitel 2, Rn. 75.

kennung nicht erheblich beeinträchtigt" wird, sind nicht bestimmt genug und damit rechtswidrig.

> Inhaltlich unbestimmte Auflagen können selbst dann nicht durch die Behörden vollstreckt werden, wenn der Bescheid und mit ihm die Auflagen bereits bestandskräftig geworden sind. Die Unbestimmtheit der Auflagen hemmt selbst im Fall der Bestandskraft ihre **Vollstreckungsfähigkeit**.[35]

c) **Anordnung der sofortigen Vollziehung.** Die Genehmigungsbehörden werden für Windenergieanlagen regelmäßig die **sofortige Vollziehung** des Genehmigungsbescheids nach § 80 Abs. 2 Nr. 4 VwGO anordnen. Voraussetzung hierfür ist, dass das öffentliche Interesse oder das Interesse eines der Beteiligten – hier des Antragstellers – die sonstigen Interessen Dritter überwiegen. Dies hat zur Folge, dass ein Widerspruch oder eine Klage von Dritten **keine aufschiebende Wirkung** haben.

In der Rspr. ist anerkannt, dass es **überwiegendes öffentliches Interesse** an der Anordnung der sofortigen Vollziehung der Genehmigung gibt. Hierbei wird vor allem auf das öffentliche Interesse am zügigen Ausbau der erneuerbaren Energien nach § 1 EEG verwiesen.[36]

4. Entscheidung bei konkurrierenden Anträgen

In der Verwaltungspraxis kann sich vor allem in den durch die Planung ausgewiesenen Windeignungsgebieten eine **Konkurrenz zwischen verschiedenen Vorhaben** und ihren Genehmigungsanträgen entwickeln. Diese Konkurrenz kann zur Folge haben, dass nur der eine oder der andere Genehmigungsantrag positiv beschieden werden kann und sich die Anträge somit einander ausschließen.

a) **Unechte oder echte Konkurrenz.** In diesem Zusammenhang ist zunächst zwischen **echter und unechter Konkurrenz** zu unterscheiden.

In der Literatur werden Konstellationen als **unechte Konkurrenz** bezeichnet, bei denen zwei konkurrierende Anlagen z. B. die Vorgaben des Abstandsflächenrechts nicht einhalten, weil sie zu nahe zueinander errichtet werden sollen. In diesem Fall können beide Vorhaben für sich genommen die fachrechtlichen Anforderungen nicht erfüllen.[37]

Als Fälle **echter Konkurrenz** werden dagegen Genehmigungsanträge behandelt, bei denen nur der eine oder der andere Genehmigungsantrag

---
35 VGH Mannheim, Urteil vom 10.1.2013, Az. 8 S 2919/11, Rn. 22.
36 OVG Berlin-Brandenburg, Beschluss vom 23.8.2013, Az. OVG 11 S 13/13; Rn. 12.
37 Rolshoven, NVwZ 2006, 516, 517.

genehmigt werden darf, aber jeder Antrag für sich genommen zunächst genehmigungsfähig ist.

759 Als ein typischer Fall der echten Konkurrenz wird das **Problem der Standsicherheit** genannt. Danach kann nur einer der beiden Anträge genehmigt werden, weil dieser allein für sich genommen nicht gegen die Vorgaben der Standsicherheit wegen Turbulenzen von Nachbaranlagen verstößt. Der konkurrierende Antrag kann jedoch nicht mehr positiv beschieden werden. Dessen Anlagen wären nach Genehmigung des ersten Antrags und dem Bau der Anlagen wegen der hierdurch erzeugten Turbulenzen standunsicher und damit bauordnungsrechtlich nicht mehr genehmigungsfähig. Umgekehrt wäre der konkurrierende Antrag genehmigungsfähig, wenn nicht der erste Antrag genehmigt worden wäre. In diesem Fall wird von einer echten Konkurrenz gesprochen, wonach der eine oder der andere Genehmigungsantrag genehmigungsfähig ist, und sich die Frage stellt, wie die Genehmigungsbehörde diese **Konkurrenzsituation verfahrensrechtlich lösen** kann und muss.[38]

760 b) **Entscheidung der Behörde.** Nach einhelliger Auffassung der Rspr. finden sich im BImSchG und dem dazugehörigen Verfahrensrecht **keine Regelungen** für die Lösung solcher Konkurrenzsituationen.[39]

761 Daher ist – soweit das jeweilige Fachgesetz nichts Abweichendes regelt – nach **allgemeinen Rechtsgrundsätzen** zu verfahren, die sich aus dem Verfassungsrecht ergeben, namentlich aus dem **Rechtsstaatsprinzip** gemäß Art. 20 Abs. 3 GG und dem **Gleichheitsgrundsatz** nach Art. 3 GG. Daraus folgt, so die Rspr., dass die Behörde bei solchen Konkurrenzsituationen eine **Ermessensentscheidung** treffen muss, die nicht willkürlich sein darf. Eine solche Entscheidung stellt sich erst, wenn einer der sich ausschließenden Anträge entscheidungsreif ist. Die Rspr. betont dabei, dass es grundsätzlich auf die **Verhältnisse und Umstände des Einzelfalls** ankommt, die im Zeitpunkt der Genehmigung einer der Konkurrenzanlagen bestehen.[40]

762 Die Rspr. hat dabei allgemein anerkannt, dass die **zeitliche Priorität** nach dem Sprichwort „wer zuerst kommt, mahlt zuerst" oder dem Stichwort „Windhund-Prinzip" durchaus ein Lösungsansatz sein kann, der den verfassungsrechtlichen Anforderungen gerecht wird und die verbotene Willkür vermeidet. Allerdings wird in der Rspr. immer wieder darauf hingewiesen, dass in **besonderen Fällen** neben der zeitlichen Priorität auch

---

38 Rolshoven, NVwZ 2006, 516, 517; Sittig, in: Maslaton, Kapitel 2, Rn. 191.
39 OVG Weimar, Beschluss vom 17.7.2012, Az. 1 EO 35/12, Rn. 30; Beschluss vom 1.6.2011, Az. 1 EO 69/11, Rn. 34.
40 OVG Weimar, Beschluss vom 17.7.2012, Az. 1 EO 35/12, Rn. 30; Beschluss vom 1.6.2011, Az. 1 EO 69/11, Rn. 34.

andere sachgerechte Erwägungen eine andere Entscheidung rechtfertigen können.[41]

In diesem Zusammenhang stellt sich die Frage, woran die **zeitliche Priorität** im Genehmigungsverfahren zu knüpfen ist. Es stellen sich dabei drei mögliche Verfahrensstufen: der **Antragseingang**, die **Vollständigkeit** bzw. Prüffähigkeit der Unterlagen und die **Genehmigungsreife** der konkurrierenden Anträge.[42]

763

aa) **Antragseingang.** Von der Rspr. wird teilweise der **Antragseingang** als Anknüpfungspunkt für die Bewertung der zeitlichen Priorität grundsätzlich akzeptiert.[43] Allerdings ist dieser **Anknüpfungspunkt skeptisch zu bewerten.** Denn im Immissionsschutzrecht ist der Antragsteller verpflichtet, vollständige Unterlagen vorzulegen. Gelingt ihm dies nicht, hat die Genehmigungsbehörde ihn zur Ergänzung der Unterlagen aufzufordern (§ 10 Abs. 1 BImSchG). Erst wenn die Unterlagen vollständig vorliegen und damit prüffähig sind, erfolgt eine entsprechende Bekanntmachung und erst dann erfolgt die öffentliche Auslegung (§ 10 Abs. 3 BImSchG). Wäre nun der Antragseingang der maßgeblich Zeitpunkt für die Feststellung der zeitlichen Priorität, hätten es die Antragsteller in der Hand, die Priorität durch einen unvollständigen Antrag herzustellen. Dann wäre ein Antragsteller benachteiligt, der sich bemüht, einen vollständigen Antrag einzureichen. Der Zeitpunkt des Antragseingangs kann daher nicht für die Bewertung der zeitlichen Priorität maßgeblich sein.[44]

764

bb) **Vollständigkeit bzw. Prüffähigkeit der Antragsunterlagen.** Daneben kommt der Zeitpunkt der **Vollständigkeit** bzw. Prüffähigkeit der **Antragsunterlagen** in Betracht.[45]

765

In diesem Zeitpunkt ist die **Chancengleichheit der Antragsteller** gewahrt, da derjenige Antragsteller prioritär behandelt wird, der mit Blick auf die Vollständigkeit seiner Antragsunterlagen seine „Hausaufgaben" im Rahmen seiner Einflusssphäre erledigt hat.

766

---

41 OVG Weimar, Beschluss vom 17.7.2012, Az. 1 EO 35/12, Rn. 30; Beschluss vom 1.6.2011, Az. 1 EO 69/11, Rn. 34; OVG Koblenz, Urteil vom 29.1.2015, Az. 1 A 10676/14, Rn. 37; Beschluss vom 21.3.2014, Az. 8 B 10139/14, Rn. 21; vgl. OVG Greifswald, Beschluss vom 28.3.2008, Az. 3 M 188/07, Rn. 32; OVG Lüneburg, Urteil vom 26.9.1991, Az. 1 L 74/91, 1 L 75/91, Rn. 82; Urteil vom 23.8.2012, Az. 12 LB 170/11, Rn. 146.
42 OVG Greifswald, Beschluss vom 28.3.2008, Az. 3 M 188/07, Rn. 32.
43 OVG Weimar, Beschluss vom 17.7.2012, Az. 1 EO 35/12, Rn. 30; Beschluss vom 1.6.2011, Az. 1 EO 69/11, Rn. 34.
44 Vgl. Sittig, in: Maslaton, Kapitel 2, Rn. 191.
45 OVG Lüneburg, Urteil vom 23.8.2012, Az. 12 LB 170/11, Rn. 46; OVG Weimar, Beschluss vom 17.7.2012, Az. 1 EO 35/12, Rn. 30; Beschluss vom 1.6.2011, Az. 1 EO 69/11, Rn. 34.

> Der **Zeitpunkt der Vollständigkeit der Antragsunterlagen** ist daher grundsätzlich – mit Ausnahme von Sonderfällen – als maßgeblicher Zeitpunkt für die Feststellung der zeitlichen Priorität des Antragstellers zu befürworten.[46]

767 Soweit der zeitlich vorrangige **Antrag wesentlich geändert** wird, kann der Vorsprung entfallen, weil die Genehmigungsbehörde in die erneute Prüfung der Vollständigkeit und der Genehmigungsvoraussetzungen eintreten muss.[47]

768 cc) **Entscheidungsreife.** Abzulehnen ist grundsätzlich auch der **Zeitpunkt der Entscheidungsreife** bzw. Genehmigungsfähigkeit der konkurrierenden Anträge.

769 Zwar betont die Rspr., dass jeder der Anträge und die hierdurch in Gang gesetzten Verfahren ihr eigenes rechtliches Schicksal haben. Dies führt dazu, so die Rspr., dass sich erst **im Zeitpunkt der Genehmigung eines Antrags** das rechtliche Schicksal der konkurrierenden Verfahren derart verknüpft, dass die Behörde aufgerufen ist, eine sachgerechte Entscheidung der Priorität zu treffen.[48]

770 Allerdings hat die Behörde in diesem Fall die **Steuerung der Priorität in der Hand**, wenn etwa Verfahrensschritte in dem einen Verfahren zügig und in dem anderen Verfahren weniger schnell durchgeführt worden sind. In diesem Fall erlangt der eine Antrag schneller die Entscheidungsreife als der andere, ohne dass der Antragsteller dies beeinflussen konnte. Der Anknüpfungspunkt der Entscheidungsreife würde damit eine Willkür zulassen, die nach Art. 3 GG aber gerade nicht zum Maßstab für die Lösung der Konkurrenzsituation gemacht werden soll.

771 c) **Konkurrenz zwischen Vorbescheid und Genehmigung.** Umstritten ist, ob die Anwendung des Prinzips der zeitlichen Priorität bei Konkurrenzanträgen nicht nur für das Verhältnis von Genehmigungsantrag zu Genehmigungsantrag, sondern auch für das Verhältnis zwischen Genehmigungsantrag und **Vorbescheidsantrag** gilt.

772 Das **OVG Weimar** hat anerkannt, dass das **Prinzip der Priorität** auch dann **Anwendung** findet, wenn ein Vorbescheidsantrag und ein Genehmi-

---

46 OVG Koblenz, Beschluss vom 21.3.2014, Az. 8 B 10139/14, Rn. 23; so auch Sittig, in: Maslaton, Kapitel 2, Rn. 209; grundsätzlich auch Gatz, Rn. 493, 494, der aber zusätzlich auf die Genehmigungsfähigkeit abstellt.
47 OVG Weimar, Beschluss vom 1.6.2011, Az. 1 EO 69/11, Rn. 42; OVG Lüneburg, Urteil vom 23.8.2012, Az. 12 LB 170/11, Az. 46; so auch Gatz, Rn. 495; Sittig, in: Maslaton, Kapitel 2, Rn. 217.
48 OVG Weimar, Beschluss vom 17.7.2012, Az. 1 EO 35/12, Rn. 30; Beschluss vom 1.6.2011, Az. 1 EO 69/11, Rn. 34.

gungsantrag konkurrieren. Ein Vorbescheid erzeuge Feststellungswirkungen etwa für die **Standorte der beantragten Anlagen**, die im späteren Genehmigungsverfahren nicht mehr zu prüfen sind und an die auch ein konkurrierender Genehmigungsantrag gebunden wäre.[49] Etwas anderes kann nur dann gelten, wenn mit dem Vorbescheid keine standortbezogenen Genehmigungsvoraussetzungen abgefragt werden, so dass der Vorbescheid auch keine abschließenden Feststellungen hierüber trifft.[50]

Demgegenüber lehnt das **OVG Koblenz** eine **Konkurrenz von Vorbescheids- und Genehmigungsanträgen** grundsätzlich ab. Der Vorbescheid bewirke im Gegensatz zur Genehmigung keine Baufreigabe, so dass ein Vorbescheid das konkurrierende Vorhaben auch nicht ausschließen könne.[51] Das OVG Koblenz sieht sich nicht in Widerspruch zur Rspr. des OVG Weimar. In dem vom OVG Weimar beurteilten Fall, so das Gericht, sei es um einen umfassenden Standortvorbescheid mit uneingeschränktem positiven vorläufigen Gesamturteil gegangen.[52]

Im Ergebnis ist die Rspr. des **OVG Weimar nicht unkritisch** zu bewerten. Qualitativ unterscheiden sich Vorbescheid und Genehmigung grundsätzlich in dem Punkt der Verfügungswirkung, der **Baufreigabe**, was gegen die Annahme einer Konkurrenzsituation des zeitlich vorrangigen Vorbescheids spricht. Allenfalls bei einem Vorbescheidsantrag, der mit Blick auf die genauen Standorte und den Prüfungsumfang einem Genehmigungsantrag ähnlich ist, kommt die Annahme einer Konkurrenz in Frage. Hierbei wird es sich aber um **absolute Ausnahmefälle** handeln.[53]

3. Kapitel   Ablauf der Umweltverträglichkeitsprüfung

In Rn. 698 ff. wurden die Voraussetzungen für die Pflicht zur Durchführung einer **Umweltverträglichkeitsprüfung**, einer **allgemeinen Vorprüfung** des Einzelfalls oder eine **standortbezogene Vorprüfung** des Einzelfalls dargestellt. Nachfolgend wird der Ablauf der Prüfungen behandelt. Hierfür gilt neben dem **UVPG** auch die **Allgemeine Verwaltungsvorschrift** zur Ausführung des Gesetzes über die Umweltverträglichkeitsprüfung (UVPVwV).

---

49 OVG Weimar, Beschluss vom 17.7.2012, Az. 1 EO 35/12, Rn. 26.
50 OVG Weimar, Beschluss vom 17.7.2012, Az. 1 EO 35/12, Rn. 28.
51 OVG Koblenz, Beschluss vom 21.3.2014, Az. 8 B 10139/14, Rn. 26.
52 OVG Koblenz, Beschluss vom 21.3.2014, Az. 8 B 10139/14, Rn. 27.
53 So auch Sittig, in: Maslaton, Kapitel 2, Rn. 226.

I. Umweltverträglichkeitsprüfung

776 Die Durchführung der **Umweltverträglichkeitsprüfung** ist in den §§ 5 ff. UVPG geregelt. Nachfolgend werden die einzelnen Verfahrensschritte beschrieben.

1. Unterrichtung über die beizubringenden Unterlagen

777 Der erste Verfahrensschritt ist nach § 5 Abs. 1 Satz 1 UVPG die **Unterrichtung des Vorhabenträgers** über Inhalt und Umfang der voraussichtlich nach § 6 UVPG beizubringenden Unterlagen über die Umweltauswirkungen des Vorhabens. In der Praxis wird diese Unterrichtung auch als Scoping-Termin[54] bezeichnet. Die Besprechung soll sich nach § 5 Abs. 1 Satz 3 UVPG auch auf Gegenstand, Umfang und Methoden der Umweltverträglichkeitsprüfung erstrecken.

778 Der **Scoping-Termin** soll hierdurch der **Verfahrensbeschleunigung** dienen.[55] Der Termin wird nach § 5 Abs. 1 Satz 1 UVPG auf Ersuchen des Vorhabenträgers durchgeführt oder dann, wenn es die zuständige Behörde nach Beginn des Verfahrens für erforderlich hält.

779 Von Bedeutung ist ferner die Regelung in § 6 Abs. 1 Satz 1 UVPG, wonach § 14f Abs. 3 UVPG Anwendung findet. Nach dieser Vorschrift für die strategische Umweltprüfung soll bei Plänen mit mehrstufigen Planungsprozessen zur Vermeidung von Mehrfachprüfungen geklärt werden, auf welcher Ebene die Umweltprüfung schwerpunktmäßig durchgeführt wird. In Anwendung dieser Regelung soll im Scoping-Termin auch geklärt werden, inwieweit eine **Abschichtung der Umweltprüfung** vorgenommen werden kann.[56] Bei entsprechenden Prüfungen z. B. im Bebauungsplanverfahren kann die Umweltverträglichkeitsprüfung dann auf zusätzliche oder andere erhebliche Umweltauswirkungen i. S. v. § 14f Abs. 3 Satz 3 UVPG beschränkt werden.

2. Vorlage der Unterlagen

780 Der Vorhabenträger hat nach § 6 Abs. 1 Satz 1 UVPG die entscheidungserheblichen **Unterlagen** über die Umweltauswirkungen der zuständigen Behörde zu Beginn des Verfahrens vorzulegen.

781 Dabei regelt § 6 Abs. 3 Satz 1 Nr. 1 bis 5 UVPG, welche Unterlagen zwingend vorzulegen sind, so etwa die „Beschreibung der zu erwartenden erheblichen nachteiligen Umweltauswirkungen des Vorhabens" i. S. v. § 6 Abs. 3 Satz 1 Nr. 3 UVPG. Im Gesetz selbst ist keine Legaldefinition des Begriffs der erheblichen nachteiligen Umweltauswirkungen enthalten.[57]

---

54 Beckmann, in: Landmann/Rohmer, Umweltrecht, UVPG, § 5, Rn. 14 ff.
55 Beckmann, in: Landmann/Rohmer, Umweltrecht, UVPG, § 5, Rn. 14.
56 Vgl. hierzu näher Frey, BauR 2014, 920.
57 Hofmann, in: Landmann/Rohmer, Umweltrecht, UVPG, § 6, Rn. 21.

Allerdings kann hier die Allgemeine Verwaltungsvorschrift (UVPVwV) weiterhelfen. In der UVPVwV sind etwa die erforderlichen Unterlagen bei Beeinträchtigungen des Naturhaushalts oder des Landschaftsbildes geregelt (Anhang 2 zur UVPVwV) oder Bewertungskriterien für die „Erheblichkeit" der Umweltauswirkungen aufgestellt (Ziffer 0.6 ff. UVPVwV).[58]

782 Daneben sind nach § 6 Abs. 4 Satz 1 UVPG **weitere Unterlagen** vorzulegen, soweit sie für die Umweltverträglichkeitsprüfung nach der Art des Vorhabens erforderlich sind. Hierzu gehören bei der Genehmigung von Windenergieanlagen zum Beispiel Lärmgutachten als „Beschreibung von Art und Umfang der zu erwartenden Emissionen" i. S. v. § 6 Abs. 4 Satz 1 Nr. 2 UVPG.

3. Beteiligung anderer Behörden und der Öffentlichkeit

783 Die zuständige Behörde hat als weiteren Verfahrensschritt nach § 7 UVPG die **anderen Behörden**, deren umweltbezogener Aufgabenbereich durch das Vorhaben berührt wird, sowie nach § 9 UVPG die **Öffentlichkeit zu beteiligen**. Bei grenzüberschreitenden Auswirkungen des Vorhabens finden eine grenzüberschreitende Beteiligung der Behörden anderer Staaten (§ 8 UVPG) sowie der dortigen Öffentlichkeit (§ 9a UVPG) statt.

4. Zusammenfassende Darstellung der Umweltauswirkungen

784 Nach § 11 Satz 1 UVPG hat die Behörde auf der Grundlage der Unterlagen, der behördlichen Stellungnahmen sowie der Äußerungen der Öffentlichkeit eine **zusammenfassende Darstellung der Umweltauswirkungen** des Vorhabens zu erarbeiten. Hierzu gehören auch die Maßnahmen, mit denen erhebliche nachteilige Umweltauswirkungen vermieden, vermindert oder ausgeglichen werden, einschließlich der Ersatzmaßnahmen bei nicht ausgleichbaren, aber vorrangigen Eingriffen in Natur und Landschaft.

785 Im BImSchG-Genehmigungsverfahren ist die **zusammenfassende Darstellung** nach § 21 Abs. 1 Nr. 5 der 9. BImSchV (zwingend) in die **Begründung des BImSchG-Genehmigungsbescheids** aufzunehmen. Die „Kann"-Regelung in § 11 Satz 4 UVPG wird durch die spezialgesetzliche Vorschrift insoweit verdrängt.

5. Abschließende Bewertung

786 Letzter Verfahrensschritt ist die **abschließende Bewertung** durch die zuständige Behörde nach § 12 UVPG. Danach bewertet die Behörde die Umweltauswirkungen des Vorhabens auf der Grundlage der zusammenfassenden Darstellung i. S. v. § 11 UVPG und berücksichtigt diese Bewertung bei der Entscheidung über die Zulässigkeit des Vorhabens im Hin-

---

58 Hofmann, in: Landmann/Rohmer, Umweltrecht, UVPG, § 6, Rn. 22 ff.

blick auf eine wirksame Umweltvorsorge im Sinne der §§ 1, 2 Abs. 1 Satz 2 und 4 UVPG nach Maßgabe der geltenden Gesetze.

787 Die zuständige Behörde hat dabei die **unmittelbaren und mittelbaren Auswirkungen** auf die in § 2 Abs. 1 Satz 2 Nr. 1 bis 3 UVPG genannten **Schutzgüter** und die Wechselwirkungen zwischen den Schutzgütern (§ 2 Abs. 1 Satz 2 Nr. 4 UVPG) zu bewerten. Darüber hinaus muss sie eine Gesamtbewertung aller Umweltauswirkungen vornehmen.[59]

788 Die zuständige Behörde soll nach § 12 UVPG nicht bewerten, ob das Vorhaben „umweltverträglich" und damit zulässig oder nicht ist. Sie soll in verbaler Form argumentativ die **Vor- und Nachteile für das Vorhaben** bewerten.[60] In diesem Zusammenhang bedeutet „nach Maßgabe der geltenden Gesetzes" gemäß § 12 UVPG, dass die Bewertung der Umweltauswirkungen anhand der **anzuwendenden Fachgesetze** erfolgt. Erfüllt das Vorhaben mit Blick auf die einzelnen Schutzgüter die Zulassungsvoraussetzungen der einzelnen Fachgesetze (z. B. BImSchG, BNatSchG), so stellt sich das Vorhaben jeweils entsprechend als umweltverträglich dar.[61]

II. Allgemeine Vorprüfung des Einzelfalls

789 Sofern gemäß Anlage 1 zum UVPG für ein Vorhaben eine **allgemeine Vorprüfung des Einzelfalls** vorgesehen ist, ist nach § 3c Satz 1 UVPG eine Umweltverträglichkeitsprüfung durchzuführen, wenn das Vorhaben nach Einschätzung der zuständigen Behörde aufgrund überschlägiger Prüfung unter Berücksichtigung der in der Anlage 2 zum UVPG aufgeführten Kriterien erhebliche nachteilige Umweltauswirkungen haben kann, die nach § 12 UVPG zu berücksichtigen sind.

790 Die allgemeine Vorprüfung ähnelt der Umweltverträglichkeitsprüfung in der Ermittlung und Bewertung von Umweltauswirkungen.[62] Der **Unterschied zur Umweltverträglichkeitsprüfung** liegt in der **Prüfungstiefe** („überschlägig"). Bleibt wegen der begrenzten Prüftiefe der Vorprüfung unklar, ob oder mit welcher Gewissheit mit erheblichen nachteiligen Umweltauswirkungen zu rechnen ist, soll im Zweifel eine Umweltverträglichkeitsprüfung durchgeführt werden.[63]

791 Maßstab für die Bewertung der **Erheblichkeit nachteiliger Umweltauswirkungen** unter Berücksichtigung der Anlage 2 zum UVPG („Kriterien für die Vorprüfung des Einzelfalls") ist wie bei der Umweltverträglichkeitsprüfung das Zulassungsrecht des Fachrechts. Dies wird durch § 3c Satz 1

---

59 Wulfhorst, in: Landmann/Rohmer, Umweltrecht, UVPG, § 12, Rn. 18.
60 Wulfhorst, in: Landmann/Rohmer, Umweltrecht, UVPG, § 12, Rn. 19.
61 Vgl. Wulfhorst, in: Landmann/Rohmer, Umweltrecht, UVPG, § 12, Rn. 29.
62 Sangenstedt, in: Landmann/Rohmer, Umweltrecht, UVPG, § 3, Rn. 9.
63 Sangenstedt, in: Landmann/Rohmer, Umweltrecht, UVPG, § 3, Rn. 9, 14, 16.

UVPG klargestellt, in dem auf die nach § 12 UVPG zu berücksichtigenden Umweltauswirkungen hingewiesen wird.[64] Kommt die zuständige Behörde zu dem Ergebnis, dass das Vorhaben erhebliche nachteilige Umweltauswirkungen auslösen kann, ist **anschließend eine Umweltverträglichkeitsprüfung** durchzuführen.

III. Standortbezogene Vorprüfung des Einzelfalls

Die **standortbezogene Vorprüfung des Einzelfalls** ist in § 3c Satz 2 UVPG geregelt. Danach gilt für Vorhaben, bei denen die standortbezogene Vorprüfung im Einzelfall angeordnet ist, Gleiches wie bei der allgemeinen Vorprüfung, wenn erhebliche nachteilige Umweltauswirkungen trotz der geringen Größe oder Leistung des Vorhabens nur aufgrund besonderer örtlicher Gegebenheiten mit Blick auf die in Anlage 2 Nr. 2 zum UVPG aufgeführten Schutzkriterien zu erwarten sind. In diesem Fall ist ebenfalls anschließend eine Umweltverträglichkeitsprüfung durchzuführen.

Die „**Schutzkriterien**" in Anlage 2 Nr. 2 zum UVPG nehmen dabei Bezug auf bestimmte **Schutzgebiete** nach dem BNatSchG oder **andere sensitive Gebiete** (nach Nr. 2.3 der Anlage 2 zum UVPG). Kommt die zuständige Behörde zu dem Ergebnis, dass das Vorhaben mit den konkreten Festsetzungen der einschlägigen Schutzgebietsausweisung des fraglichen Schutzgebiets unvereinbar ist, ist eine Vorprüfung nach dem Muster der allgemeinen Vorprüfung des Einzelfalls erforderlich.[65] Stellt die Behörde die Vereinbarkeit mit den Festsetzungen der Schutzgebietsausweisungen fest, kann die Vorprüfung mit dem Ergebnis beendet werden, dass die Durchführung der Umweltverträglichkeitsprüfung entbehrlich ist.[66]

---

64 Sangenstedt, in: Landmann/Rohmer, Umweltrecht, UVPG, § 3, Rn. 11.
65 Sangenstedt, in: Landmann/Rohmer, Umweltrecht, UVPG, § 3, Rn. 33, 35.
66 Sittig, in: Maslaton, Kapitel 2, Rn. 166.

Stichwortverzeichnis

Die Zahlen verweisen auf die Randnummern des Buches.

Ablehnung 742
Abschaltzeiten 510
Abschattungseffekt 589
Abstandsflächen 664
Abwägung von privaten Belangen 343
Abweichung vom Abstandsflächenrecht 672
allgemeine Vorprüfung des Einzelfalls 789
Anpassungspflicht 278
Antrag 716
Antragsgegenstand 687
artenschutzrechtlich sensible Gebiete 99
artenschutzrechtliche Ausnahme 494
artenschutzrechtliche Befreiung 495
artenschutzrechtliche Verbote 485
Ausgleichsmaßnahmen 546
Ausschlusswirkung 12, 197
Ausschlusszonen 36

Baugebiete 419
Bebauungsplan 338, 631
Behördenbeteiligung 724
Belange der Funktionsfähigkeit von Funkstellen und Radaranlagen 569
Belange des Denkmalschutzes 558
Belange des Flächennutzungsplans 404
Belange des Naturschutzes und der Landschaftspflege 447
Belange des Orts- und Landschaftsbilds 563
Beschädigungsverbot 492, 520

Darstellungen 313
DIN 45680 439
Disko-Effekt 445
Dokumentationspflicht 167

Eignungsgebiete 233, 254
Eingriff in Landschaftsbild 540
Eingriff in Naturhaushalt 540
Einvernehmen 728
Entzug von Wind 446, 589
Ersatzmaßnahmen 546

Ersatzzahlung 554
Erschließung 621

FFH-Gebiete 94, 451, 467, 474
Flächennutzungsplan 303
förmliches Verfahren 695
Freistellung 493, 534
Freistellung vom Prüfprogramm 403

Gegenstromprinzip 307
Genehmigung 432, 745
Genehmigungspflicht 681
Genehmigungsverfahren 325, 678
Gewässer und Uferzonen 128
Gewerbegebiete 647
Grundsätze der Raumordnung 222

harte Tabuzonen 65, 76
Hauptanlagen 633
Höhe der Windenergieanlagen 319

Immissionen 410
Immissionsort 418
Industriegebiet 635
Infraschall 411, 438

Kollisionsrisiko 491
kommunales Abstimmungsgebot 591
konkurrierende Anträge 755
Kontrollwerte 436
Konzentrationsfläche 163
Konzentrationswirkung 686
Konzentrationszonen 36
kumulierende Vorhaben 704

Landschaftsschutzgebiete 87, 451, 461
Lärm 411 f.
Lichteffekte 411, 445
luftfahrtrechtliche Bauschutzbereiche 120
Luftverkehrsrecht 612

Messabschlag 434
militärische Schutzbereiche 119, 615
Monitoring 512

Stichwortverzeichnis

nachvollziehende Abwägung 399
naturschutzfachliche Einschätzungsprärogative 497
Naturschutzgebiete 97, 451, 454
naturschutzrechtliche Eingriffsregelung 539
Nebenanlagen 648
Nebenbestimmungen 748

öffentlichen Belange 393
Öffentlichkeitsbeteiligung 733
optisch erdrückende Wirkung 114, 583
Orts- und Landschaftsbild 141

Planentschädigungsansprüche 366
plangegebene Vorbelastungen 432
„planreifer" Flächennutzungsplan 600
Planvorbehalt 11, 23, 400, 605
Potenzialflächen 73, 162
private Belange 265, 340
Privilegierung 8, 390, 397
Prognose 416
Pufferzonen 98, 137

Raumbedeutsamkeit 204
Regionalplan 196
Repowering 349
Rotmilan 508
Rückbau 359, 626
Rücksichtnahmegebot 113, 583

sachlicher Teilflächennutzungsplan 309
schädliche Umwelteinwirkungen 409
Schattenwurf 411, 441
schlüssiges gesamträumliches Planungskonzept 33, 44, 75
Schutz des Fremdenverkehrs 145
Schutz- und Kompensationsmaßnahmen 481
Schutzwürdigkeit 422
Sicherheitszuschlag 427
Sicherung der Planung 274, 322, 348
Siedlungsbereiche 103
signifikantes Tötungsrisiko 502
sofortige Vollziehung 753
Sondergebiete 634

standortbezogene Vorprüfung des Einzelfalls 792
Standsicherheit 588, 676
Störungsverbot 515
Straßenrecht 616
Substanzialität 74, 171
Subtraktionsmethode 64

TA Lärm 412
Tabuzonen-Planung 30, 63
Tötungsverbot 491, 499
Turbulenzen 587

Umweltverträglichkeitsprüfung 696, 776
unbeplanter Innenbereich 656

Vereinfachtes Verfahren 691
Verfahrenszeiten 723
Verhinderungsplanung 31
vermeidbare Beeinträchtigungen 544
Vermeidungs- und Minderungsmaßnahmen 509
Verträglichkeitsprüfung 470
Vogelschutzgebiete 94, 451, 467, 474
Vollständigkeit 718
Vorbehaltsgebiete 229
Vorbelastung 429
Vorbescheid 432
Vorprüfung 471
Vorranggebiete 225

Wald 124, 144
weiche Tabuzonen 65, 134
weiße Flächen 259
Windfarm 701
Windhöffigkeit 79

Zielabweichungsverfahren 302
Ziele der Raumordnung 196, 211
Ziele der Raumordnung in Aufstellung 596
Zuordnung zu harten und weichen Tabuzonen 148
Zurückstellung von Baugesuchen 324, 738
Zuschlag für Impulshaltigkeit 423
Zuschlag für Ton- und Informationshaltigkeit 423